大数据应用人才培养系列教材

R 语言

总主编　刘　鹏　张　燕

主　编　程显毅

副主编　刘　颖　朱　倩

清华大学出版社

北　京

内 容 简 介

近年来，R 语言可谓是数据分析的热门语言，相关的资料五花八门，让读者难以抉择。本书简洁、精练，以理论与实践相结合的方式让大家快速掌握R语言。

全书共14章，第1章为绪论，从数学、统计学和逻辑学3个方面探讨了树立正确数据思维的一些原则。其余各章分为基础篇（第2～10章）、应用篇（第11、12章）和进阶篇（第13、14章）。基础篇按照数据分析过程，主要讨论了R的数据结构、数据导入/导出、数据清洗、数据变换、可视化、高级语言编程和常用建模方法。应用篇通过对2个经典案例的分析，使读者能够把学到的R基础知识应用到解决实际问题中，把数据变成价值。进阶篇解决如何用R处理大数据的一些关键技术。

本书可用作培养应用型人才的课程教材，也可作为数据分析爱好者的参考资料。

图书在版编目（CIP）数据

R语言/程显毅主编. —北京：清华大学出版社，2019（2022.6重印）
（大数据应用人才培养系列教材）
ISBN 978-7-302-49432-4

Ⅰ. ①R… Ⅱ. ①程… Ⅲ. ①程序语言-程序设计-教材 Ⅳ. ①TP312

中国版本图书馆CIP数据核字（2018）第014938号

责任编辑： 贾小红
封面设计： 刘　超
版式设计： 魏　远
责任校对： 赵丽杰
责任印制： 刘海龙

出版发行： 清华大学出版社
网　　址： http://www.tup.com.cn，http://www.wqbook.com
地　　址： 北京清华大学学研大厦A座　　**邮　　编：** 100084
社 总 机： 010-83470000　　**邮　　购：** 010-62786544
投稿与读者服务： 010-62776969，c-service@tup.tsinghua.edu.cn
质 量 反 馈： 010-62772015，zhiliang@tup.tsinghua.edu.cn
印 装 者： 大厂回族自治县彩虹印刷有限公司
经　　销： 全国新华书店
开　　本： 185mm×260mm　　**印　　张：** 15.5　　**字　　数：** 319千字
版　　次： 2019年1月第1版　　**印　　次：** 2022年6月第6次印刷
定　　价： 59.80元

产品编号：075183-01

总　序

短短几年间，大数据就以一日千里的发展速度快速实现了从概念到落地，直接带动了相关产业的井喷式发展。数据采集、数据存储、数据挖掘、数据分析等大数据技术在越来越多的行业中得到应用，随之而来的就是大数据人才缺口问题的凸显。根据《人民日报》的报道，未来3～5年，中国需要180万名数据人才，但目前只有约30万人，人才缺口达到150万名之多。

大数据是一门实践性很强的学科，在其呈现金字塔型的人才资源模型中，数据科学家居于塔尖位置，然而该领域对于经验丰富的数据科学家需求相对有限，反而是对大数据底层设计、数据清洗、数据挖掘及大数据安全等相关人才的需求急剧上升，可以说占据了大数据人才需求的80%以上。比如数据清洗、数据挖掘等相关职位，需要源源不断的大量专业人才。

巨大的人才需求直接催热了相应的大数据应用专业。2018年1月18日，教育部公布“大数据技术与应用”专业备案和审批结果，已有270所高职院校申报开设“大数据技术与应用”专业，其中共有208所职业院校获批“大数据技术与应用”专业。随着大数据的深入发展，未来几年申请与获批该专业的职业院校数量仍将持续走高。同时，对于国家教育部正式设立的“数据科学与大数据技术”本科新专业，在已获批的35所大学之外，2017年申请院校也高达263所。

即使如此，就目前而言，在大数据人才培养和大数据课程建设方面，大部分专科院校仍然处于起步阶段，需要探索的问题还有很多。首先，大数据是个新生事物，懂大数据的老师少之又少，院校缺“人”；其次，院校尚未形成完善的大数据人才培养和课程体系，缺乏“机制”；再次，大数据实验需要为每位学生提供集群计算机，院校缺“机器”；最后，院校没有海量数据，开展大数据教学实验工作缺少“原材料”。

对于注重实操的“大数据技术与应用”专业专科建设而言，需要重点面向网络爬虫、大数据分析、大数据开发、大数据可视化、大数据运维工程师的工作岗位，帮助学生掌握大数据技术与应用专业必备知识，使其具备大数据采集、存储、清洗、分析、开发及系统维护的专业能力和技能，成为能够服务区域经济的发展型、创新型或复合型技术技能人才。无论是缺“人”、缺“机制”、缺“机器”，还是缺少“原材料”，最终都难以培养出合格的大数据人才。

其实，早在网格计算和云计算兴起时，我国科技工作者就曾遇到过类似的挑战，我有幸参与了这些问题的解决过程。为了解决网格计算问题，我在清华大学读博期间，于2001年创办了中国网格信息中转站网站，每天花几个小时收集和分享有价值的资料给学术界，此后我也多次筹办和主持全国性的网格计算学术会议，进行信息传递与知识分享。2002年，我与其他专家合作的《网格计算》教材正式面世。

2008年，当云计算开始萌芽之时，我创办了中国云计算网站（在各大搜索引擎“云计算”关键词中排名第一），2010年出版了《云计算》，2011年出版了《云计算》（第2版），2015年出版了《云计算》（第3版），每一版都花费了大量成本制作并免费分享了对应的几十个教学PPT。目前，这些PPT的下载总量达到了几百万次之多。同时，《云计算》一书也成为国内高校的优秀教材，在中国知网公布的高被引图书名单中，《云计算》在自动化和计算机领域排名全国第一。

除了资料分享，在2010年，我们也在南京组织了全国高校云计算师资培训班，培养了国内第一批云计算老师，并通过与华为、中兴和360等知名企业合作，输出云计算技术，培养云计算研发人才。这些工作获得了大家的认可与好评，此后我接连担任了工信部云计算研究中心专家、中国云计算专家委员会云存储组组长、中国大数据应用联盟人工智能专家委员会主任等。

近几年，面对日益突出的大数据发展难题，我们也正在尝试使用此前类似的办法去应对这些挑战。为了解决大数据技术资料缺乏和交流不够通透的问题，我们于2013年创办了中国大数据网站（thebigdata.cn），投入大量的人力进行日常维护，该网站目前已经在各大搜索引擎的“大数据”关键词排名中位居第一；为了解决大数据师资匮乏的问题，我们面向全国院校陆续举办多期大数据师资培训班，致力于解决“缺人”的问题。

2016年年末至今，我们在南京多次举办全国高校/高职/中职大数据免费培训班，基于《大数据》《大数据实验手册》以及云创大数据提供的大数据实验平台，帮助到场老师们跑通了Hadoop、Spark等多个大数据实验，使他们跨过了“从理论到实践，从知道到用过”的门槛。

其中，为了解决大数据实验难的问题而开发的大数据实验平台，正在为越来越多高校的教学科研带去方便，帮助解决“缺机器”与“缺原材料”的问题：2016年，我带领云创大数据（www.cstor.cn，股票代码：835305）的科研人员，应用Docker容器技术，成功开发了BDRack大数据实验一体机，它打破虚拟化技术的性能瓶颈，可以为每一位参加实验的人员虚拟出Hadoop集群、Spark集群、Storm集群等，自带实验所需数据，并准备了详细的实验手册（包含42个大数据实验）、PPT和实验过程视频，可以开展大数据管理、大数据挖掘等各类实验，并可进行精确营销、信用分析等多种实战演练。

目前，大数据实验平台已经在郑州大学、成都理工大学、金陵科技学院、天津农学院、西京学院、郑州升达经贸管理学院、信阳师范学院、镇江高等职业技术学校等多所院校部署应用，并广受校方好评。该平台也以云服务的方式在线提供（大数据实验平台，https://bd.cstor.cn），实验更是增至85个，师生通过自学，可用一个月时间成为大数据实验动手的高手。此外，面对席卷而来的人工智能浪潮，我们团队推出的AIRack人工智能实验平台、DeepRack深度学习一体机以及dServer人工智能服务器等系列应用，一举解决了人工智能实验环境搭建困难、缺乏实验指导与实验数据等问题，目前已经在清华大学、南京大学、南京农业大学、西安科技大学等高校投入使用。

在大数据教学中，本科院校的实践教学应更加系统性，偏向新技术的应用，且对工程实践能力要求更高。而高职高专院校则更偏向于技术性和技能训练，理论以够用为主，学生将主要从事数据清洗和运维方面的工作。基于此，我们联合多家高职院校专家准备了《云计算导论》《大数据导论》《数据挖掘基础》《R语言》《数据清洗》《大数据系统运维》《大数据实践》系列教材，帮助解决“机制”欠缺的问题。

此外，我们也将继续在中国大数据（thebigdata.cn）和中国云计算（chinacloud.cn）等网站免费提供配套PPT和其他资料。同时，持续开放大数据实验平台（https://bd.cstor.cn）、免费的物联网大数据托管平台万物云（wanwuyun.com）和环境大数据免费分享平台环境云（envicloud.cn），使资源与数据随手可得，让大数据学习变得更加轻松。

在此，特别感谢我的硕士导师谢希仁教授和博士导师李三立院士。谢希仁教授所著的《计算机网络》已经更新到第7版，与时俱进日臻完美，时时提醒学生要以这样的标准来写书。李三立院士是留苏博士，为我国计算机事业做出了杰出贡献，曾任国家攀登计划项目首席科学家，他治学严谨，带出了一大批杰出的学生。

本丛书是集体智慧的结晶，在此谨向付出辛勤劳动的各位作者致敬！书中难免会有不当之处，请读者不吝赐教。邮箱：gloud@126.com，微信公众号：刘鹏看未来（lpoutlook）。

刘　鹏

于南京大数据研究院

2018年5月

前　言

随着数据分析的需求不断提升，Excel 渐渐无法满足价值挖掘的日常需求，需要更专业化的软件做数据分析。相应的问题就来了，统计学软件那么多，SPSS、R、Python、SAS、JMP、Matlab 等，该选哪一个？目前市场上较为火热的软件是 R 和 Python。

开源软件的 R 能够迅速发展，很大程度上取决于其活跃的社区和各种 R 包的使用。截至目前（2017 年 2 月 25 日），CRAN（Comprehensive R Archive Network）上已经有 10162 个可以获取的 R 扩展包，内容涉及各行各业，可以适用于各种复杂的统计。

数据科学者的工作就是操纵数据，把原始数据加工成建模需求的形状，而 R 语言是帮你实现整理数据的最佳的工具。

该书深入浅出地介绍 R 语言在大数据分析应用中的相关知识，全书分为绪论（第 1 章）、基础篇、应用篇和进阶篇。基础篇（第 2～10 章）学习如何用 R 完成数据处理，包括数据准备、数据探索、数据变换、数据可视化和数据建模等；应用篇（第 11、12 章）学习如何用 R 完成实际的数据分析报告撰写，包括背景与目标、指标设计、描述性分析、模型分析和结论与建议；进阶篇（第 13、14 章）学习如何使用 R 提高大数据处理性能，包括 RHadoop、SparkR。

绪论从数据、统计学和逻辑学 3 个方面探讨了树立正确的数据思维的一些原则。数据分析师的数据思维对于整体分析思路，甚至分析结果都有着关键性的作用。普通数据分析师与高级数据分析师的主要差异就是有正确的数据思维观。正确的数据思维观与数据敏感度有关，类似于情商类的看不见，摸不着的东西。简单来说，正确的数据思维观是一种通过数据手段解决问题的思维。

基础篇，讨论数据处理的 R 环境，包括 R 数据结构（数据框、列表等）、数据导入/导出、数据清洗（处理数据的缺失值、不一致、异常值）、数据变换（汇总、集成、透视表、规约等）、可视化、高级语言编程、数据分析常用建模方法和原理，涵盖了目前数据挖掘的主要算法，包括分类与预测、聚类分析、关联规则、智能推荐和时序模式，利用可视化数据挖掘包 Rattle 进行试验指导。

应用篇，讨论 2 个经典的数据分析报告案例，通过案例分析使读者能够把学到的 R 基础知识应用到解决实际问题中，把数据变成价值。

进阶篇，解决 R 语言在处理大数据时性能低下的问题，讨论了两个 R 包：RHadoop、SparkR。

本书特点如下：

（1）知识学习的重点是模型的运用而不是模型的原理。第 9 章既是 R 语言的重点也是难点，本书利用可视化数据挖掘包 Rattle 进行试验指导，简化了建模需要具备的数学基础，只要了解相应模型的函数，设置几个参数就可以轻松完成分类与预测、聚类分析、关联规则、智能推荐和时序模式等数据挖掘任务。

（2）注重数据变成价值。数据分析师工作的最重要一环就是写出有情报价值的数据分析报告。直接将分析结果罗列到 PPT 或 Word 中，不仅看上去不美观，而且也会影响报告的可读性，使一份数据分析报告成为简单的数据展示。本书通过案例探讨了写出一份具有情报价值的分析报告的技巧。

（3）关注大数据分析。R 语言的最大缺点就是处理大数据的性能较低，无法直接处理 TB 以上的数据，本书进阶篇讨论的两个 R 包（RHadoop、SparkR）基本上可以处理任何级别的数据。

（4）向读者提供了书中所用的配套代码、数据及PPT，读者可通过上机实验，快速掌握书中所介绍的R语言的使用方法。

本书由程显毅、刘颖和朱倩负责编写。在本书编写过程中，孙丽丽、季国华、赵丽敏、杨琴和章小华等提供了许多参考资料，在此表示由衷的感谢。由于水平有限，书中可能会有不当之处，希望读者多加指教。本书的编写得到刘鹏教授和清华大学出版社王莉编辑的大力支持和悉心指导，在此深表感谢！

编　者

2018 年 5 月

目　录

第 4 章 数据准备

第 5 章 数据可视化

第8章 高级编程

第9章 数据建模

第 10 章 模型评估

应用篇

第 11 章 影响大学平均录取分数线因素分析

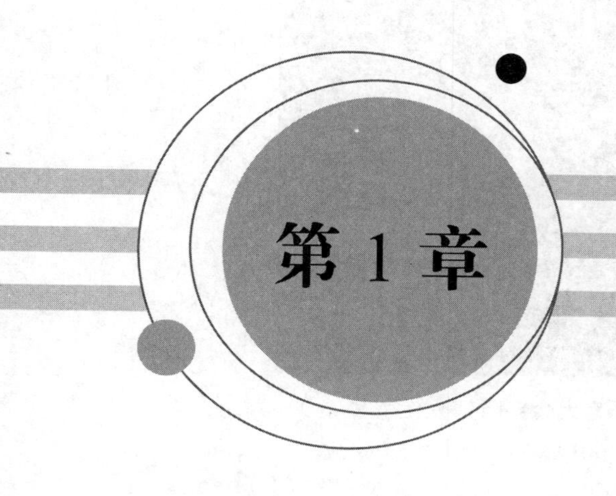

绪　论

1.1　为什么学习 R 语言

1.1.1　R 是什么

R 和 Python 之所以能取得如此的关注，部分原因是大家对其他同类软件的不接受。SPSS 的操作可谓“傻瓜级”的，点点鼠标就好了，对编程的要求很弱，与多数人眼中的高级软件有些出入，于是就这样被忽略了。SAS 软件是出了名的难安装，在软件安装上就能将一大半的初学者拦在门外，SAS 高达 8 个 G 的内存占有量，配合着高昂的价格，几乎不适用于个人数据分析。Matlab 毕竟不是为专门统计分析而设计的，其他的统计软件相对小众，这样一来，R 与 Python 就因为它们容易安装，编程自由度高的特性脱颖而出。

2008 年起，统计之都在中国人民大学举办了第一届中国 R 语言会议。自此 R 语言会议（见图 1.1），规模越来越大，至今已成功举办了 10 届。图 1.2 给出了 TIOBE 公布的 2008 年 1 月编程语言排行榜。

相比于 2017 年，R 是热度增长速度最快的语言，较 2017 年上升 38 位（http://www.hangge.com/blog/cache/detail_1925.html）。图 1.3 是 R 语言的发展趋势。

图 1.1　R 语言大会会场

Jan 2018	Jan 2017	Change	Programming Language	Ratings	Change
1	1		Java	14.215%	-3.06%
2	2		C	11.037%	+1.69%
3	3		C++	5.603%	-0.70%
4	5	↑	Python	4.678%	+1.21%
5	4	↓	C#	3.754%	-0.29%
6	7	↑	JavaScript	3.465%	+0.62%
7	6	↓	Visual Basic .NET	3.261%	+0.30%
8	16	⇈	R	2.549%	+0.76%
9	10	↑	PHP	2.532%	-0.03%
10	8	↓	Perl	2.419%	-0.33%

图 1.2　编程语言排行榜 TOP10 榜单

从不同的角度出发，对 R 会有不同的描述。

从使用角度，R 是一个有着统计分析功能及强大作图功能的软件。

从编程角度，R 语言是面向对象的向量化编程语言。

从计算角度，R 是一种为统计计算和图形显示而设计的集成环境。

从开发角度，R 是一种开源的数据操作，计算和图形显示工具的整合包有各种方式可以进行编程调用。

从架构角度，R 是为统计计算和图形展示而设计的一个系统。它包括一种编程语言、高水平图形展示函数、其他语言的接口以及调试工具。

1.1.2　R 语言主要优势

R 有哪些出色的特征让大家爱不释手呢？

（1）作图美观。

R 语言具有卓越的作图功能。既可以画如图 1.3 所示的统计分析图，又可以画如图 1.4 的北京出租车轨迹图。

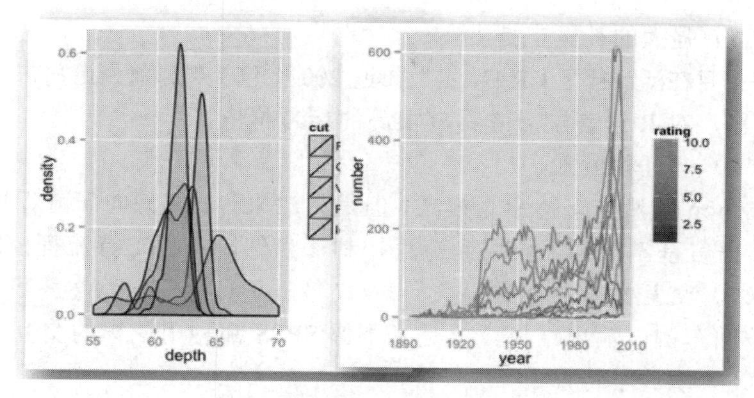

图 1.3 R可视化示例

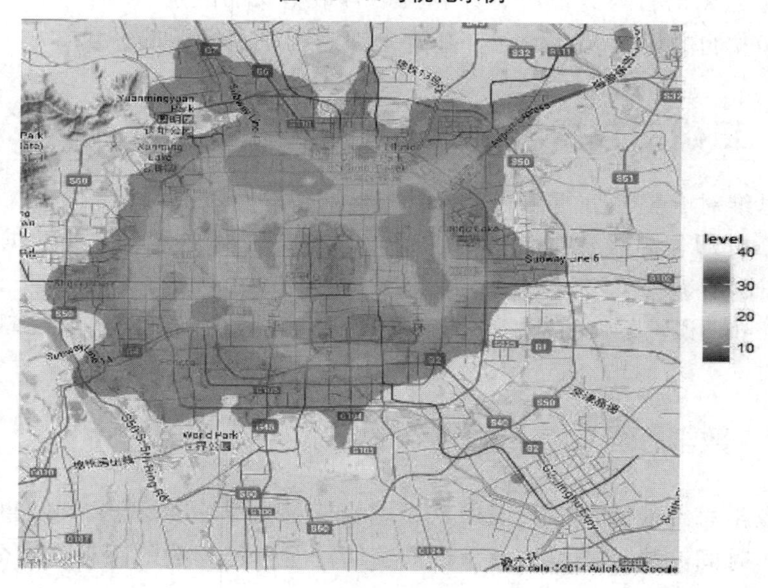

图 1.4 北京出租车轨迹图

（2）完全免费。

R 语言是世界各地有开源精神的极客们共同贡献出来的精品，在官网上直接下载即可用，高大上的统计分析触手可及，完全免费。

（3）算法覆盖广。

作为统计分析工具，R 语言几乎覆盖整个统计领域的前沿算法。从神经网络到经典的线性回归，数千个 R 包，上万种算法，开发者都能找到可直接调用的函数实现。

（4）软件扩展易。

作为一款软件系统，R 语言有极方便的扩展性。

R 语言还可以轻松与各种语言完成互调，比如 Python，还有 C，都可无缝对接。

（5）强大的社区支持。

每个月在活跃社区 CRAN 上发布近 200 个包，到目前为止发布了近 30 000 个包，对 R 语言学习者具有很高的参考价值。

（6）非过程模式。

Python 虽然也支持命令模式，但是相对来说，更偏向于流程控制语句。R 语言基本上不需要用到流程控制（当然，它也支持流程控制）。

（7）交互性。

按回车键，输出结果。但是又不像 SPSS 那种用鼠标的交互方式。

（8）统计学特性。

这是 R 语言与其他所有计算机语言最本质的区别，R 语言是一门统计学家发明的语言（其他语言基本上都是程序员发明的）。

1.2 正确的数据思维观

思维对于整体分析思路，甚至分析结果都有着关键性的作用。普通数据分析师与高级数据分析师的差异就是是否树立了正确的数据思维观。正确的数据思维观与数据敏感度有关，类似于情商，看不见，摸不着。简单来说，正确的数据思维观是一种通过数据手段给出解决问题的思维。

1.2.1 数学思维

数学思维能够帮助我们摒弃主观的偏见与看法。如遇到突发事件能在第一时间冷静下来，抛去恐慌的情绪；对自己喜欢的项目客观分析，不对数据进行修饰。

任何人都会犯错误，如何对待自己犯下的错误是衡量一个数据分析师处理问题客观性的重要标准。

读过历史类或是战争类小说的人都知道，谋士给统帅的策略一般会有上策、中策和下策，而统帅经常会出于人道主义原则选择中策或是下策。越是厉害的谋士给出策略的出发点越是绝对理性，不考虑情怀，一切以成功为最终目的。数据分析师就要具有这种谋士的精神，客观与理性地解决问题。

培养自己的思维与处理问题的技能需要在实践中不断完善和改进。

1.2.2 统计思维

统计思维是通过统计学表达数据的分布特征，相比于数学，统计思维在日常生活中的应用要明显而又简单得多。日常生活中接触的求和、平均值、中位数、最大值等其实都是统计学的一部分。统计思维有一个非常经典的理论叫回归分析，回归就是“返祖现象”模型。平均值就是用来衡量回归标准的一个方法，数据围绕着平均值波动，并有向平均值靠拢的趋势即为回归。示意图如图 1.6 所示。

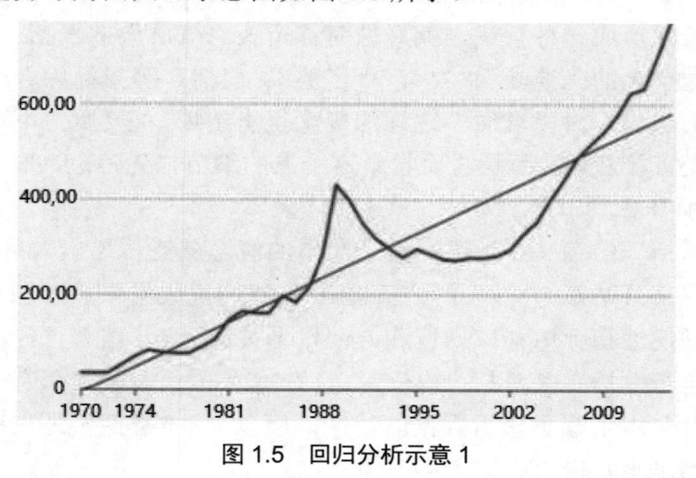

图 1.5 回归分析示意 1

显而易见，图 1.5 和图 1.6 的一个显著不同就是波峰和波谷距离平均线的距离一大一小，在统计学上用方差来解释这一差异。

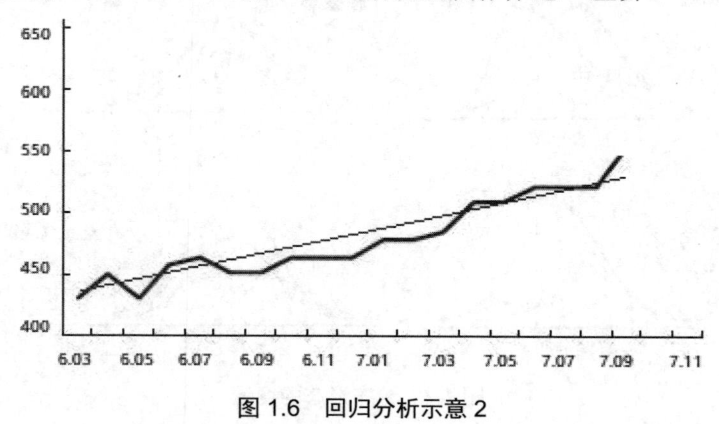

图 1.6 回归分析示意 2

从思维科学角度看统计思维可归类为：描述、概括和分析。这些词粗看起来意思差不多，但有本质差别。

（1）描述

“描述”就是对事物或对象的客观印象。如果我们把描述概念对应到数据上，可以理解为这堆数据“长什么样”，对数据的描述能够让人感悟到数据的真实长相。“描述”使用的指标通常是如下统计量：平均数、众数、中位数、方差、极差和四分位点。这些指标就好像是数据的

“鼻子”“眼睛”“嘴唇”“眉毛”等。

上述指标能让这些庞大繁杂的数据一目了然，虽不见数据却也知道数据长什么样，这就是“描述”。

（2）概括

“概括”是形成概念的过程，把大脑中所描述的对象中的某些指标抽离出来并形成一种认识，就好像对一个人“气质”的概括。“气质”是基于这个人的“谈吐”“衣着”“姿势”“表情”等指标综合在一起，然后基于历史，对“气质”这样的概念得出结论。“气质”不可以依靠眼睛感受直接获取，而是需要收集这个人的细节描述信息，形成对这个人的整体印象。

“概括”的意义在于用一两个简单的概念就能传递出大量的信息，就好像说某某姑娘“御姐范”“萝莉范”，我们说数据服从正态分布是从数据的描述性指标中抽取均值和方差作为关键元素，结合已经掌握的经验知识给予数据有关概括：均值为μ，方差为σ^2；对统计稍有了解的人听完后就基本了解了这组数据的特征。所以说，“概括”是在描述的基础上抽离出来的概念。

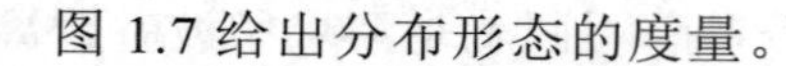
图 1.7 给出分布形态的度量。

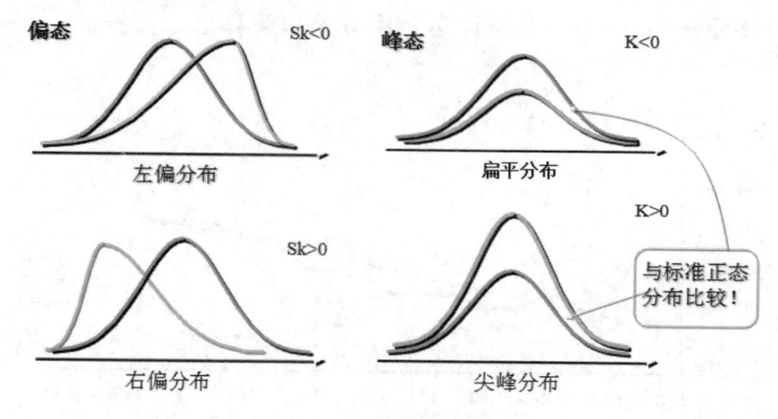

图 1.7 分布形态的度量

（3）分析

“分析”就是将研究对象的整体分为各个部分、方面、因素和层次，并加以考察的认知活动，也可以通俗地解释为发现隐藏在数据中的“模式”和“规则”。

“分析”的有效性建立在这样一个假设基础上：一切结果都是有原因的。就好像“世上没有无缘无故的爱，也没有无缘无故的恨”。

“描述”获取数据的细节，“概括”得到数据的结构，“分析”得到想要的结论。“分析”区别于“描述”和“概括”一个非常重要的特征就是以目标为前提，以结果为导向。

假设我们采集到B地1000名20岁男性的身高：

1.69,1.77,1.81,1.74,2.76,…,1.80,1.74,1.68,1.75

采集到A地1000名20岁男性的身高：

1.70,1.75,1.82,1.75,1.76,…,1.81,1.75,1.69,1.78

放在一起得到2000个观测值的矩阵，我们想知道A地男生身高与B地男生身高的差异情况，分析方法如下。

均值$\mu 1=\mu 2$

方差$\sigma 1=\sigma 2$

比较数据分布

T-test检验

……

我们看到数据的“描述”和“概括”在数据分析中起到的作用。如果“描述”与“概括”是向别人呈现一组数据，那么“分析”就是从描述与概括中抽离出能够实现目标的元素：A地男生的身高要高于B地男生。

对一名数据分析人员来说，分析数据的目的性尤为重要。相关分析、回归分析、统计推断是“分析”思维的主要任务。

图1.8解释了统计思维各要素的相互关系。

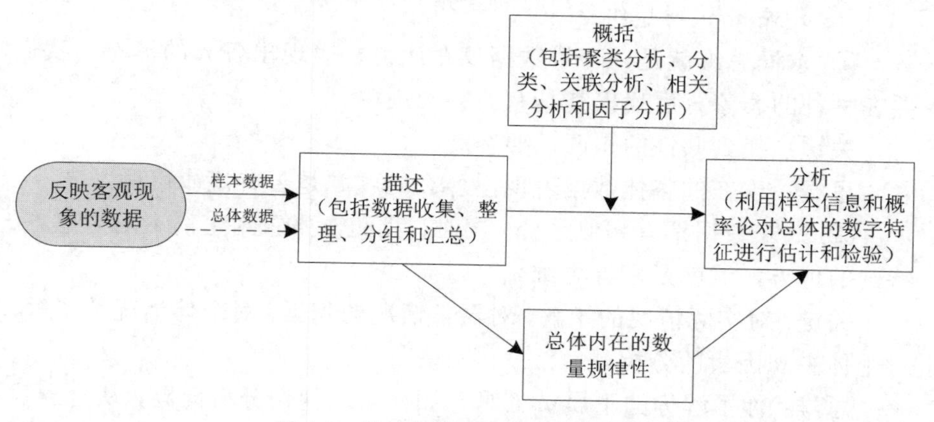

图1.8 统计思维要素之间相互关系

1.2.3 逻辑思维

逻辑思维是人的理性认识阶段，是人运用概念、判断、推理等思维类型反映事物本质与规律的认识过程。是一种确定的，而不是模棱两可的。

判断在前，推理在后，这是逻辑思维最重要的原则。就像走路一样，走第一步之前，你必须脚踏实地。你脚下不能是空的，只有在走之前确认你脚下有地，这样才可以走第一步。如果脚下是空的，你怎么走？你再怎么迈步子都走不出去一步。没错，迈步子就是推理，而在迈步子之前你必须辨别你是否脚踏实地。

现在很多人思考问题都下意识地忘了去看自己脚下是否有路，这样就导致这些人胡说八道。虽然有时候他们说的貌似有理有据，但是他们连出发点都没有，很明显这样的分析无任何意义。

逻辑思维具体包括以下几点。

（1）上取/下钻思维

① 上取思维就是在看完数据之后，要站在更高的角度去看这些数据，站在更高的位置上，从更长远的观点来看，从组织、公司的角度来看，从更长的时间段（年、季度、月、周）来看。从全局来看，你会怎样理解这些意义呢？也许上取思维能让你更明白方向。

② 下钻思维就是把事物分解分析。数据是一个过程的结果反映，怎样通过看数据找到更多隐藏在现象背后的真相，需要把事物分解分析。

原理：显微镜原理。

关键：知道数据的构成，分解数据的手段以及对分解后数据的重要程度的了解。

思维：哪些数据需要分解分析？

（2）求同/求异思维

① 求同思维就是，一堆数据摆在面前，表现出各异的形态，我们要在种种的表象背后找出其具有的共同规律。

关键：找到共性的东西，要客观。

思维：现在的整体数据表现出什么问题？是否有规律可循？

② 每个数据都有相似之处，同时，我们也要看到它们不同的地方、特殊的地方，这就是求异思维。

关键：对实际情况的了解，对日常情况的积累，对个体情况的了解，对个体主观因素的分析。

思维：你了解你的下属员工吗？如何帮助他们分析问题，从自身找到解决方案。

（3）抽离/联合思维

① 当你从一个旁观者的角度看待数据时，往往能发现那些经常让我们迷失方向的细枝末节。这时，你采用抽离思维更加能够帮助到你。

关键：多种分析方法，多角度看问题，不要钻牛角尖，多学习别人的好方法，学会集思广益，发散性思维。

思维：你的学习能力和方法有效吗？

② 联合思维就是站在当事人的角度去思考和分析，这样你才会理解人、事和物。

关键：了解当事人的情况，学会换位思考。

思维：你了解周边的情况和周围的人吗？

（4）离开/接近思维

① 通过数据分析，你发现你处在一个不太有利的地位，那么，此时你就要运用离开思维想办法，离开困境。

关键：学会自我调节，自我放松。

思维：遇到难题，你怎么办？

② 要达成目标，实现销售增长，这时候你需要运用接近思维来帮助你。

关键：多接触你要解决的问题，花时间分析。你要的是方案，不是问题。

思维：你在做选择题还是问答题，责任点在哪？

（5）层次思维

① 问题发现是第 1 步，要怎样分析问题，找到真正的原因，就要熟练地运用理解层次（见图 1.9）

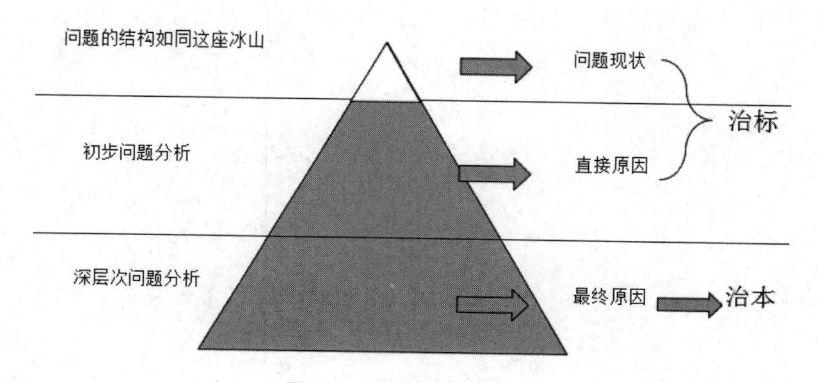

图 1.9 问题的展开方式

关键：你需要熟悉客观环境，员工的能力、行为的规律以及他需要什么。

思维：你能够分析到哪一步？

② 问题结构是由现状、直接原因以及最终原因构成的。针对直接原因进行的叫初步问题分析，针对最终原因进行的分析叫深层次问题分析。

习题

1．正确的数据思维观包括数学思维、________、逻辑思维。

2．换位思考属于________思维。

3．________能够帮助我们摒弃主观的偏见与看法。

4．常用统计量包括________、________、________、________。

5．从思维科学角度看统计思维可归类为______、_______和_______。

6．把大脑中所描述的对象中的某些指标抽离出来并形成一种认识称为________。

7．把事物分解分析称为________思维。

8．显微镜原理属于________思维。

9．当一堆数据摆在我们面前时，表现出各异的形态，然而我们却要在种种的表象背后，找出其有共同规律的特点，称为________思维。

基础篇

数据是一座丰富的矿产，但价值不会自动产生，需要使用相应的技能去挖掘。在数据价值产生过程中，思维和技能有着各自的经验和边界，思维提供方向、思路、解读；技能负责实现，包括定义、采集、清洗、入库、分类和预测，只有紧密结合起来才能够形成正循环，源源不断产生更多的价值。

本篇在正确思维观的基础上，探讨数据价值挖掘的一些方法，使你的数据分析项目落地。

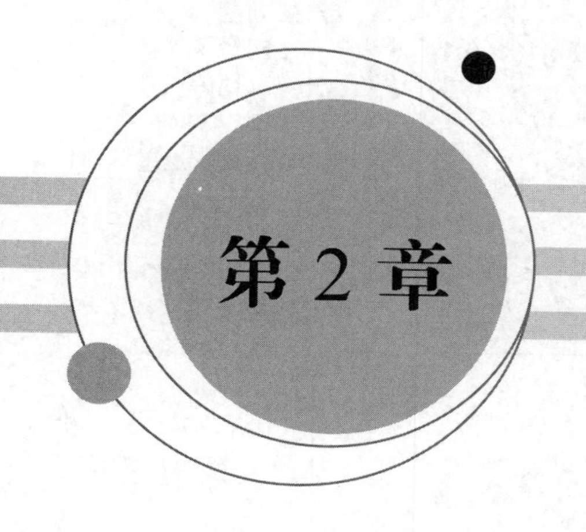

第 2 章 R 语言入门

R 是一种灵活的编程语言，专为促进探索性数据分析、经典统计学测试和高级绘图而设计。R 拥有丰富的、仍在不断扩大的程序包。已证明 R 是不断成长的大数据领域的一个有用工具。本章是 R 语言入门篇，主要介绍 R 语言环境部署，帮助信息使用，R 脚本编写和执行，以及 R 包加载等内容。

2.1 新手上路

【例 2.1】判断 2019.2017 是否为素数。

```
1:brary(pracma)
 :sprime(2019)                #0 表示非素数，1 表示素数
 :sprime(2017)
```

【例 2.2】数据如表 2.1 所示，分析体重的分布及体重和月龄的关系。

表 2.1　10 名婴儿的月龄和体重

年龄（月）	体重（kg）	年龄（月）	体重（kg）
1	4.4	9	7.3
3	5.3	3	6.0
5	7.2	9	10.4
2	5.2	12	10.2
11	8.5	3	6.1

在 R 的脚本区输入如下命令，得到图 2.1。

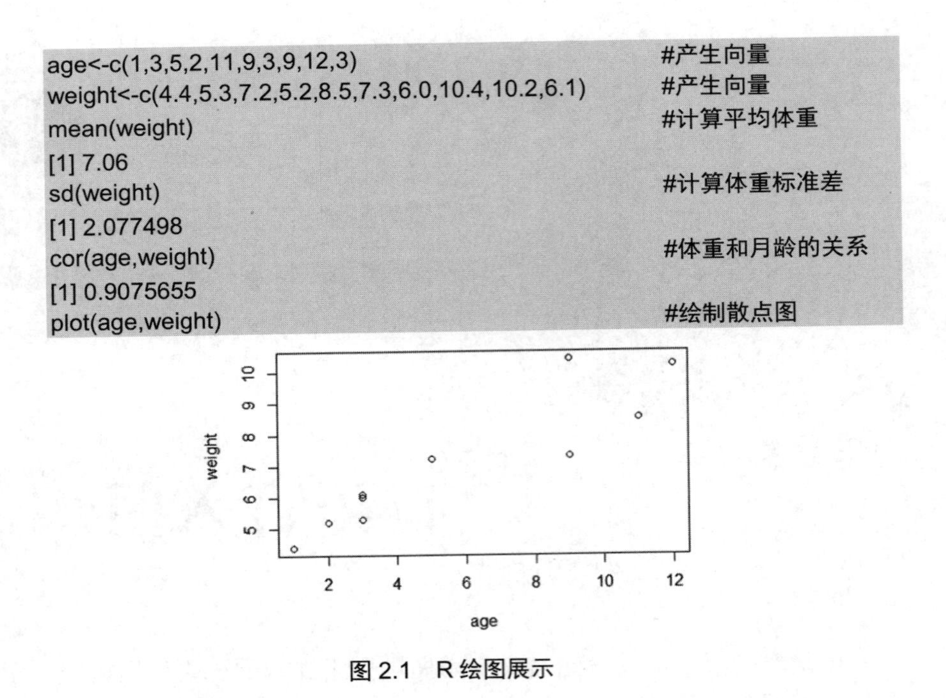

```
age<-c(1,3,5,2,11,9,3,9,12,3)                                 #产生向量
weight<-c(4.4,5.3,7.2,5.2,8.5,7.3,6.0,10.4,10.2,6.1)          #产生向量
mean(weight)                                                  #计算平均体重
[1] 7.06
sd(weight)                                                    #计算体重标准差
[1] 2.077498
cor(age,weight)                                               #体重和月龄的关系
[1] 0.9075655
plot(age,weight)                                              #绘制散点图
```


图 2.1 R绘图展示

2.2 R 语言开发环境部署

2.2.1 安装 R

本节只介绍 R 语言 Windows 环境下的安装方法，其他环境下的安装请参考相关资料。R 语言开发环境下载地址：https://cran.r-project.org，进入网站后显示如图 2.2 所示界面。

单击图 2.2 鼠标所指链接后，显示图 2.3 所示界面。

Download and Install R

Precompiled binary distributions of the base system and likely want one of these versions of R:

- Download R for Linux
- Download R for (Mac) OS X
- Download R for Windows

图 2.2 R 语言开发环境下载界面

Download R 3.4.0 for Windows (76 megabytes, 32/64 bit)

Installation and oth...nstructions

New features in this version

图 2.3 目录选择

单击图 2.3 鼠标所指链接后，显示下载程序。

运行安装程序，开始安装：单击“下一步”按钮就可以了。安装完成后会在桌面上创建 32 位和 64 位两个版本的快捷方式。双击启动程序，主界面如图 2.4 所示。

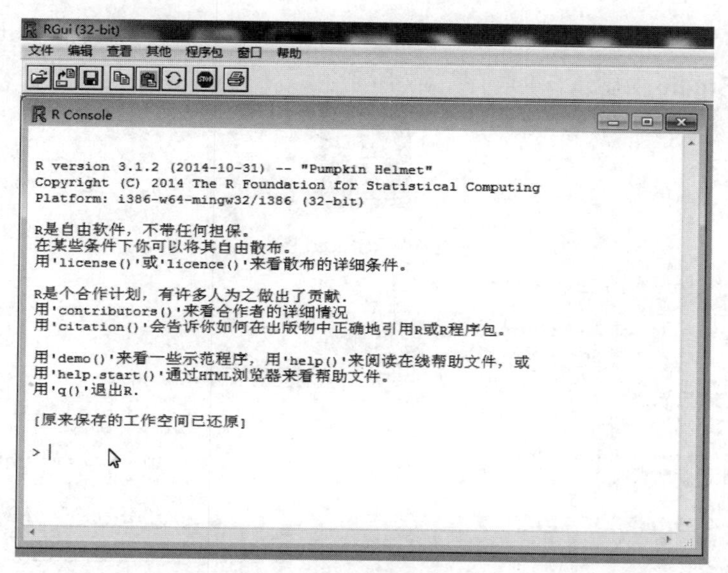

图 2.4 R 语言欢迎界面

2.2.2 安装 RStudio

RStudio 安装地址：http://rstudio.com。

Powerful IDE for R→Desktop→Free download→“RStudio 0.99.879 - Windows Vista/7/8/10”链接下载安装程序，如图 2.5 所示。

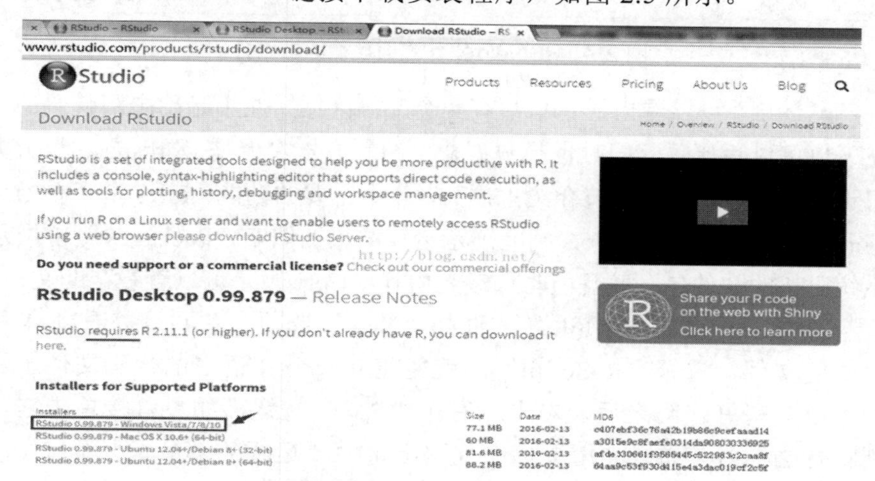

图 2.5 安装 RStudio

安装的流程：双击 RStudio-0.99.879.exe→欢迎界面→选择安装路径→确定开始菜单文件夹名字→finish。

注意：在安装 RStudio 之前一定要安装 R 语言开发环境。RStudio 是 R 语言的集成开发环境 IDE，R 的用户接口。

RStudio 安装完成后桌面出现如图 2.6 所示 RStudio 图标，双击图标，启动 RStudio，显示界面如图 2.7 所示。

图 2.6　RStudio 图标

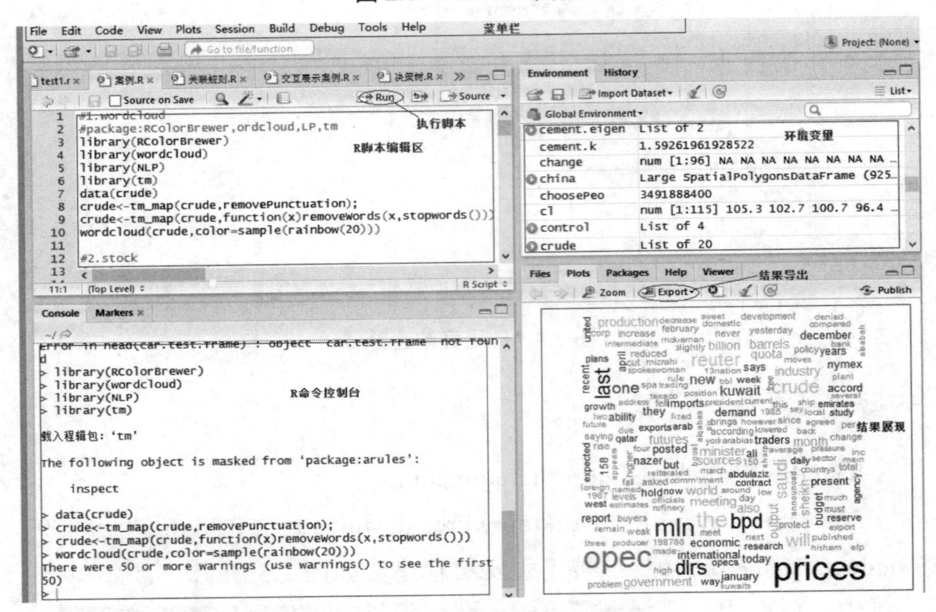

图 2.7　RStudio 操作界面功能区域划分

从图 2.7 可以看出，它总共有 4 个工作区域，左上是用来写代码的，左下也可以写代码，同时也是数据输出的地方。右上是 workspace 和历史记录，具体功能后面章节介绍。右下有 4 个主要的功能：Files 是查看当前 workspace 下的文件；Plots 则是展示运算结果的图案；Packages 则能展示系统已有的软件包，并且能勾选载入内存；Help 则是可以查看帮助文档。

单击工具栏上的“File”，选择“New”选项，总共可以看到 4 种格式的文件，选择“R Script”，就能建立一个 R 语言的代码文件了。如图 2.7 写好代码之后，右上角有个“Run”按钮，如果直接单击它，则执行当前行，如果先用鼠标在代码上选中要运行的部分，比如前面的 5 行，然后再单击“Run”按钮，执行完这 5 行了。

2.3　获取帮助

表 2.2 列出一些帮助命令和函数。

表 2.2　R 中的帮助函数

函　　数	功　　能
help("foo")或?foo	查看函数 *foo* 的帮助（引号可以省略）
??foo	以 *foo* 为关键词搜索本地帮助文档
example("foo")	函数 *foo* 的使用示例（引号可以省略）
apropos("foo",mode="function")	列出名称中含有 *foo* 的所有可用函数
data()	列出当前已加载包中所含的所有可用示例数据集

如果已经知道一个函数的名称（比如 solve），需要了解其所属的包、用途、用法、参数说明、返回值、参考文献、相关函数以及范例等，可以使用命令：

```
help(solve)
```

或

```
?solve
```

执行该命令会弹出一个窗口，如图 2.8 所示。

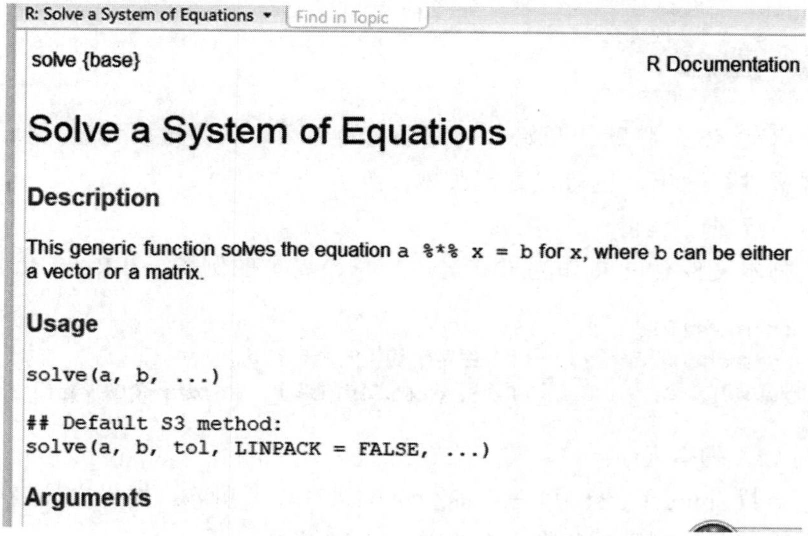

R: Solve a System of Equations ▾ Find in Topic

solve {base}　　R Documentation

Solve a System of Equations

Description

This generic function solves the equation a %*% x = b for x, where b can be either a vector or a matrix.

Usage

```
solve(a, b, ...)

## Default S3 method:
solve(a, b, tol, LINPACK = FALSE, ...)
```

Arguments

图 2.8　Solve 函数帮助

2.4 工作空间

工作空间保存了一些环境信息。每次与 R 的会话可以从一个“上次”运行的环境开始，也可以在原来的基础上继续，这些运行信息就保存在工作空间中。

R 对工作空间自动保存了两个隐藏文件：.RData 和.Rhistory。其中.RData 以二进制的方式保存了会话中的变量值；.Rhistory 以文本文件的方式保存了会话中的所有命令。

更多的管理工作空间的函数见表 2.3。

表 2.3 用于管理 R 工作空间的函数

函　数	功　能
getwd()	显示当前的工作目录
setwd("mydirectory")	修改当前的工作目录为 mydirectory
ls()	列出当前工作空间中的对象
rm(objectlist)	移除（删除）一个或多个对象
q()	退出 R。将会询问你是否保存工作空间

注意：setwd()命令的路径中将反斜杠（\）作为转义符。

如：正确设置路径格式是 setwd（"d：\test"）或 setwd（"d://test"）而不是 setwd（"d:/test"）。

2.5 脚本

启动 R 后将默认开始一个交互式的会话，从键盘接受输入脚本并在屏幕进行输出，也可以处理脚本文件。

（1）脚本编辑

脚本文件会以.R 作为扩展名。一个最简单的例子 test.R：

```
x <- rnorm(50)
y <- rnorm(x)                #产生两个随机向量 x 和 y
plot(x,y)                    #使用 x,y 画二维散点图，会打开一个图形窗口
```

（2）脚本执行

函数 source("test")可在当前会话中执行 1 个脚本。如果文件名中不包含路径，R 将假设此脚本在当前工作目录中。

（3）结果输出

① 文本输出

函数 sink("filename")将输出重定向到文件 filename 中。默认情况下，如果文件已经存在，则它的内容将被覆盖。

② 图形输出

虽然 sink()可以重定向文本输出，使用表 2.4 中列出的函数可输出其他格式的文件。

表 2.4　用于保存图形输出的函数

函　　数	输　　出
pdf("filename.pdf")	PDF 文件
win.metafile("filename.wmf")	Windows 图元文件
png("filename.png")	PNG 文件
jpeg("filename.jpg")	JPEG 文件
bmp("filename.bmp")	BMP 文件
postscript("filename.ps")	PostScript 文件

2.6　R 包

R 包是 R 函数、数据和预编译代码以一种定义完善的格式组成的集合。计算机上存储 R 包的目录称为库（library）。

R 自带了一系列默认包（包括 base、datasets、utils、grDevices、graphics、stats 以及 methods），它们提供了种类繁多的默认函数和数据集。其他 R 包可通过下载来安装。安装好以后，它们必须被载入到内存中才能使用。

- 安装 R 包：install.packages("gclus")。
- 加载到内存：library(gclus)。
- 显示包所在位置：.libpath()。
- 显示已加载的包：library()。

习题

1. 输入命令______在浏览器中显示帮助文档，并学会使用帮助文档。
   A．help(solve)　　B．help.start()
   C．help()　　D．data()
2. 函数________可在当前会话中执行一个脚本。
   A．demo(test)　　B．rm(test)
   C．example("test")　　D．source("test")
3. 函数________将输出重定向到文件 myfile 中。
   A．sink("myfile")　　B．library("myfile")

C．setwd("myfile")　　D．write("myfile")

4．以下常用统计软件中，属于开源软件的是________。

A．SAS　　B．R

C．Excel　　D．Matlab

5．安装 datasets 包。

6．加载 datasets 包到内存。

7．显示 datasets 包所在位置。

8．显示已加载的包。

9．列出当前已加载包中所含的所有可用示例数据集。

10．显示当前工作目录，并修改当前的工作目录为 myworkspace。

11．查看函数 foo 的帮助，并运行函数 foo 的使用示例。

12．列出 3 种有关用于保存图形输出的函数。

13．简要介绍 R 语言的优点。

14．加载 shiny 包。

15．列出包 shiny 中可用的函数和数据集。

16．运行 runExample()查看 shiny 自带的 demo。

17．运行 01_hello。

18．退出 R。

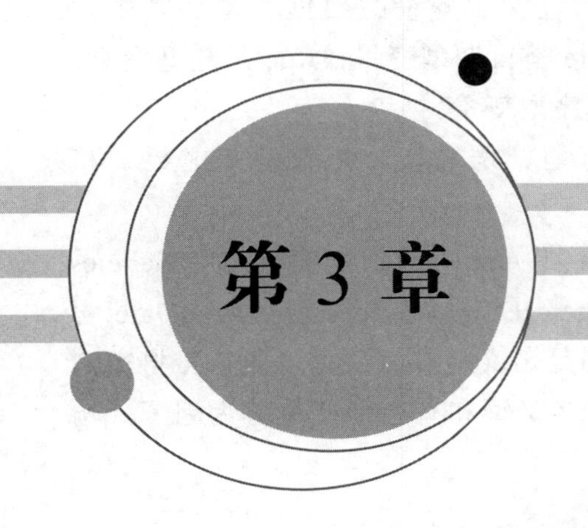

数据类型

R 语言定义的一些基本数据类型包括向量、因子、矩阵、列表、数据框和一些特殊的数据类型。

3.1 变量与常量

3.1.1 变量

不同的行业对于表 3.1 给出的数据（数据集）的行和列叫法不同。统计学家称它们为观测（observation）和变量（variable）；数据库分析师则称其为记录（record）和字段（field）；数据挖掘/机器学习学科的研究者则把它们叫作示例（example）和属性（attribute）。在本书中使用：观测和变量。

表 3.1 病例数据

病人编号（PatientID）	入院时间（AdmDate）	年龄（Age）	糖尿病类型（Diabetes）	病情（Status）
1	10/15/2009	25	Type1	Poor
2	11/01/2009	34	Type2	Improved
3	10/21/2009	28	Type1	Excellent
4	10/28/2009	52	Type1	Poor

表 3.1 可以清楚地看到该数据包含的变量的数据类型。其中，PatientID 是行/实例标识符；AdmDate 是日期型变量；Age 是整型变量；Diabetes 是名义型变量；Status 是有序型变量。

变量的类型包括数值型、字符型、逻辑型、复数型（虚数）和字节。

在表 3.1 中，PatientID、AdmDate 和 Age 为数值型变量，而 Diabetes 和 Status 为字符型变量。另外，PatientID 是实例标识符；AdmDate 含有日期数据；Diabetes 和 Status 分别是名义型和有序型变量。R 将实例标识符称为 rownames（行名），将名义型和有序型变量称为因子（响应变量、决策变量、类别变量）。

3.1.2 常量

R 中定义了一些常量类型，主要包括以下几种。

- NA：表示不可用。
- Inf：表示无穷。
- -Inf：表示负无穷。
- TRUE：表示真。
- FALSE：表示假。

3.2 结构类型

R 提供了如图 3.1 所示的结构类型。

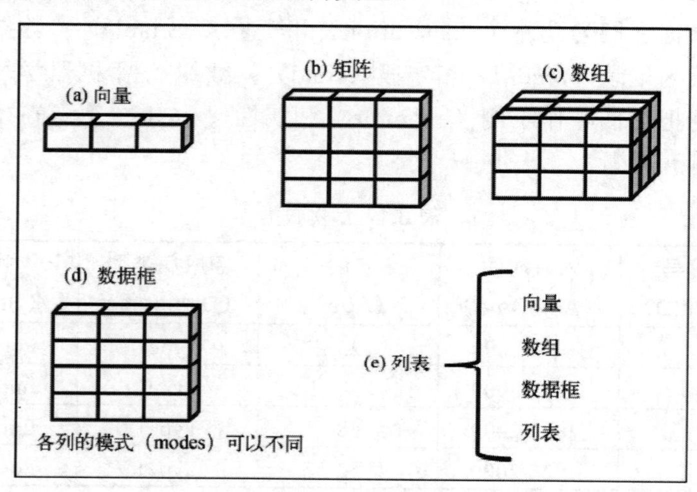

图 3.1 R 中的结构类型

3.2.1 向量

向量是用于存储数值型、字符型或逻辑型数据的一维结构。

（1）产生向量

① 函数 c(...)为自定义量。

例子：

```
b<-c("US","CHINA","ENGLISH")
c<-c(TRUE,TRUE,FALSE)
```

② from:to 产生一个序列。

例子：

```
b<-1:4                        #得到整型向量"1,2,3,4"
```

注意 c<-1:4+1 和 c<-1:(4+1)的区别。

```
c<-1：4+1
[1]  2  3  4  5
c<-1：(4+1)
[1]  1  2  3  4  5
```

③ seq()产生一个等差向量序列。

格式：seq(from = n, to =m, by = k,len w)。

例子：

```
   seq(2, 10 )              #默认公差为 1
[1]  2  3  4  5  6  7  8  9 10
   seq(2, 10 ,2)            #如果不指定长度，from、to 和 by 关键词可以省略
[1]  2  4  6  8 10
   seq(from =2, by = 2,len=10) #关键词 to 和 len 不能同时使用
[1]  2  4  6  8 10 12 14 16 18 20
```

④ rep()重复一个对象。

格式 1：rep(x,times)。

x 是要重复的对象（例如向量 c(1,2,3)）；times 为对象中每个元素重复的次数（如 times=c(9,7,3)就是将 x 向量的 1 重复 9 次，2 重复 7 次，3 重复 3 次）。

格式 2：rep(x, each=n)。

重复 x 元素 n 次；rep(c(1,2,3),2)得到“1 2 3 1 2 3”；rep(c(1,2,3),each=2)得到“1 1 2 2 3 3”。

⑤ rnorm()随机产生正态分布向量。

格式：rnorm(个数,均值,方差)。

例子：

```
x<-rnorm(100)   #随机产生 100 个服从正态分布的向量，默认均值为 0，方差为 1
x<-rnorm(5,2,3) #随机产生 5 个服从均值为 2，分差为 3 的正态向量
```

说明 1：同一向量中无法混杂不同类型的数据。

说明 2：f <-3 表示只有一个元素的向量。

（2）向量引用

引用就是取出满足条件的元素，向量引用是通过下标值，注意 R 语言下标从 1 开始，不是 0。

```
x<-seq(2, 10 )
x[3]                #下标为正数，取出下标对应的元素
[1] 4
x[-3]               #下标为负数，排除下标对应的元素
[1]  2  3  5  6  7  8  9 10
x[c(3,5,8)]         #如果一次取出多个元素，需要用向量做下标
[1] 4 6 9
x[-c(3,5,8)]        #如果一次排除多个元素，需要用向量做下标，注意负号
[1]  2  3  5  7  8 10
x[which(x>6)]       #取出满足条件的元素，要使用 which()函数
[1]  7  8  9 10
x[which.max(x)]     #取出最大元素，最小元素小标为 which.min
[1] 10
x[3:5]              #取出连续的元素
[1] 4  5  6
```

注意 x[3,5]和 x[c(3,5)]的区别。x[3,5]是矩阵的引用（见 3.2.2 节）。

（3）向量运算

R 语言最强大的方面之一就是函数可以直接对向量的每个元素进行操作。

【例 3.1】产生两个不等长整数向量 x 和 y，计算 $\sqrt{x}$，x+y，$x \cdot y$，$x \times y$ 及 x 的长度。

```
y<-2:5              #产生向量 x
x<-seq(2, 10 )      #产生向量 y
sqrt(x)             #向量开方
[1] 1.414214 1.732051 2.000000 2.236068 2.449490
    2.645751 2.828427 3.000000 3.162278
x+y                 #向量加，如果两个向量的长度不同，R 将重复较短的向量
                    #元素，直到得到的向量长度与较长的向量的长度相同为止
[1]  4  6  8 10  8 10 12 14 12
crossprod(x,x)      #内积
     [,1]
```

```
[1,]   384
tcrossprod(x,x)          #外积
      [,1]  [,2]  [,3]  [,4]  [,5]  [,6]  [,7]  [,8]  [,9]
 [1,]    4     6     8    10    12    14    16    18    20
 [2,]    6     9    12    15    18    21    24    27    30
 [3,]    8    12    16    20    24    28    32    36    40
 [4,]   10    15    20    25    30    35    40    45    50
 [5,]   12    18    24    30    36    42    48    54    60
 [6,]   14    21    28    35    42    49    56    63    70
 [7,]   16    24    32    40    48    56    64    72    80
 [8,]   18    27    36    45    54    63    72    81    90
 [9,]   20    30    40    50    60    70    80    90   100
length(x)               #向量长度
[1] 4
```

3.2.2 矩阵

矩阵是一个二维数组，只是每个元素都拥有相同的类型。

（1）矩阵创建

格式 1：matrix(data,c(nrow,ncol),byrow=T)。

格式 2：matrix(data,nrow=,ncol=,byrow=T)。

其中，data 包含了矩阵的元素；nrow 和 ncol 用以指定行和列的维数；byrow 则表明矩阵应当按行填充（byrow=TRUE）还是按列填充（byrow= FALSE），默认情况下按列填充。

【例 3.2】定义 5*4 矩阵。

```
y<-matrix(1:20,nrow=5,ncol=4)
      [,1]  [,2]  [,3]  [,4]
[1,]    1     6    11    16
[2,]    2     7    12    17
[3,]    3     8    13    18
[4,]    4     9    14    19
[5,]    5    10    15    20
```

格式 3：rbind(c(1,2),c(3,4))。

```
      [,1]  [,2]                       #具体语法见数组章节
[1,]    1     2
[2,]    3     4
```

格式 4： array(rep(1:3, each=3), dim=c(3,3))。

```
     [,1] [,2] [,3]                    #具体语法见数据框章节
[1,]    1    2    3
```

```
[2,]  1  2  3
[3,]  1  2  3
```

格式 5：data.frame(a=c(1,2),b=c(3,4))。

```
  a b
1 1 3
2 2 4
```

（2）矩阵引用

方法 1：使用下标和方括号来选择矩阵中的行、列或元素。

- y[i,]：返回矩阵 y 中的第 i 行。
- y[,j]：返回第 j 列。
- y[i,j]：返回第 i 行第 j 列元素。
- y[i,-j]：返回第 i 行，但排除第 j 列元素。
- y[-i,j]：返回第 j 行，但排除第 i 行元素。

方法 2：使用向量和方括号来选择矩阵中的行、列或元素。

- y[c(1,3),c(2:4)]：返回第 1、3 行，第 2、4 列元素。
- y[c(1,3),-c(2:4)]：返回第 1、3 行，但排除第 2、4 列元素。

（3）矩阵运算

- t(y)：转置；
- cbind()：横向合并矩阵；
- rbind()：纵向合并矩阵。

【例 3.3】矩阵合并。

```
x1<-rbind(c(1,2),c(3,4))                    #产生矩阵 x1
x1
     [,1]  [,2]
[1,]   1     2
[2,]   3     4
x2<-x1+10                                   #产生矩阵 x2
x2
     [,1]  [,2]
[1,]  11    12
[2,]  13    14
cbind(x1,x2)                                #横向合并矩阵
     [,1]  [,2]  [,3]  [,4]
[1,]   1     2    11    12
[2,]   3     4    13    14
rbind(x1,x2)                                #纵向合并矩阵
     [,1]  [,2]
[1,]   1     2
```

```
[2,]    3    4
[3,]   11   12
[4,]   13   14
cbind(1,x2)                                    #横向合并矩阵与常量
      [,1]  [,2]   [,3]
[1,]    1   11   12
[2,]    1   13   14
```

其他有关矩阵的运算函数如下。

- 将矩阵转化为向量：as.vector()。
- 返回矩阵维度：dim()、nrow()和 ncol()。
- 对矩阵各列求和：colSums()。
- 求矩阵各列的均值：colMeans()。
- 对矩阵各行求和：rowSums()。
- 求矩阵各行的均值：rowMeans()。
- 计算行列式：det()。

3.2.3 数组

数组（array）与矩阵类似，但是维度大于 2。数组可通过 array 函数创建，形式如下。

格式：myarray<-array(data,dimensions)。

- data 包含了数组中的数据。
- dimensions 给出了各个维度下标的最大值。

例：

```
z<-array(1:24,c(2,3,4))
```

数组是矩阵的一个自然推广，在编写新的统计方法时可能很有用。像矩阵一样，数组中的数据也只能拥有一种类型。

数组引用与矩阵相同，如元素 z[1,2,3]为 15。

【例 3.4】数组的行列和、平均值。

多维数组，rowSums、colSums、rowMeans、colMeans 的使用稍为复杂点。它们的参数为：

colSums (x, na.rm = FALSE, dims = 1)

rowSums (x, na.rm = FALSE, dims = 1)

colMeans(x, na.rm = FALSE, dims = 1)

rowMeans(x, na.rm = FALSE, dims = 1)

其中，dims 为整数，表示哪个或哪些维数被看作行或列；对于 row

统计函数，dims+1 及以后的维度被看作行；对于 col 函数，dims 及以前的维度（1:dims）被看作列：

```
b <- array(rep(1:3, each=9), dim=c(3,3,3))
b
, , 1
     [,1] [,2] [,3]
[1,]   1    1    1
[2,]   1    1    1
[3,]   1    1    1
, , 2
     [,1] [,2] [,3]
[1,]   2    2    2
[2,]   2    2    2
[3,]   2    2    2
, , 3
     [,1] [,2] [,3]
[1,]   3    3    3
[2,]   3    3    3
[3,]   3    3    3
rowSums(b)
[1] 18 18 18
rowSums(b,dims=1)
[1] 18 18 18
rowSums(b,dims=2)
     [,1] [,2] [,3]
[1,]   6    6    6
[2,]   6    6    6
[3,]   6    6    6
colSums(b)
     [,1] [,2] [,3]
[1,]   3    6    9
[2,]   3    6    9
[3,]   3    6    9
colSums(b,dims=2)
[1]  9 18 27
```

3.2.4 数据框

数据框不同的列可以包含不同类型的数据，因此数据框的概念较矩阵来说更为一般。数据框是在 R 中最常处理的数据类型。

表 3.1 所示的病例数据集包含了数值型和字符型数据。由于数据有多种类型，无法将此数据集放入一个矩阵。在这种情况下，使用数据框

是最佳选择。

（1）创建数据框

```
x<-data.frame(col1, col2, col3,…)
```

其中的列向量 col1,col2,col3,…可为任何类型（如字符型、数值型或逻辑型）。

例如：

```
mydataset<-data.frame(
+     Site=c("A","B","A","A","B"),
+     Season=c("winter","summer","summer","spring","fall"),
+     PH=c(7.3,6.4,8.6,7.2,8.9)
+ )
mydataset
  Site Season   PH
1      A winter 7.3
2      B summer 6.4
3      A summer 8.6
4      A spring 7.2
5      B     fall 8.9
```

（2）引用数据框

数据框的引用与矩阵一样，如 x[1:3,],x[2,c(2,4)]。除此之外，增加通过变量引用数据框元素的方法，如把表 3.1 的数据框定义为 x，则 x$age 等价于 x[,3]。

（3）修改行/名称

colnames(<数据框>)可以读取并编辑列名称。

```
colnames(mydataset)[1]<-"a"
colnames(mydataset)[2]<-"type"
colnames(mydataset)
```

可以通过 row.names(<数据框>)来读取并编辑行名称。

```
row.names(mydataset)<-c("r1","r2","r3","r4","r5")
row.names(mydataset)
[1] "r1" "r2" "r3" "r4" "r5"
mydataset
    a    type  PH
r1 A winter 7.3
r2 B summer 6.4
r3 A summer 8.6
r4 A spring 7.2
r5 B     fall 8.9
```

3.2.5 因子

变量可分为名义型、有序型或连续型变量。名义型变量是没有顺序之分的类别变量。表 3.1 中，糖尿病类型 Diabetes（Type1、Type2）是名义型变量的一例。即使在数据中 Type1 编码为 1 而 Type2 编码为 2，这也并不意味着二者是有序的。有序型变量表示一种顺序关系，而非数量关系。病情 Status（Poor，Improved，Excellent）是顺序型变量的典型示例。我们知道，病情为 poor（较差）病人的状态不如 improved（病情好转）的病人，但并不知道相差多少。

类别变量（名义型变量、响应变量）和有序类别（有序型）变量在 R 中称为因子（factor）。因子在 R 中非常重要，因为它决定了数据的分析方式以及如何进行视觉呈现。

函数 factor()以一个整数向量的形式存储类别值，整数的取值范围是[2... k]（其中 k 是名义型变量中唯一值的个数），同时一个由字符串（原始值）组成的内部向量将映射到这些整数上。

举例来说，假设有向量：

```
diabetes<-c("type1","type2", "type1", "type1")
```

语句 diabetes <- factor(diabetes)将此向量存储为(1, 2, 1, 1)，并在内部将其关联为 1=Type1 和 2=Type2（具体赋值根据字母顺序而定）。针对向量 diabetes 进行的任何分析都会将其作为名义型变量对待，并自动选择适合这一测量尺度的统计方法。

要表示有序型变量，需要为函数 factor()指定参数 ordered=TRUE。给定向量：

```
status<-c("Poor", "Improved", "Excellent", "Poor")
```

语句 status <- factor(status, ordered=TRUE)会将向量编码为(3, 2, 1, 3)，并在内部将这些值关联为 1=Excellent、2=Improved 以及 3=Poor。另外，针对此向量进行的任何分析都会将其作为有序型变量对待，并自动选择合适的统计方法。

你可以通过指定 levels 选项来覆盖默认排序。例如：

```
status<-factor(status, levels=c("Poor","Improved", "Excellent"))
```

各水平的赋值将为 1=Poor、2=Improved、3=Excellent。请保证指定的水平与数据中的真实值相匹配，因为任何在数据中出现而未在参数中列举的数据都将被设为缺失值。

函数 factor()可为类别型变量创建值标签。在表 3.1 中，假设你有一个名为 gender 的变量，其中 1 表示男性，2 表示女性。你可以使用如下代码来创建值标签。这里 levels 代表变量的实际值，而 labels 表示包含了理想值标签的字符型向量。

```
patientdata$gender <- factor(patientdata$gender,
+levels = c(1,2),
+labels = c("male", "female"))
```

3.2.6 列表

列表（list）是 R 的数据类型中最为复杂的一种。一般来说，列表就是一些对象（或成分，component）的有序集合。列表允许你整合若干（可能无关的）对象到单个对象名下。例如，某个列表中可能是若干向量、矩阵、数据框，甚至其他列表的组合。可以使用函数 list()创建列表：

```
mylist<-list(object1, object2,…)
```

其中的 object*i* 可以是目前为止讲到的任何类型。

【**例 3.5**】构造数据框，并重新命名。

```
g<-"my first list"
h<-c(26,26,18,29)
j<-matrix(1:10,nrow=5)
k<-data.frame(c(1,2),c(3,4))
mylist<-list(title=g,ages=h,j,k)   #可以为列表中的对象命名
mylist
$title
[1] "my first list"

$ages
[1] 26 26 18 29

[[3]]
     [,1]  [,2]
[1,]    1     6
[2,]    2     7
[3,]    3     8
[4,]    4     9
[5,]    5    10

[[4]]
  c.1..2. c.3..4.
1       1       3
2       2       4
```

也可以通过在双重方括号中指明代表某个成分的数字或名称来访问列表中的元素。此例中，mylist[[2]]和 mylist[["ages"]]均指那个含有四个元素的向量。由于两个原因，列表成为R中的最复杂的结构类型。首先，列表允许以一种简单的方式组织和重新调用不相干的信息。其次，许多 R 函数的运行结果都是以列表的形式返回的。需要取出其中哪些成分由分析人员决定。

为了使结果更易解读，数据分析人员通常会对数据集进行标注。这种标注包括为变量名添加描述性的标签，以及为类别型变量中的编码添加值标签。例如，对于变量 age，你可能想附加一个描述更详细的标签"Age at hospitalization(in years)"（入院年龄）。对于编码为 1 或 2 的性别变量 gender，你可能想将其关联到标签 male 和 female。

3.3 字符串操作

3.3.1 基本操作

（1）求字符串长度 nchar(string)

```
data<-"R 语言是门艺术"
nchar(data)
[1] 7
```

（2）字符串合并 paste(str1,str2,sep)

```
data<-"R 语言是门艺术"
data1<-"要用心体会"
paste(data,data1,sep=",")
[1] "R 语言是门艺术,要用心体会"
```

（3）字符串分割 strsplit(string,sep)

```
data3<-"2017 年 2 月 28"
strsplit(data3,"年")
[[1]]
[1] "2017"   "2 月 28"
```

（4）读取和替换字符串 substr(string,start,stop)

```
substr(data3,5,5)
[1] "年"
substr(data3,4,4)<-"6"
data3
[1] "2016 年 2 月 28"
```

（5）字符串替换 chartr(old,new,string)

```
chartr("29","29 日",data3)        #old 不存在，无操作
chartr("28","28 日",data3)        #超过 string 长度的字符不替换
chartr("28","2 日",data3)
```

3.3.2 字符串处理 stringr 包

（1）字符串拼接函数

- str_c：字符串拼接。
- str_join：字符串拼接，同 str_c。
- str_trim：去掉字符串的空格和 Tab(\t)。
- str_pad：补充字符串的长度。
- str_dup：复制字符串。
- str_wrap：控制字符串输出格式。
- str_sub：截取字符串。
- str_sub<-：截取字符串，并赋值，同 str_sub。

（2）字符串计算函数

- str_count：字符串计数。
- str_length：字符串长度。
- str_sort：字符串值排序。
- str_order：字符串索引排序，规则同 str_sort。

（3）字符串匹配函数

- str_split：字符串分割。
- str_split_fixed：字符串分割，同 str_split。
- str_subset：返回匹配的字符串。
- word：从文本中提取单词。
- str_detect：检查匹配字符串的字符。
- str_match：从字符串中提取匹配组。
- str_match_all：从字符串中提取匹配组，同 str_match。
- str_replace：字符串替换。
- str_replace_all：字符串替换，同 str_replace。
- str_replace_na：把 NA 替换为 NA 字符串。
- str_locate：找到匹配的字符串的位置。
- str_locate_all：找到匹配的字符串的位置，同 str_locate。
- str_extract：从字符串中提取匹配字符。

- str_extract_all：从字符串中提取匹配字符，同 str_extract。

（4）字符串变换函数

- str_conv：字符编码转换。
- str_to_upper：字符串转成大写。
- str_to_lower：字符串转成小写，规则同 str_to_upper。
- str_to_title：字符串转成首字母大写，规则同 str_to_upper。

（5）参数控制函数

仅用于构造功能的参数，不能独立使用。

- boundary：定义使用边界。
- coll：定义字符串标准排序规则。
- fixed：定义用于匹配的字符，包括正则表达式中的转义符。
- regex：定义正则表达式。

3.4 用于数据处理和转换的常用函数

用于数据处理和转换的常用函数如表 3.2 和表 3.3 所示。

表 3.2 处理数据对象的实用函数

函　　数	用　　途
length(object)	显示对象中元素/成分的数量
dim(object)	显示对象的维度
str(object)	显示对象的结构
class(object)	显示对象的类别
mode(object)	显示对象的模式
names(object)	显示对象中各成分的名称
c(object,object,…)	将对象合并入一个向量
cbind(object,object,…)	按列合并对象
rbind(object,object,…)	按行合并对象
Object	输出对象
head(object)	列出对象的开始部分
tail(object)	列出对象的最后部分
ls()	显示当前的对象列表
rm(object,object,…)	删除一个或更多个对象
rm(list=ls())	将删除当前工作环境中的所有对象*
newobject<-edit(object)	编辑对象并另存为 newobject
fix(object)	直接编辑对象

表 3.3 vector/matrix/data.frame 之间转换

	向　量	矩　阵	数 据 框
向　量	c(x,y)	cbind(x,y) rbind(x,y)	data.frame(x,y)
矩　阵	as.vector(mymatrix)		as.data.frame(mymatrix)
数 据 框		as.matrix(myframe)	

习题

1．从表 3.1 你可以清楚地看到此数据结构（本例中是一个数据框）以及其中包含的元素和数据类型。其中，Status 是________变量。

A．日期型　　B．整型
C．名义型　　D．有序型

2．R 中定义了一些常量，NA 表示不可用，-Inf 表示________。

3．R 中的数据结构包括________。

A．向量　　B．矩阵
C．数组　　D．以上全是

4．R 中最常处理的数据结构是________。

A．向量　　B．矩阵
C．数组　　D．数据框

5．“a=matrix(1:12,nrow=4,ncol=3);a[2,2];”显示的结果为________。

A．5　　B．6　　C. 7　　D.8

6．如果 A 是 5 行×6 列的矩阵，t(A)是________。

A．5 行×6 列矩阵　　B．30 个元素的向量
C．11 个元素的向量　　D．6 行×5 列的矩阵

7．a=det(matrix(1:12,nrow=4,ncol=3,byrow=TRUE))
b=det(matrix(1:12,nrow=3,ncol=4,byrow=FALSE))
则有________。

A．a>b　　B．a=b
C．a<b　　D．两者都显示出错信息

8．“a=rep(c(1,2,3),2); a[1]+a[4];”显示的结果为________。

A．2　　B．3　　C．4　　D．5

9．“x=1:12*2+1; x[which(x==9)];”显示的结果是________。

A．[1] 5　　B．[1] 9
C．[1] 11　　D．以上答案都不对

10．在 R 语言中判断变量 a 是否为数值型，可以使用函数________。

A．is.number(a)　　B．is.numeric(a)
C．is.factor(a)　　D．as.number(a)

11．将矩阵转化成向量使用________。

12．对于字符型向量，因子的水平默认依________顺序创建。

13．列表（list）是 R 的数据类型中最为复杂的一种。一般来说，列表就是一些对象（或成分，component）的________集合。

14．________可为类别型变量创建值标签。

15．产生 100 个满足标准正态分布 N(0,1)的随机数，使用的函数是________。

16．请使用 seq()产生一个首相为 2，公差为 2，长度为 10 的等差向量序列。

17．横向合并矩阵 c(2,1),c(4,3)。

18．建立一个 R 文件，在文件中输入变量 x=(1,2,3)T，y=(4,5,6)T，并做以下运算。

① 计算 z=2x+y+e，其中 e=(1,1,1)T；

② 计算 x 与 y 的内积；

③ 计算 x 与 y 的外积。

19．将 1,2,...,20 构成两个 4*5 阶的矩阵，其中矩阵 A 是按列输入，矩阵 B 是按行输入，并做如下运算。

① C=A+B。

② D=AB。

③ E=（eij）n*n，其中 eij=aij*bij。

④ F 是由 A 的前 3 行和前 3 列构成的矩阵。

⑤ G 是由矩阵 B 的各列构成的矩阵，但不含 B 的第 3 列。

第 4 章 数据准备

在项目进入正式实施之前，数据准备就是一个重要环节。

数据准备有广义的理解和狭义的理解，广义的理解包括数据清洗、数据变换等，狭义的理解就是数据的导入和导出，本节所讲的数据准备是狭义的。

4.1 数据导入

R 提供了适用范围广泛的数据导入格式，如图 4.1 所示。R 可从键盘、文本文件、Excel 和 Access 文件、流行的统计软件、特殊格式的文件，以及多种关系型数据库中导入数据。

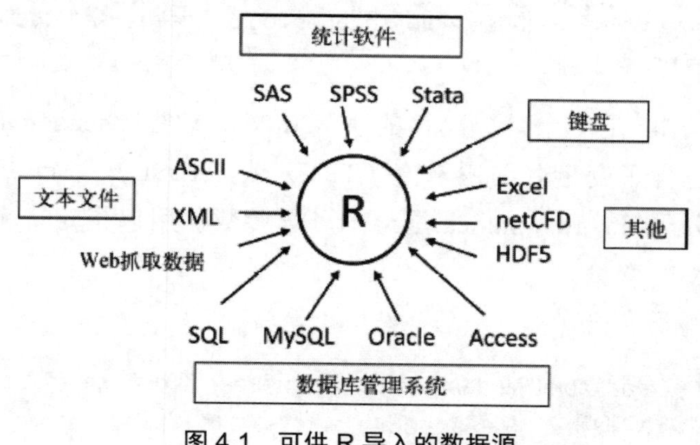

图 4.1 可供 R 导入的数据源

4.1.1 键盘输入数据

R中的函数edit()会自动调用一个允许手动输入数据的文本编辑器。

下例将创建一个名为mydata的数据框，它含有三个变量：age（数值型）、gender（字符型）和weight（数值型）。然后调用文本编辑器，输入数据，最后保存结果。

```
mydata <- data.frame(age=numeric(0),+gender=character(0), weight=numeric(0))
mydata <- edit(mydata)
```

调用函数edit()的结果如图4.2所示。

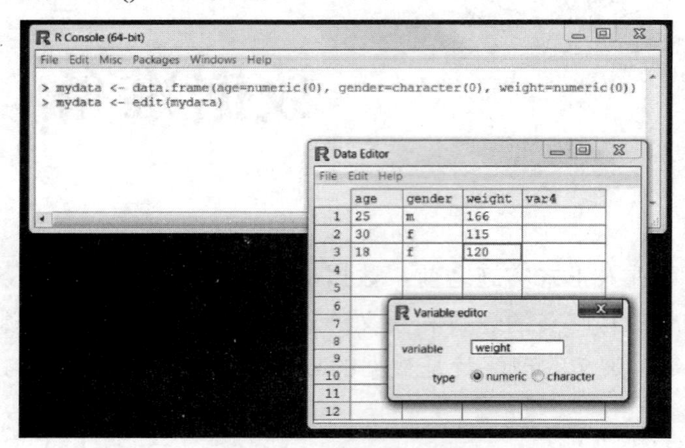

图4.2 通过R上内建的编辑器输入数据

4.1.2 导入文本文件

使用read.table()从带分隔符的文本文件中导入数据。此函数可读入一个表格格式的文件并将其保存为一个数据框。其语法如下：

```
mydataframe <- read.table(file, header=logical_value,+sep="delimiter", row.names="name")
```

其中，file是一个带分隔符的ASCII文本文件；header是一个表明首行是否包含了变量名的逻辑值（TRUE或FALSE）；sep用来指定分隔数据的分隔符；row.names是一个可选参数，用以指定一个或多个表示行标识符的变量。

举个例子，语句：

```
grades <- read.table("studentgrades.csv", header=TRUE, sep=",", row.names=
  "STUDENTID")
```

从当前工作目录中读入了一个名为 studentgrades.csv 的逗号分隔文件，从文件的第一行取得了各变量名称，将变量 STUDENTID 指定为行标识符，最后将结果保存到了名为 grades 的数据框中。

请注意，参数 sep 允许导入那些使用逗号以外的符号来分隔行内数据的文件，你可以使用 sep="\t"读取以制表符分隔的文件。此参数的默认值为 sep=""，即表示分隔符可为一个或多个空格、制表符、换行符或回车符。

函数 read.table()还拥有许多微调数据导入方式的追加选项。更多细节如表 4.1 所示。

表 4.1 read.table()函数参数

参 数	说 明
file	文件名（包在""内，或使用一个字符型变量），可能需要全路径（注意即使是在 Windows 下，符号\也不允许包含在内，必须用/替换），或者一个 URL 链接（http://...）（用 URL 对文件远程访问）
Header	一个逻辑值（FALSE 或 TRUE），用来反映这个文件的第一行是否包含变量名
sep	文件中的字段分离符，例如对用制表符分隔的文件使用 sep="\t"
quote	指定用于包围字符型数据的字符
dec	用来表示小数点的字符
row.names	保存着行名的向量，或文件中一个变量的序号或名字，缺省时行号取为 1,2,3,...
col.names	指定列名的字符型向量（缺省值是 V1,V2,V3,...）
as.is	控制是否将字符型变量转化为因子型变量（如果值为 FALSE），或者仍将其保留为字符型（TRUE）。as.is 可以是逻辑型、数值型或者字符型向量，用来判断变量是否被保留为字符
na.strings	代表缺失数据的值（转化为 NA）
colClasses	指定各列的数据类型的一个字符型向量
nrows	可以读取的最大行数（忽略负值）
skip	在读取数据前跳过的行数
check.names	如果为 TRUE，则检查变量名是否在 R 中有效
fill	如果为 TRUE 且非所有的行中变量数目相同，则用空白填补

4.1.3 导入 Excel 数据

读取一个 Excel 文件的最好方式，就是在 Excel 中将其导出为一个逗号分隔文件（csv），并使用前文描述的方式将其导入 R 中。在 Windows 系统中，也可以使用 RODBC 包来访问 Excel 文件。

电子表格的第一行应当包含变量/列的名称。

首先，下载并安装 RODBC 包。可以使用以下代码导入数据：

```
library(RODBC)
channel <- odbcConnectExcel("myfile.xls")
mydataframe <- sqlFetch(channel,"mysheet")
odbcClose(channel)
```

这里的 myfile.xls 是一个 Excel 文件，mysheet 是要从这个工作簿中读取工作表的名称，channel 是一个由 odbcConnectExcel()返回的 RODBC 连接对象，mydataframe 是返回的数据框。RODBC 也可用于从 Microsoft Access 导入数据。更多详情查看帮助 help(RODBC)。

导入 Excel 的另一种方法是：

```
library(rjara)
library(xlsx)
workbook <- "c:/myworkbook.xlsx"
mydataframe <- read.xlsx(workbook, 1)
```

位于 C 盘根目录的工作簿 myworkbook.xlsx 导入为第一个工作表，并将其保存为一个数据框 mydataframe。

4.1.4 导入数据库文件

R 中有多种面向关系型数据库管理系统（DBMS）的接口，包括 Microsoft SQL Server、Microsoft Access、MySQL、Oracle、PostgreSQL、DB2、Sybase、Teradata 以及 SQLite。其中一些包通过原生的数据库驱动来提供访问功能，另一些则是通过 ODBC 或 JDBC 来实现访问的。使用 R 来访问存储在外部数据库中的数据是一种分析大数据集的有效手段，并且能够发挥 SQL 和 R 各自的优势。

RODBC 包允许 R 连接到任意一种拥有 ODBC 驱动的数据库。

RODBC 包中的主要函数列于表 4.2 中。

表 4.2 RODBC 中的函数

函 数	描 述
odbcConnect(dsn,uid="",pwd="")	建立一个到 ODBC 数据库的连接
sqlFetch(channel,sqltable)	读取 ODBC 数据库中的某个表到一个数据框中
sqlQuery(channel,query)	向 ODBC 数据库提交一个查询并返回结果
sqlSave(channel,mydf,tablename=sqtable,append=FALSE)	将数据框写入或更新（append=TRUE）到 ODBC 数据库的某个表中
sqlDrop(channel,sqtable)	删除 ODBC 数据库中的某个表
close(channel)	关闭连接

假如你想将某个数据库中的两个表（Crime 和 Punishment）分别导入为 R 中的两个名为 crimedat 和 pundat 的数据框，可以通过如下代码完成这个任务。

```
library(RODBC)
myconn <- odbcConnect("mydsn", uid="Rob", pwd="aardvark")
crimedat <- sqlFetch(myconn, Crime)
pundat <- sqlQuery(myconn, "select * from Punishment")
close(myconn)
```

首先载入 RODBC 包，并通过一个已注册的数据源名称（mydsn）、用户名（rob）以及密码（aardvark）打开一个 ODBC 数据库连接。其次，连接字符串被传递给 sqlFetch，它将 Crime 表复制到 R 数据框 crimedat 中。然后，Punishment 表执行 SQL 语句 select，并将结果保存到数据框 pundat 中。最后，关闭连接。

函数 sqlQuery()非常强大，因为其中可以插入任意的有效 SQL 语句。这种灵活性赋予了你选择指定变量、对数据取子集、创建新变量，以及重编码和重命名现有变量的能力。

4.2 数据导出

4.2.1 导出文本文件

write.table()函数语法如下：

write.table (x, file ="", sep ="", row.names =TRUE, col.names =TRUE, quote =TRUE)。各参数的含义如表 4.3 所示。

表 4.3 write.table()函数参数

参　数	说　明
x	要写入的对象的名称
file	文件名（缺省时对象被“写”在屏幕上）
append	如果为 TRUE 则在写入数据时不删除目标文件中可能已存在的数据，采取往后添加的方式
quots	一个逻辑型或者数值型向量：如果为 TRUE，则字符型变量和因子写在双引号""中，若 quote 是数值型向量则代表将欲写在""中的那些列的列标。(两种情况下变量名都会被写在""中，若 quote = FALSE，则变量名不包含在双引号中)
sep	文件中的字段分隔符
eol	使用在每行最后的字符（"\n"表示回车）
na	表示缺失数据的字符
dec	用来表示小数点的字符

续表

参　数	说　明
row.names	一个逻辑值，决定行名是否写入文件；或指定要作为行名写入文件的字符型向量
col.names	一个逻辑值（决定列名是否写入文件）；或指定一个要作为列名写入文件中的字符型向量
qmethod	若 quote=TRUE，则此参数用来指定字符型变量中的双引号如何处理：若参数值为“escape”（或者“e”，缺省），则每个“都用\”替换；若值为"d"，则每个用“”替换

【例 4.1】把给定数据框保存为文本文件，以空格分隔数据列，不含行号，不含列名，字符串不带引号。

```
age <- c (22,23)
name <- c ("ken", "john")
f <- data.frame (age, name)
write.table (f,file ="f.csv", row.names = FALSE, col.names =FALSE, quote =FALSE)
```

4.2.2 保存图片

画图：

```
setwd("c://")
plot(1:10)
rect(1, 5, 3, 7, col="white")
dev.off()
```

保存为 PNG 格式：

```
png(file="myplot.png", bg="transparent")
dev.off()
```

保存为 JPEG 格式：

```
jpeg(file="myplot.jpeg")
dev.off()
```

保存为 PDF 格式：

```
pdf(file="myplot.pdf")
dev.off()
```

保存为 JPG 格式：

```
savePlot("CTplot", type=c("jpg"),device=dev.cur(),restoreConsole=TRUE)
```

习题

1．读入文本文件 abc.txt 到数据框，要求包含栏头，使用的 R 函数是________。

A．rt<-read.table("abc.txt",header=TRUE)

B．rt<-read.table("abc.txt",header=FALSE)

C．rt<-read.table("abc.txt",col.names=T)

D．rt<-read.table("abc.txt",skip=0)

2．write.table()函数参数“header”的功能为________。

A．判断变量是否被保存为字符

B．反映这个文件的第一行是否包含变量名

C．指定各列数据类型的一个字符型向量

D．表示小数点的字符

3．使用以下哪个命令比较使用于小规模数据集________。

A．mydata<-sqlFetch(odbcConnectExcel("myfile.xls"), "mysheet")

B．mydata<-read.xlsx(workbook,1)

C．mydata <- read.table()

D．mydata <- edit(mydata)

4．read.table()中参数 sep 的默认值为________。

5．常见的数据类型有________, numeric,________, factor。

6．请说出 DBMS 的中文全称________。

7．已知有 5 名学生的数据，如表 4.4 所示。用数据框的形式读入数据。

表 4.4 学生数据

序号	姓名	性别	年龄	身高（cm）	体重（kg）
1	张三	女	14	156	42.0
2	李四	男	15	165	49.0
3	王五	女	16	157	41.5
4	赵六	男	14	162	52.0
5	丁一	女	15	159	45.5

8. 将表 4.1 的数据写成一个 xlsx 文件，用函数 read.xlsx()读该文件，并显示图标内容。

9．产生 1～10 十个数，将文件保存到 D 盘根目录下的 data.Rdata 文件中，并读出来。

10．通过函数 write.csv()保存表 4.4 为一个.csv 文件，然后通过 write.csv()将表格中的数据存到数据框 data1 中，再将 data1 中的数据加载到数据框 data2 中，同时输出 data2.。

数据可视化

数据可视化主要是借助于图形化手段，清晰有效地传达与沟通信息。但是，这并不意味着，为了看上去绚丽多彩。

R 语言在数据可视化方面有很多独特的功能。

5.1 低水平绘图命令

5.1.1 点

【例 5.1】随机产生 80 个点，并绘制图形。

```
set.seed(1234)
x<-sample(1:100,80,replace = FALSE)
y<-2*x+20+rnorm(80,0,10)
plot(x = x,y = y)
plot(x,y)
```

执行结果如图 5.1 所示。

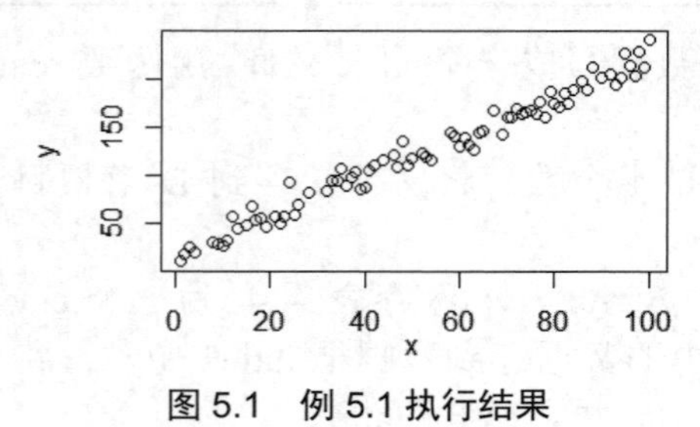

图 5.1 例 5.1 执行结果

其中各参数和函数的功能如下。

① set.seed()，该命令的作用是设定生成随机数的种子。种子是为了让结果具有重复性，如果不设定种子，生成的随机数无法重现。

② sample(x, size, replace = FALSE, prob = NULL)，各参数说明如下。

- x 可以是任何对象。
- size 规定了从对象中抽出多少个数，size 应该小于 x 的规模，否则会报错。
- replace 默认是 FALSE，表示每次抽取后的数就不能在下一次被抽取；TRUE 表示抽取过的数可以继续拿来被抽取。

③ 正态分布随机数 rnorm()。

句法是 rnorm(n,mean=0,sd=1)，n 表示生成的随机数数量；mean 是正态分布的均值，默认为 0；sd 是正态分布的标准差，默认时为 1。

④ 可以使用 plot(formula)这样的形式绘制散点图：plot(y~x)。

⑤ 可以使用 plot(matrix)这样的形式绘制散点图，例如：

```
z<-cbind(x,y)
plot(z)
```

⑥ 添加标题和标签：

```
plot(x,y,xlab="name of x",ylab="name of y",main="Scatter Plot")
```

执行结果如图 5.2 所示。

⑦ 设置坐标界限。

可先用 range(x)或 range(y)查看 x 和 y 的取值范围。

```
range(x)
[1]    1 100
range(y)
[1]   10.92682 240.70271
plot(x,y,xlab="name  of  x",ylab="name  of  y",main="Scatter  Plot",xlim=c(1,80),
ylim=c(0,200))
```

执行结果如图 5.3 所示。

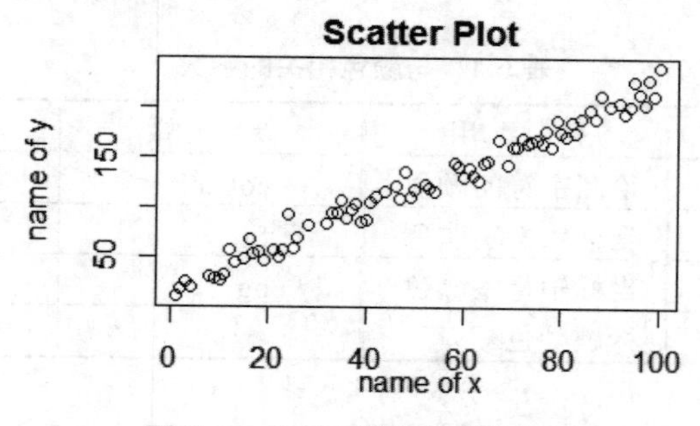

图 5.2　例 5.1 添加标题的结果

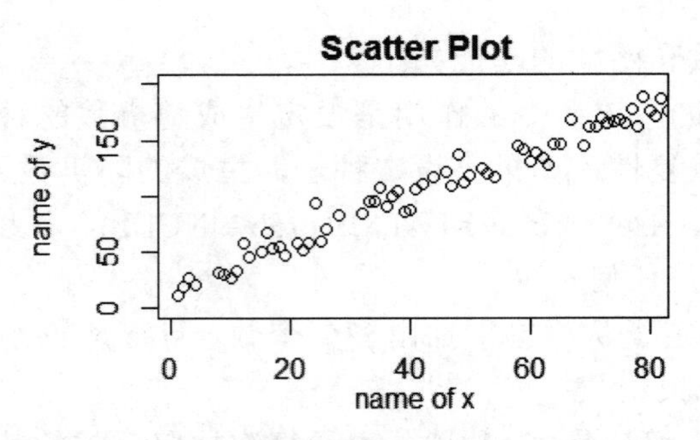

图 5.3 例 5.1 添加标题和取值范围的结果

⑧ 更改点的形状。

默认情形下，绘图字符为空心点，可以使用 pch 选项参数进行更改。

```
plot(x,y,xlab="name of x",ylab="name of y",main="Scatter Plot",xlim=c(1,80),
+ylim=c(0,200),pch=19)
```

执行结果如图 5.4 所示。

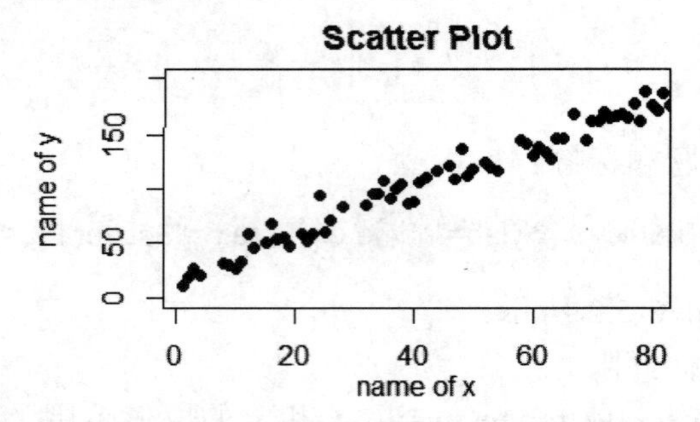

图 5.4 例 5.1 添加标题、取值范围和点的形状的结果

⑨ 更改颜色。

默认情况下，R 绘制的图像是黑白的。但其实，R 中有若干与颜色相关的参数（见表 5.1）。

```
plot(x,y,main="Plot",sub="Scatter   Plot",col="red",col.axis="green",col.lab="blue",
col.main="#999000",col.sub="#000999",fg="gray",bg="white")
```

表 5.1 与颜色相关的参数

参 数	作 用	参 数	作 用
col	绘图字符的颜色	col.sub	副标题颜色
col.axis	坐标轴文字颜色	fg	前景色
col.lab	坐标轴标签颜色	bg	背景色
col.main	标题颜色		

⑩ 更改尺寸。

与颜色类似，存在若干参数可以用来设置图形中元素的尺寸，而且与表 5.1 中设置颜色的参数相对应，只需将 col 更换成 cex 即可。

```
plot(x,y,main="Plot",sub="Scatter Plot",cex=0.5,cex.axis=1,cex.lab=0.8,cex.main= 2,
cex.sub=1.5)
```

5.1.2　线

有时候，我们不仅需要散点图，而且更需要折线图，比如时间序列。

【例 5.2】随机产生 50 个时间点，并绘制图形。

```
t <- 1:50
set.seed(1234)
v<-rnorm(50,0,10)
plot(t,v,type="l")
```

执行结果如图 5.5 所示。

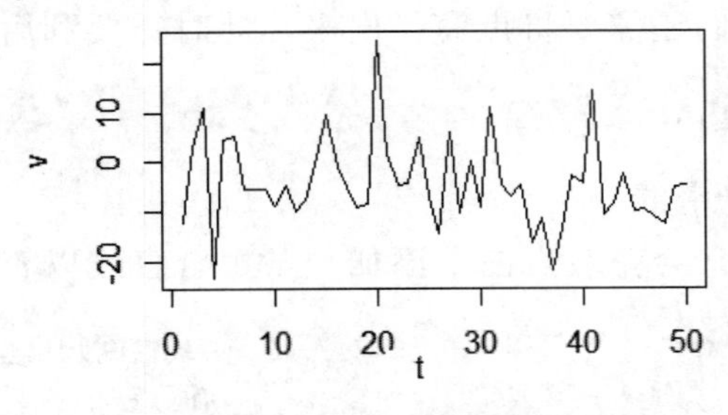

图 5.5　例 5.2 执行结果

各相关参数的功能如下。

（1）type 的取值

type="p"表示点；type="1"表示线；type="b"表示下画线。

（2）更改线条类型

R 中提供了很多类型的线条，可以通过 lty 选项来设定。

执行 plot(t,v,type="l",lty=2)，结果如图 5.6 所示。

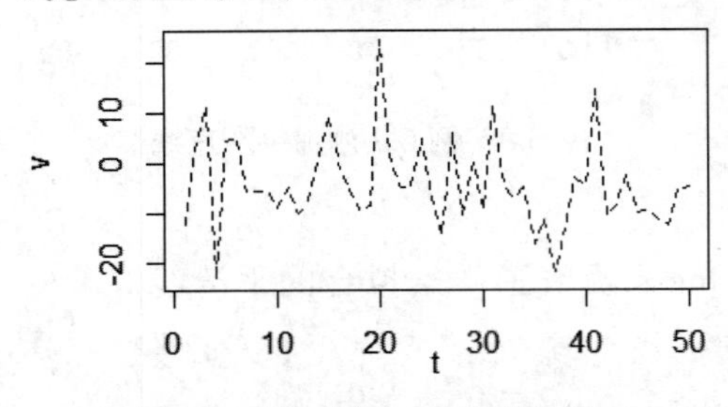

图 5.6　改变例 5.2 线型结果

lty 取值对应的线型如图 5.7 所示。

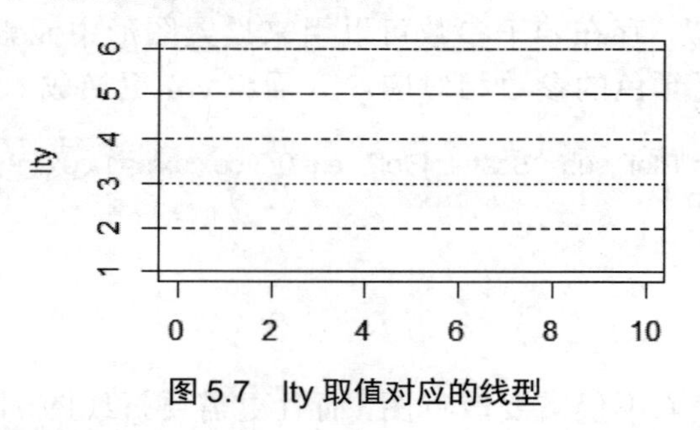

图 5.7　lty 取值对应的线型

（3）更改颜色

与前面更改点的颜色方法相同。

（4）线条变宽

```
plot(t,v,type="l",lwd=2)
```

（5）点与线

有时候，我们还需要将点突显出来，此时需要利用 type 选型：

```
plot(t,v,type="b")
```

（6）拟合平滑线

线性回归常常会在散点图中添加一条拟合直线以查看效果。

```
model <- lm(y~x)                    #线性回归模型
plot(x,y)                           #画点
abline(model,col= “blue” )          #画回归直线
```

执行结果如图 5.8 所示。

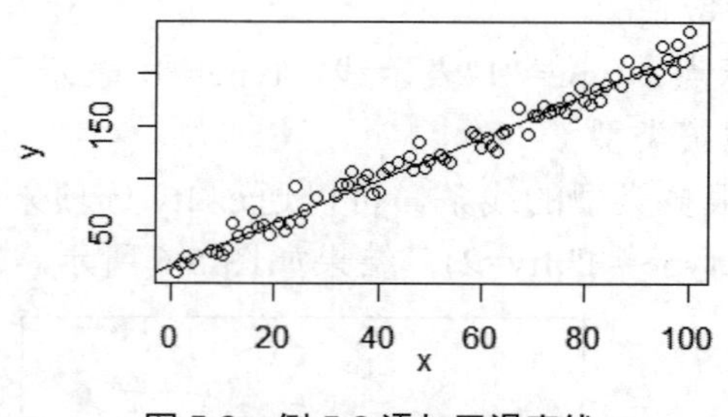

图 5.8　例 5.2 添加平滑直线

（7）拟合平滑线

散点图使用 loess 函数画一条拟合的平滑线。

```
plot(x,y)
model_loess<-loess(y~x)
fit<-fitted(model_loess)
```

```
ord<-order(x)
lines(x[ord],fit[ord],lwd=2,lty=2,col="blue")
```

执行结果如图 5.9 所示。

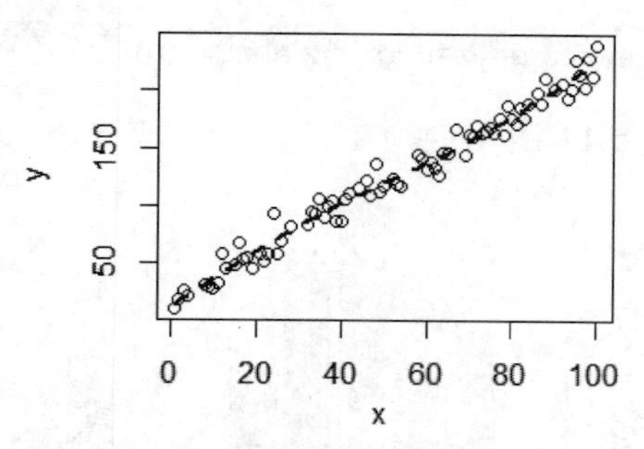

图 5.9　例 5.2 添加平滑曲线

5.1.3　面

（1）饼图

饼图就是将一个圆（或者圆饼）按分类变量分成几块，每块所占的面积比例就是相对应的变量在总体中所占的比例。

【例 5.3】随机产生 10 年的数据。

```
year<-2001:2010
set.seed(1234)
counts <- sample(100:500,10)
lb <-paste(year,counts,sep=":")                #构造标签
pie(counts,labels=lb)                          #画饼图
```

执行结果如图 5.10 所示。

如果让饼图颜色更美观，可使用。

```
pie(counts,labels=lb,col=rainbow(10))
```

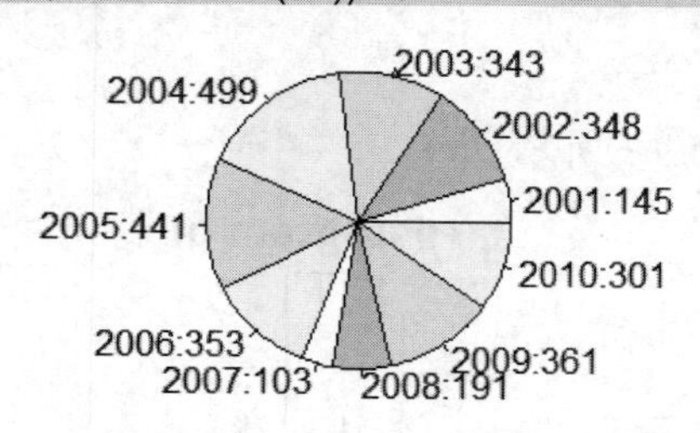

图 5.10　例 5.3 执行结果

如果想画 3D 效果的饼图，执行：

```
library(plotrix)
pie3D(counts,labels=lb)
```

（2）条形图

条形图就是通过垂直或者水平的条形去展示分类变量的频数。

利用例 5.3 的数据绘制条形图。

```
barplot(counts,names.arg=year,col = rainbow(10))
```

执行结果如图 5.11 所示。

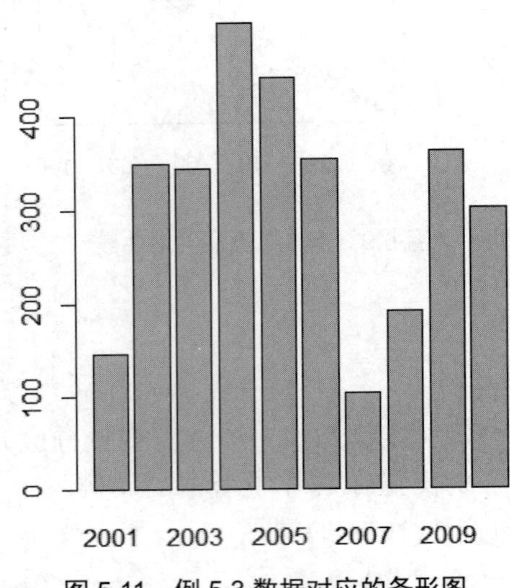

图 5.11 例 5.3 数据对应的条形图

（3）直方图

前面介绍的两种图形一般都是用来处理二维数据的，那么对于一维数据，常用的图形就有这里所说的直方图。直方图在横轴上将数据值域划分成若干个组别，然后在纵轴上显示其频数。

在 R 语言中，可以使用 hist()函数来绘制直方图。

```
set.seed(1234)
x<-rnorm(100,0,1)
hist(x)
```

执行结果如图 5.12 所示。

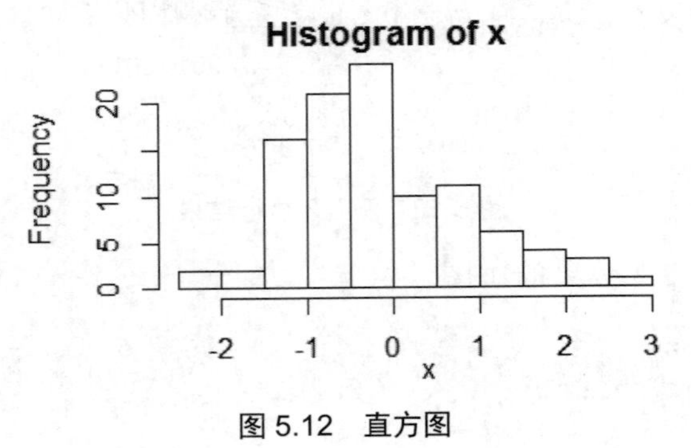

图 5.12 直方图

① 修改颜色、组数：

```
hist(x,breaks=10,col="gray")
```

② 添加核密度曲线：

```
hist(x,breaks = 10,freq=FALSE,col = "gray")
lines(density(x),col="red",lwd=2)
```

③ 添加正态密度曲线：

```
h <- hist(x,breaks=10,col="gray")
xfit<-seq(min(x),max(x),length=100)
yfit<-dnorm(xfit,mean = mean(x),sd=sd(x))
yfit<-yfit*diff(h$mids[1:2])*length(x)
lines(xfit,yfit,col="blue",lwd=2)
```

（4）箱线图

箱线图通过绘制连续型变量的五个分位数（最大值、最小值、25%分位数、75%分位数以及中位数）描述变量的分布。绘制例 5.3 中数据 counts 的箱线图：

```
boxplot(counts)
```

执行结果如图 5.13 所示。

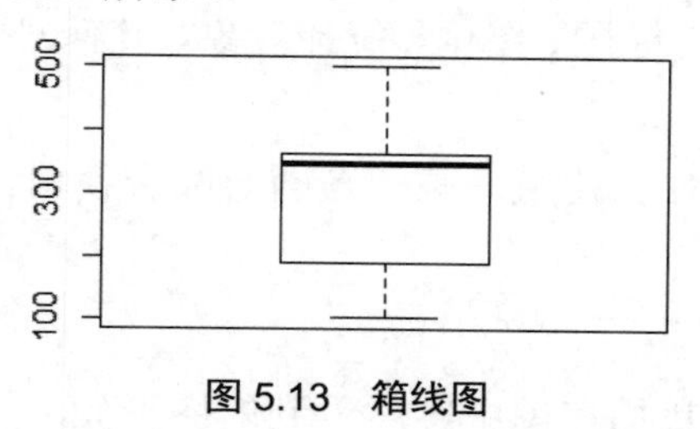

图 5.13　箱线图

5.2　高水平绘图命令

5.2.1　认识 ggplot2

ggplot2 基于一种全面的图形语法，提供了一种全新的图形创建方法，能够自动处理位置、文本等注释，也能够按照需求自定义设置。默认情况下它有很多选项以供选择，在不设置时会直接使用默认值。

（1）特点

- ggplot2 的核心理念是将绘图与数据分离，数据相关的绘图与数据无关的绘图分离。
- ggplot2 是按图层作图。
- ggplot2 保有命令式作图的调整函数，使其更具灵活性。
- ggplot2 将常见的统计变换融入了绘图中。

（2）画布

```
ggplot(data=,mapping=)
```

（3）图层

图层可以允许用户一步步地构建图形，方便单独对图层进行修改。图层用“+”表示。如：

```
p<- ggplot(data=,mapping=)
p<- p+绘图命令
```

（4）绘图命令

几何绘图命令：geom_XXX(aes=,alpha=,position=)，见 5.2.2 节的表 5.2。

其中，alpha 表示透明度，position 表示位置。

统计绘图命令：stat_XXX()，见 5.2.4 节的表 5.3。

标度绘图命令：scale_XXX，见 5.2.5 节的表 5.4。

其他修饰命令：标题、图例、统计对象、几何对象、标度和分面等。

（5）说明

绘图命令不能独立使用，必须与画布配合使用。

5.2.2 几何对象

几何对象代表我们在图中实际看到的图形元素，如点、线、多边形等类型（见表 5.2）。

表 5.2 几何对象函数

几何对象函数	描　　述
geom_area	面积图（即连续的条形图）
geom_bar	条形图
geom_boxplot	箱线图
geom_contour	等高线图
geom_density	密度图
geom_errorbar	误差线（通常添加到其他图形上，比如条形图、点图、线图等）

续表

几何对象函数	描 述
geom_histogram	直方图
geom_jitter	点（自动添加了扰动）
geom_line	线
geom_point	散点图
geom_text	文本

5.2.3 映射

将数据中的变量映射到图形属性（坐标、颜色等），映射（Mapping）控制了二者之间的关系，如图 5.14 所示。

length	width	depth	trt
2	3	4	a
1	2	1	a
4	5	15	b
9	10	80	b

x	y	colour
2	3	a
1	2	a
4	5	b
9	10	b

图 5.14 变量映射到图形属性

映射用函数 aes(x=,y=,color=,size=)表示。

【例 5.4】将数据集 mpg 中的 cty 映射到 x 轴，hwy 映射到 y 轴，并画散点图。

```
library(ggplot2)
str(mpg)                                                    #查看数据集内容
Classes 'tbl_df', 'tbl' and 'data.frame':       234 obs. of 11 variables:
 $ manufacturer: chr  "audi" "audi" "audi" "audi" ...
 $ model       : chr  "a4" "a4" "a4" "a4" ...
 $ displ       : num  1.8 1.8 2 2 2.8 2.8 3.1 1.8 1.8 2 ...
 $ year        : int  1999 1999 2008 2008 1999 1999 2008 1999 1999 2008 ...
 $ cyl         : int  4 4 4 4 6 6 6 4 4 4 ...
 $ trans       : chr  "auto(l5)" "manual(m5)" "manual(m6)" "auto(av)" ...
 $ drv         : chr  "f" "f" "f" "f ...
 $ cty         : int  18 21 20 21 16 18 18 18 16 20 ...
 $ hwy         : int  29 29 31 30 26 26 27 26 25 28 ...
 $ fl          : chr  "p" "p" "p" "p" ...
 $ class       : chr  "compact" "compact" "compact" "compact" ...
p <- ggplot(data=mpg, mapping=aes(x=cty, y=hwy))            #第一层，画布
p + geom_point()                                            #第二层，画散点图
```

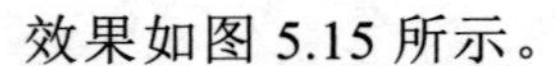

效果如图 5.15 所示。

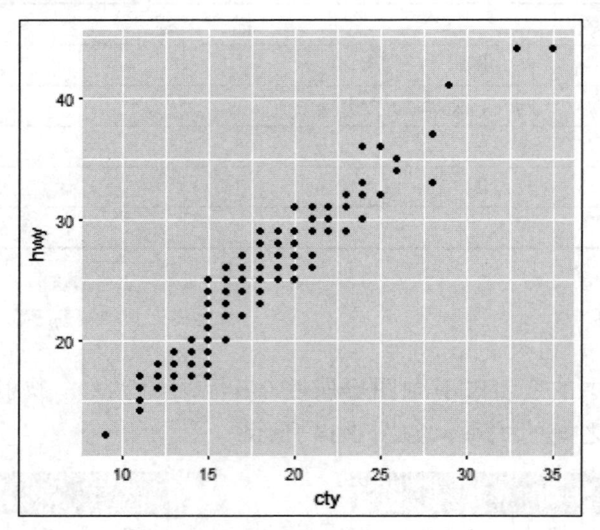

图 5.15 cty 和 hwy 散点图

说明：① 画布命令可简化为：

```
ggplot(mpg, aes(x=cty, y=hwy))
```

② 将年份映射到颜色属性，如图 5.16 所示：

```
ggplot(mpg, aes(x=cty, y=hwy，color=factor(year)))
```

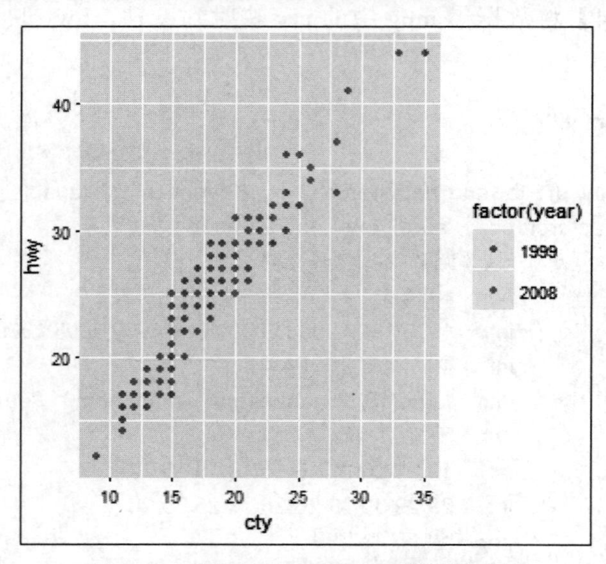

图 5.16 将年份映射到颜色属性的散点图

③ 画布命令 ggplot()必须为第一图层。

④ 将排量映射到散点大小，如图 5.17 所示。

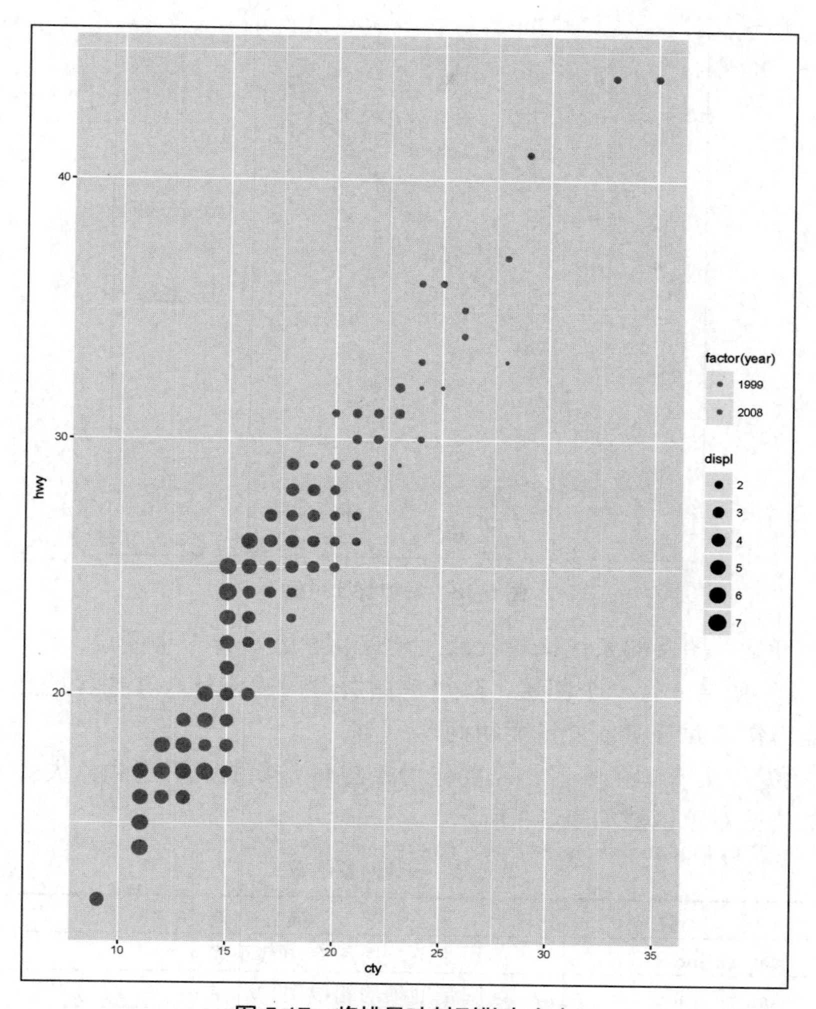

图 5.17　将排量映射到散点大小

5.2.4 统计对象

统计对象对原始数据进行某种计算。

【例 5.5】 对例 5.4 散点图加上一条回归线，如图 5.18 所示。

统计对象用函数 stat_X()表示。绘制图 5.18 的命令如下：

```
p <- ggplot(data=mpg, mapping=aes(x=cty, y=hwy))        #第一层，画布
p <- p + geom_point(aes(color=factor(year))              #第二层，画散点图
p + stat_smooth()                                         #第三层，画平滑曲线
```

说明：① 多个图层可以写在一行，例如，上面三行命令可简写为：

```
ggplot(mpg,aes(x=cty,y=hwy))+geom_point()+stat_smooth()
```

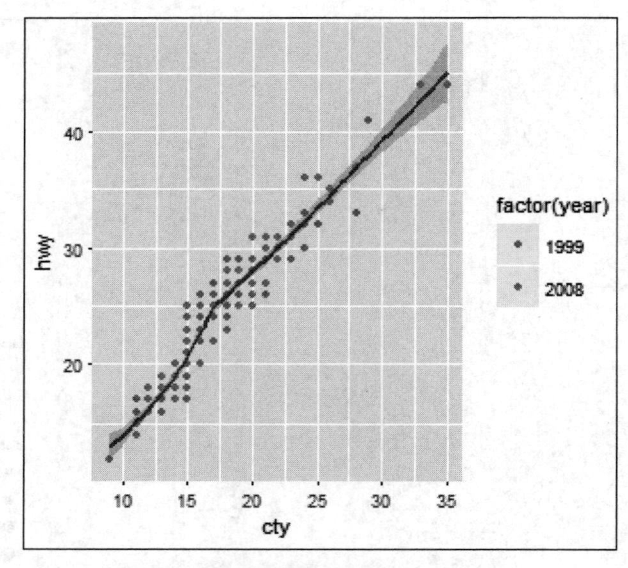

图 5.18　增加统计对象

可见，图层的表达比较灵活，建议初学者一行一个图层。

② 如果一行一个图层，除最后图层不用赋值外，其他各层必须用赋值语句，并且赋值变量要相同。

③ 如果有颜色映射，需要作为绘图命令参数，否则颜色失效。

统计对象函数如表 5.3 所示。

表 5.3　统计对象函数

函　数	描　述
stat_abline	添加线条，用斜率和截距表示
stat_boxplot	绘制带触须的箱线图
stat_contour	绘制三维数据的等高线图
stat_density	绘制密度图
stat_density2d	绘制二维密度图
stat_function	添加函数曲线
stat_hline	添加水平线
stat_smooth	添加平滑曲线
stat_sum	绘制不重复的取值之和（通常用在三点图上）
stat_summary	绘制汇总数据

5.2.5　标度

标度（Scale）负责控制映射后图形属性的显示方式。从具体形式上来看是图例和坐标刻度。Scale 和 Mapping 是紧密相关的概念，如图 5.19 所示。

x	y	colour
2	3	a
1	2	a
4	5	b
9	10	b

x	y	colour
25	11	red
0	25	red
75	53	blue
200	300	blue

图 5.19 标度和映射的关系

【例 5.6】用标度来修改颜色取值（见图 5.20）。

```
p <- ggplot(data=mpg, mapping=aes(x=cty, y=hwy))
p <- p + geom_point(aes(colour=factor(year),size=displ))
p <- p+stat_smooth()
p+scale_color_manual(values =c('blue2','red4'))            #增加标度
```

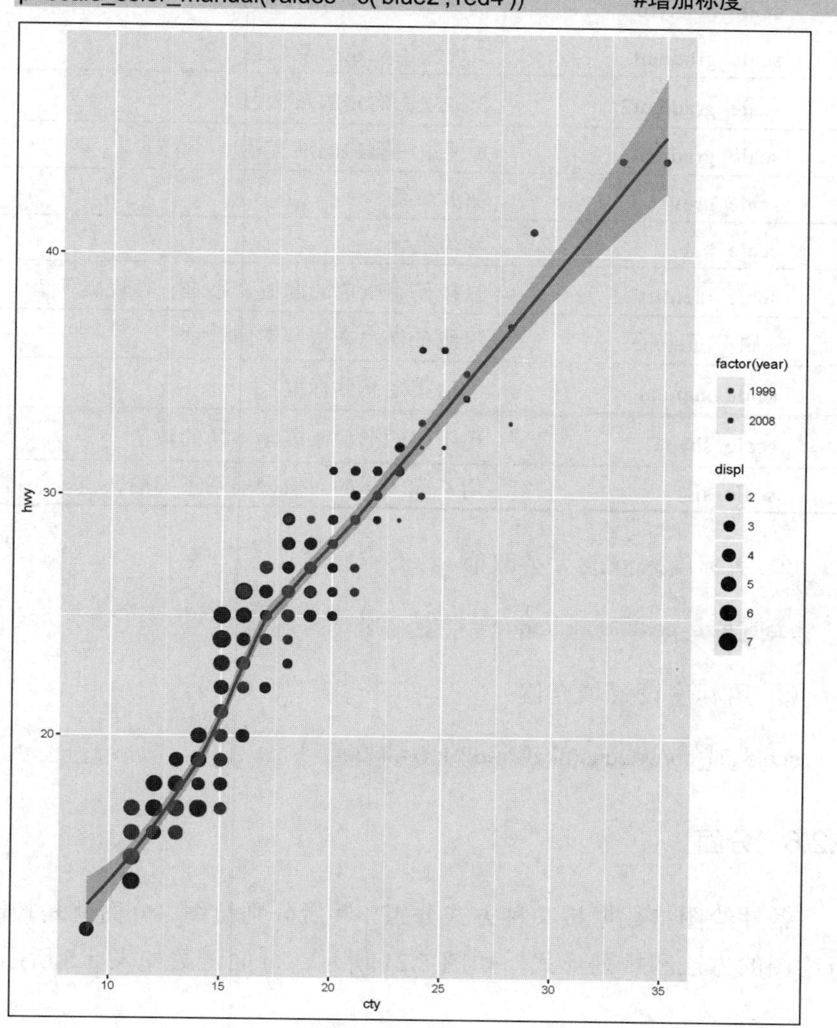

图 5.20 用标度来修改颜色取值

说明：① 其他标度函数如表 5.4 所示。

表 5.4　标度函数

标 度 函 数	描　　述
scale_alpha	alpha 通道值（灰度）
scale_brewer	调色板，来自 colorbrewer.org 网站展示的颜色标度
scale_continuous	连续标度
scale_data	日期
scale_datetime	日期和时间
scale_discrete	离散值
scale_gradient	2 种颜色构建的渐变色
scale_gradient2	3 种颜色构建的渐变色
scale_gradientn	n 种颜色构建的渐变色
scale_grey	灰度颜色
scale_hue	均匀色调
scale_identity	直接使用指定的取值，不进行标度转换
scale_linetype	用线条模式来展示不同
scale_manual	手动指定离散标度
scale_shape	用不同的形状来展示不同的数值
scale_size	用不同大小的对象来展示不同的数值

② 用标度来修改大小取值：

```
scale_size_continuous(range = c(4, 10))
```

③ 用标度设置填充值：

```
scale_fill_continuous(high='red2',low= 'blue4')
```

5.2.6　分面

条件绘图将数据按某种方式分组，然后分别绘图。分面就是控制分组绘图的方法和排列形式，如图 5.21 所示。分面函数如表 5.5 所示。

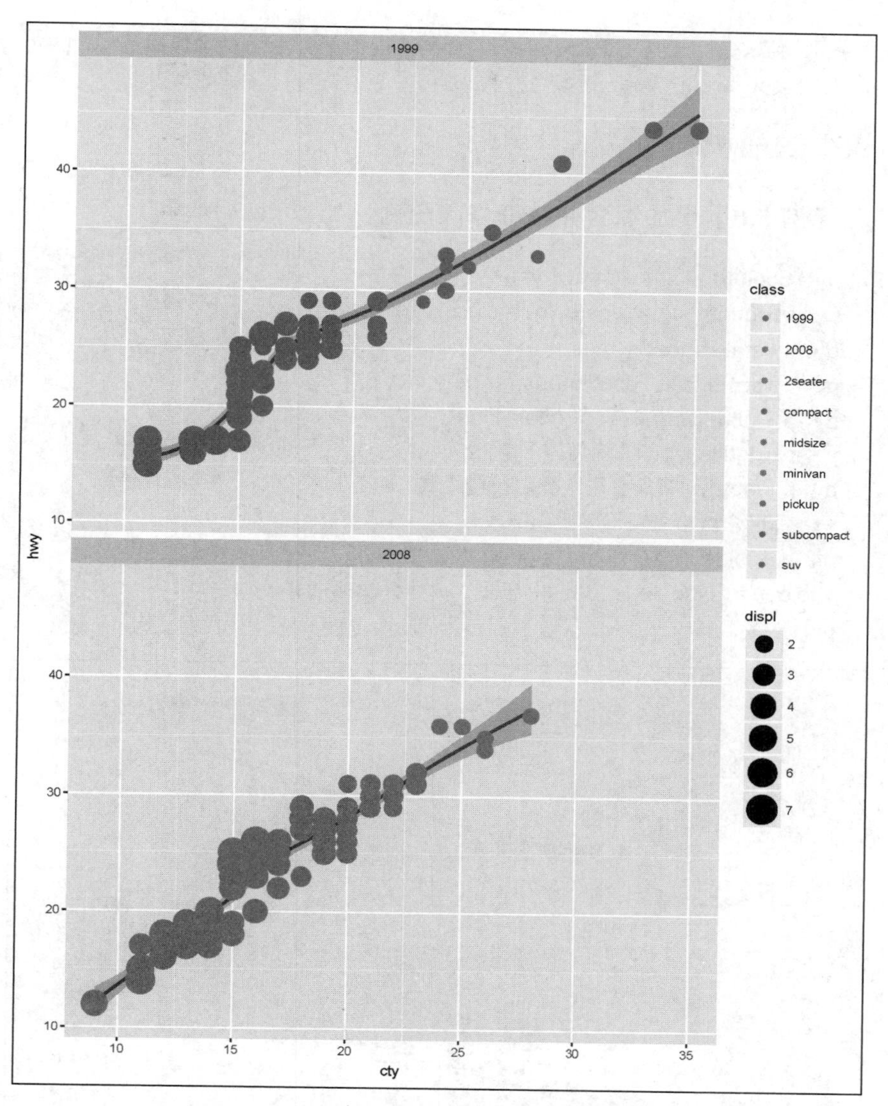

图 5.21　按年分组可视化

表 5.5　分面函数

函　　数	描　　述
facet_grid	将分面放置在二维网格中
facet_wrap	将一维的分面按二维排列

【例 5.7】按年分组，一列显示，效果如图 5.21 所示。

```
p <- ggplot(data=mpg, mapping=aes(x=cty, y=hwy))
p <-p + geom_point(aes(colour=class,size=displ))
p<-p+ stat_smooth()
p <- p + geom_point(aes(colour=factor(year),size=displ))
```

```
p <- p + scale_size_continuous(range = c(4, 10))            #增加标度
p + facet_wrap(~ year, ncol=1)                              #分面
```

5.2.7 其他修饰

【例 5.8】增加图名并精细修改图例，如图 5.22 所示。

```
p <- ggplot(mpg, aes(x=cty, y=hwy))
p <-p + geom_point(aes(colour=class,size=displ))
p <-p +stat_smooth()
p <-p +scale_size_continuous(range = c(2, 5))
p <-p +facet_wrap(~ year,ncol=1)
p <-p +ggtitle('汽车油耗与型号')                              #添加标题
p <-p +labs(y='每加仑高速公路行驶距离',                       #坐标轴修饰
+x='每加仑城市公路行驶距离')
p <-p +guides(size=guide_legend(title='排量'),                #修改图例
+colour = guide_legend(title='车型',override.aes=list (size =5)))
p
```

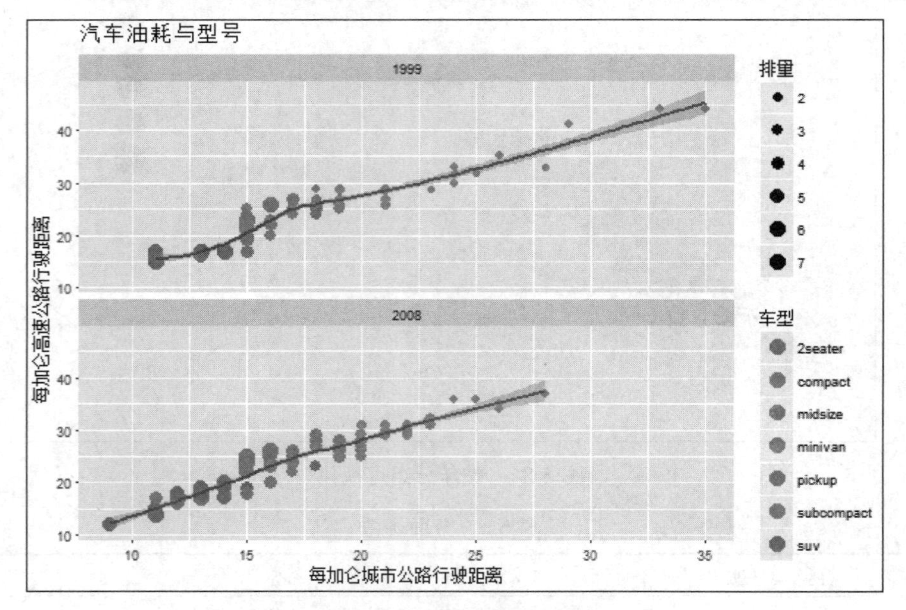

图 5.22 标题和图例修饰

【例 5.9】条形图排序，如图 5.23 所示。

```
class2 <- mpg$class                                         #取出一列
class2 <- reorder(class2,class2,length)                     #排序
mpg$class2   <-   class2                                    #对 mpg 增加一列
p   <-   ggplot(mpg, aes(x=class2))                         #画布
p   +   geom_bar(aes(fill=class2))                          #绘制条形图
```

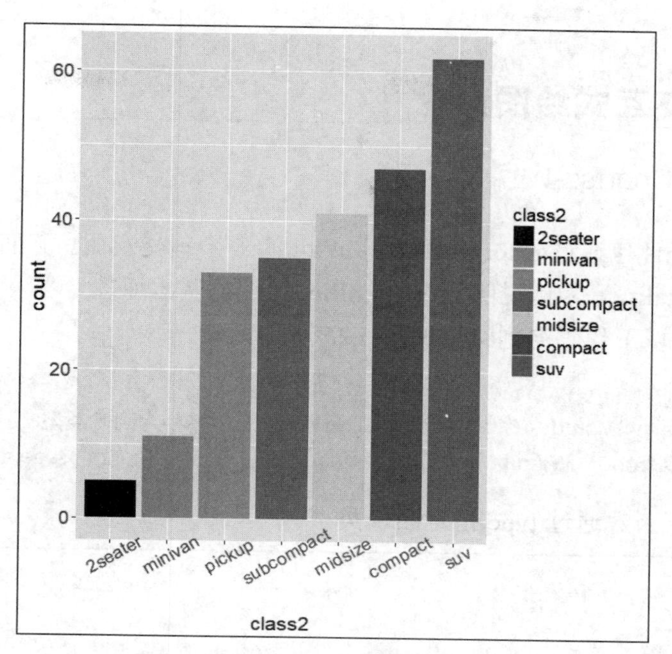

图 5.23　条形图排序

【例 5.10】根据年份分别绘制条形图，position 控制位置调整方式，图 5.24 为 position='identity'的结果。

```
p <- ggplot(mpg, aes(class2,fill=factor(year)))     #分组填充
p   + geom_bar(position='identity',alpha=0.5)
```

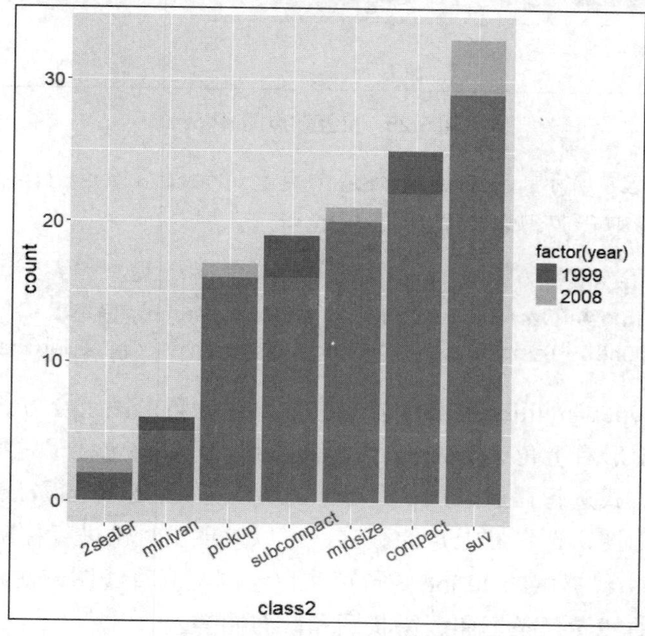

图 5.24　position='identity'的结果

5.3 交互式绘图命令

5.3.1 rCharts包

rCharts包通过rPlot、nPlot和hPlot函数绘制交互图。下面以空气质量（airquality）为例说明rPlot和nPlot绘图的基本原理。

执行以下代码得到结果如图5.25所示。

```
library(rCharts)
airquality$Month<-as.factor(airquality$Month)   #转换为因子类型
rPlot(Ozone ~ Wind | Month, data = airquality, color ="Month", type ="point")
```

rPlot函数通过type指定图表类型。

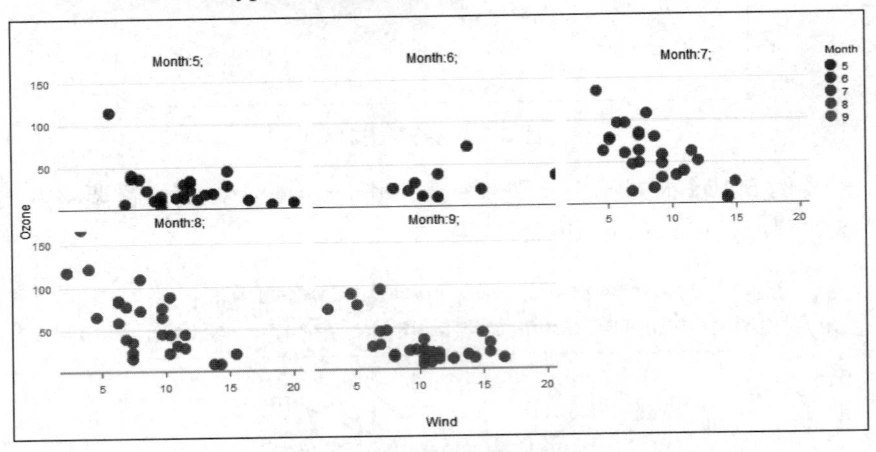

图5.25　交互散点图rPlot

如图5.28所示，鼠标悬停在某个点上，会显示该点的详细信息。

执行以下代码得到结果如图5.26所示。

```
library(rCharts)
df<-aggregate(Ozone ~ Temp+Month,airquality,length) #频率表
nPlot(Month ~ Temp, group= "Ozone",data = df, type ="multiBarChart")
```

代码type="multiBarChart"表示类型设置为条形图组合方式。

选择图形右上角“Grouped”“Stacked”，可以决定柱子是按照分组还是叠加的方式进行摆放（默认是分组方式）。如果选择Stacked，就会绘制叠加条形图，选择右上角的数字，可以对现实月份进行控制。

rCharts包提供的hPlot函数可实现绘制交互直线图，曲线图、区域图、区域曲线图、条形图、饼状图和散布图等。

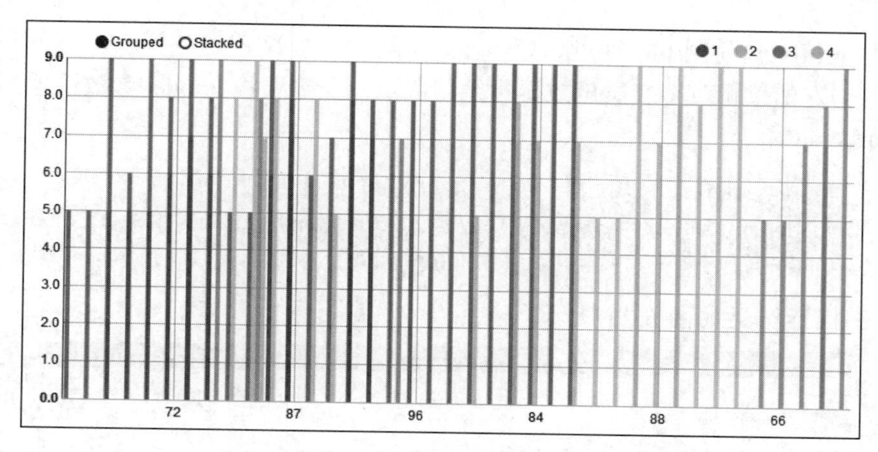

图 5.26 交互直方图 nPlot

执行以下代码得到结果如图 5.27 所示。选择图 5.27 下方的数字可以对月份显示进行控制。鼠标悬停在某个点上，会显示该点的详细信息。

```
library(rCharts)
airquality$Month<-as.factor(airquality$Month)
hPlot(x = "Ozone", y = "Wind", data =airquality, type = c("line", "bubble", "scatter"), group = "Month", size = "Temp")
```

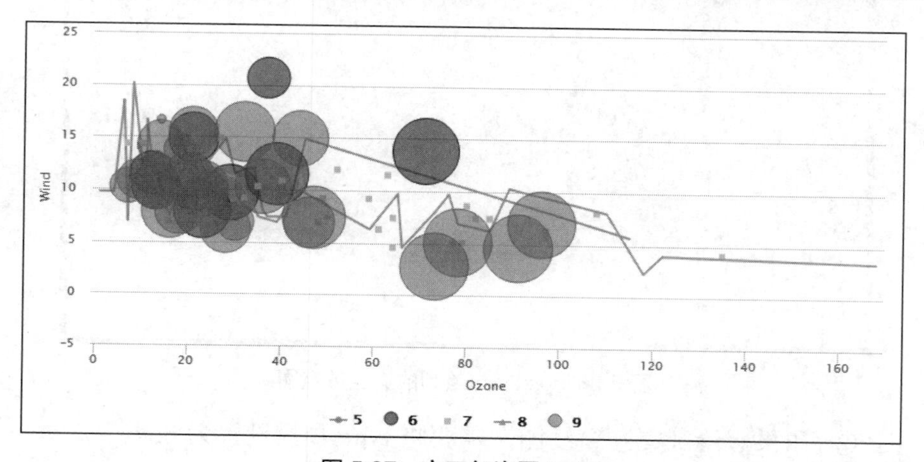

图 5.27 交互气泡图 hPlot

rCharts 包可以画出更多漂亮的交互图。网站 http://ramnathv.github.io/rCharts/和 https://github.com/ramnathv/rCharts/tree/master/demo 有更多的例子可供大家学习。

5.3.2 plotly 包

plotly 包是一个基于浏览器的交互式图表库，建立在开源的 JavaScript 图表库 plotly.js 之上。

plotly 包使用 plot_ly 函数绘制交互图。

① 如果相对空气质量数据集绘制散点图，需要将 mode 参数设置为 markers。

```
library(plotly)
plot_ly(airquality, x = ~Temp, y =~Wind,color ="Month", colors = "Set1", mode =
"markers")
```

执行结果如图 5.28 所示。

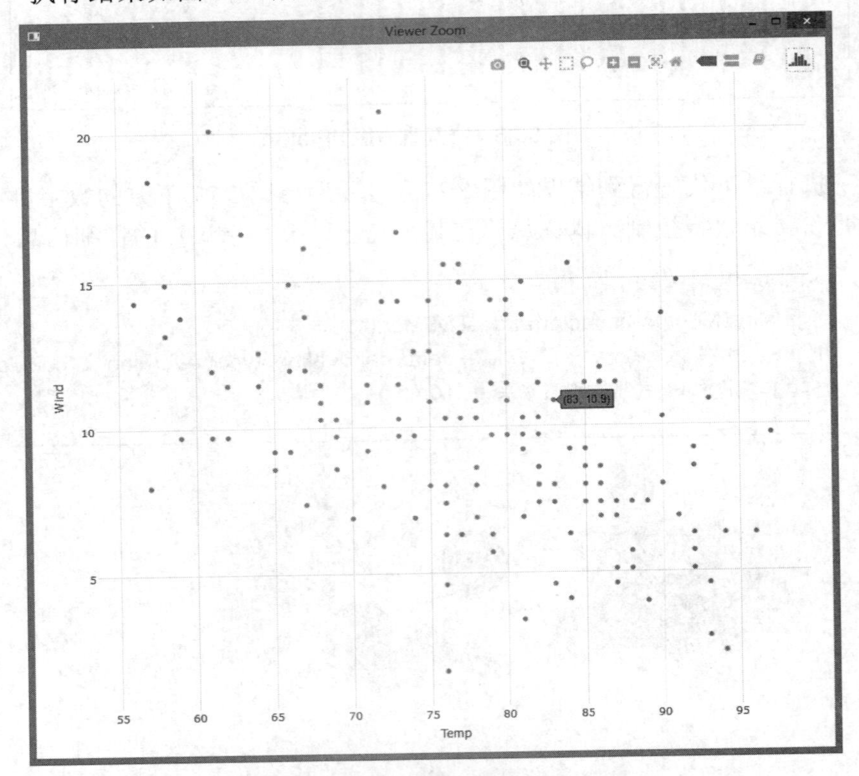

图 5.28　plotly 包绘制的交互散点图

② 如果想绘制交互箱线图，需要将 type 参数设置为 box。

```
library(plotly)
plot_ly(midwest, x = percollege, color = state, type = "box")
```

执行结果如图 5.29 所示。

③ 如果你已熟悉 ggplot2 的绘图系统，也可以使用 ggplotly 函数实现交互效果。例如，ggplot 函数绘制的密度图要实现交互效果，执行以下代码即可。

```
library(plotly)
```

```
p <- ggplot(data=lattice::singer,aes(x=height,fill=voice.part))+
geom_density()+
facet_grid(voice.part~.)
(gg <- ggplotly(p))
```

执行结果如图 5.30 所示。

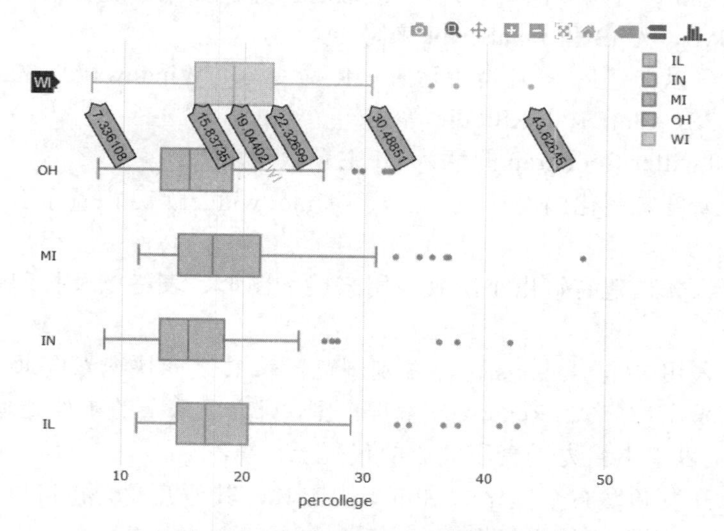

图 5.29　plotly 包绘制的交互箱型图

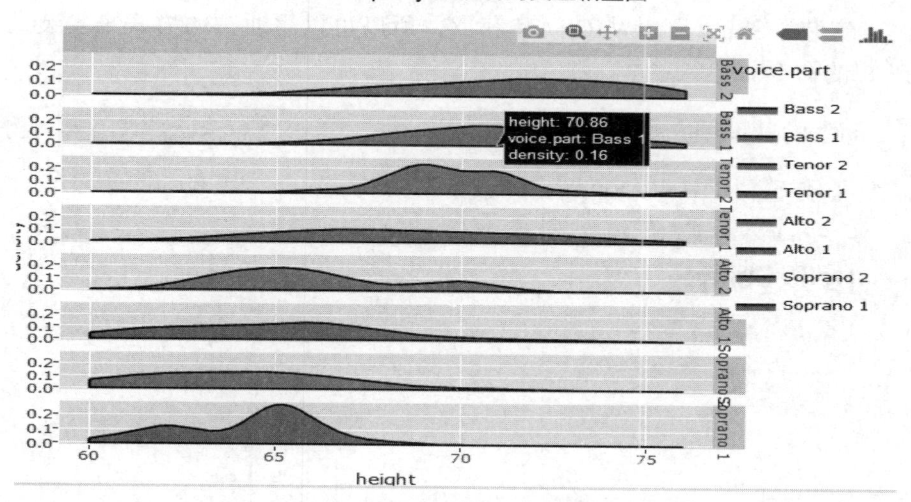

图 5.30　plotly+ggplot2 包绘制的交互密度图

5.3.3　Shiny

Shiny 是 RStudio 公司开发的新包，有了它，可以用 R 语言轻松开发交互式 Web 应用。具有如下特性。

① 只用几行代码就可以构建有用的 Web 应用程序——不需要用

JavaScript。

② Shiny应用程序会自动刷新计算结果,这与电子表格实时计算的效果类似。当用户修改输入时，输出值自动更新，而不需要在浏览器中手动刷新。

③ Shiny 用户界面可以用纯 R 语言构建，如果想更灵活，可以直接用 HTML、CSS 和 JavaScript 来写。

④ 可以在任何 R 环境中运行（R 命令行、Windows 或 Mac 中的 Rgui、ESS、StatET 和 RStudio 等）。

⑤ Twitter Bootstrap 的默认 UI 主题很吸引人。

⑥ 高度定制化的滑动条小工具（slider widget），内置了对动画的支持。

⑦ 预先构建有输出小工具，用来展示图形、表格以及打印输出 R 对象。

⑧ 采用 Web Sockets 包，做到浏览器和 R 之间快速双向通信。

⑨ 采用反应式(Reactive)编程模型，摒弃了繁杂的事件处理代码，这样你可以集中精力于真正关心的代码上。

⑩ 开发和发布个性化的 Shiny 小工具，其他开发者也可以非常容易地将它加到自己的应用中。

安装：Shiny 可以从 CRAN 获取，所以可以用通常的方式来安装，在 R 的命令行输入：

```
install.packages("shiny")
```

【例 5.11】Hello Shiny，如图 5.31 所示。

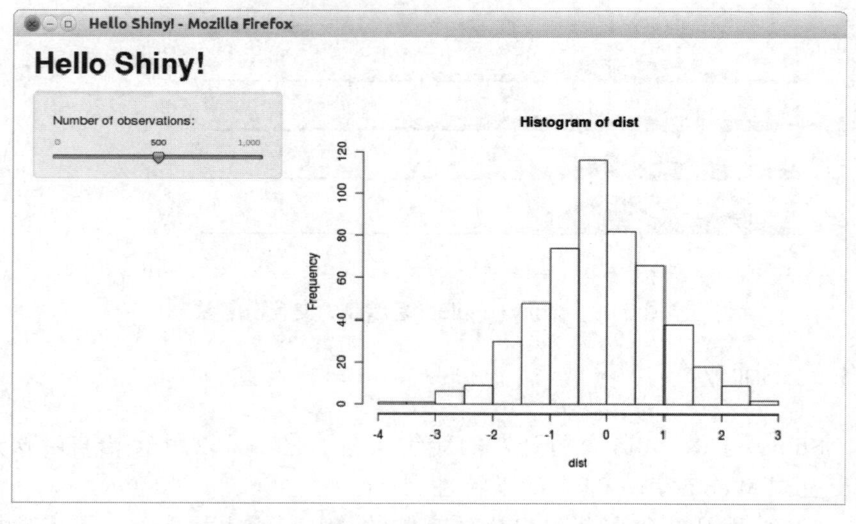

图 5.31　Hello Shiny

Hello Shiny 是个简单的应用程序，这个程序可以生成正态分布的随机数，随机数个数可以由用户定义，并且绘制这些随机数的直方图。要运行这个例子，只需输入：

```
library(shiny)
runExample("01_hello")
```

Shiny 应用程序分为两个部分：用户界面定义（UI）和服务端脚本（Server）。

ui.R

```
library(shiny)
shinyUI(pageWithSidebar(                          #网页布局
        headerPanel( “Hello Shiny!” ),            #标题
        sidebarPanel(                             #侧边栏设置
            sliderInput( “obs” , “观测值个数:", min = 0, max = 1000, value = 500)
                ),                                #滑动条，改变观测值数量
       mainPanel(                                 #主面板设置
            plotOutput( “distPlot” )              #显示观测值的分布
          )
      )
)
```

server.R 从某种程度上说很简单——生成给定个数的随机变量，然后将直方图画出来。不过，你也注意到了，返回图形的函数被 renderPlot 包裹着。

server.R

```
library(shiny)
shinyServer(function(input, output) {(
        output$distPlot <- renderPlot({
          #脚本主体，注意 distPlot 要与 plotOutput 参数一致
        dist <- rnorm(input$obs)
          # obs 要与 sliderInput 第一个参数一致
        hist(dist)
        })
})
```

【例 5.12】 Shiny Text，如图 5.32 所示。

这个例子将展示其他输入控件的用法，以及生成文本输出的被动式函数的用法。

Shiny Text 这个应用程序展示的是直接打印 R 对象，以及用 HTML 表格展示数据框。要运行例子程序，只需输入如下代码：

```
library(shiny)
runExample("02_text")
```

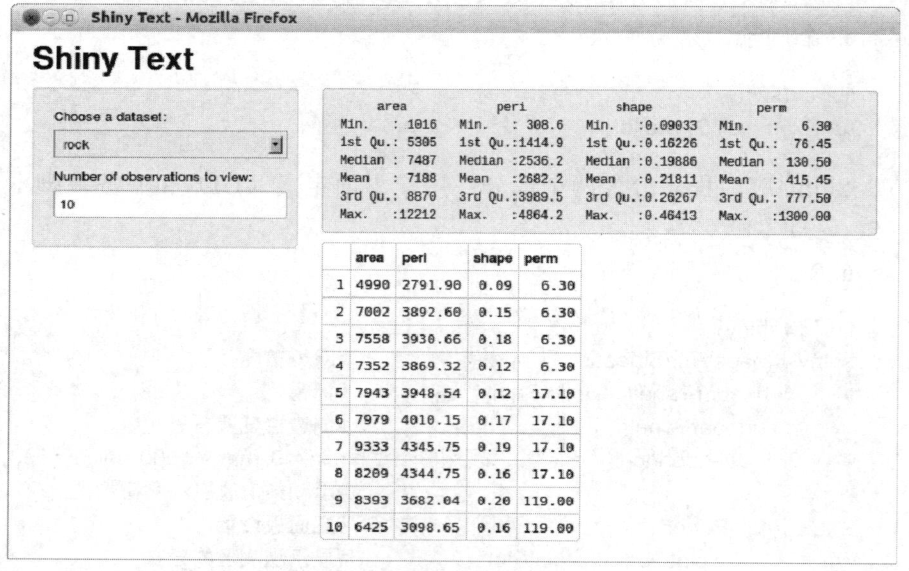

	area	peri	shape	perm
1	4990	2791.90	0.09	6.30
2	7002	3892.60	0.15	6.30
3	7558	3930.66	0.18	6.30
4	7352	3869.32	0.12	6.30
5	7943	3948.54	0.12	17.10
6	7979	4010.15	0.17	17.10
7	9333	4345.75	0.19	17.10
8	8209	4344.75	0.16	17.10
9	8393	3682.04	0.20	119.00
10	6425	3098.65	0.16	119.00

图 5.32 Shiny Text

例 5.11 用 1 个滑动条输入数值和输出图形，而例 5.12 更进了一步：有 2 个输入，以及 2 种类型的文本输出。

如果你改变观测个数，将会发现 Shiny 应用程序的一大特性：输入和输出是结合在一起的，并且“实时”更新运算结果（就像 Excel 一样）。在这个例子中，当观测个数发生变化时，只有表格更新，而不需要重新加载整个页面。

下面是用户界面定义的代码。请注意，sidebarPanel 和 mainPanel 的函数调用中有两个参数（对应于两个输入和两个输出）。

ui.R

```
library(shiny)
shinyUI(
        pageWithSidebar(                                   #网页侧边栏布局
          headerPanel("Shiny Text"),
          sidebarPanel(
               selectInput("dataset", "Choose a dataset:",
                      choices = c("rock","pressure","cars")),      #下拉列表
            numericInput("obs","输入观测值个数: ",10)              #文本框
                  ),                                      #sidebarPanel 结束
          mainPanel(                                      #主面板设计
               verbatimTextOutput("summary"),             #输出小结
               tableOutput("view")                        #输出表格
               )                                          # mainPanel 结束
```

```
        )                                        # pageWithSidebar 结束
  )                                              # shinyUI 结束
```

服务端的程序要稍微复杂一点，涉及：一个反应性表达式来返回用户选择的相应数据集；两个渲染表达式，分别是 renderPrint 和 renderTable，以返回 output$summary 的 output$view 的值。

这些表达式和例 5.11 中的 renderPlot 类似。声明渲染表达式，也就告诉了 Shiny，一旦渲染表达式所依赖的值（下面的例子是两个用户输入值的任意一个：input$dataset 或 input$n）发生改变，表达式就会执行。

server.R

```
library(shiny)
library(datasets)                                    #加载依赖包
shinyServer(function(input, output) {
        datasetInput <- reactive({             #反应表达式，接收返回的数据集
        switch(input$dataset,
                      "rock" = rock,
                     "pressure" = pressure,
                     "cars" = cars)
          })
      output$summary <- renderPrint({
              #渲染表达式对数据集 dataset 的响应
               dataset <- datasetInput()
               summary(dataset)
             })
     output$view <- renderTable({            #渲染表达式对观测值个数 n 的响应
              head(datasetInput(), n = input$obs)
           })
})
```

【例 5.13】构建 Shiny 应用。

构建应用程序先建 1 个空目录，在这个目录里创建空文件 ui.R 和 server.R。为了便于解释，我们假定选择在 shinyapp 创建程序。

下面的每个源文件添加所需的最少代码。先定义用户接口，调用函数 pageWithSidebar 并传递它的结果到 shinyUI 函数：

ui.R

```
library(shiny)
shinyUI(pageWithSidebar(
     headerPanel("Miles Per Gallon"),        #设置标题
     sidebarPanel(),                         #增加侧边栏容器
     mainPanel()))                           #处理服务器返回的计算结果
```

函数 headerPanel、sidebarPanel 和 mainPanel 定义了用户接口的不

同区域。程序将会叫作 Miles Per Gallon，所以在创建 header panel 的时候把它设置为标题。其他 panel 到目前为止还是空的。

服务端调用 shinyServer 并传递给它一个函数，用来接收两个参数：input 和 output。

server.R

```
library(shiny)
# Define server logic required to plot various variables against mpg
shinyServer(function(input, output) { })
```

服务端程序现在还是空的，不过之后会用它来定义输入和输出的关系。下面创建一个最小的 Shiny 应用程序，可以调用 runApp 函数来运行：

```
runApp("shinyapp")
```

如果一切正常，你会在浏览器里看到如图 5.33 所示的结果。

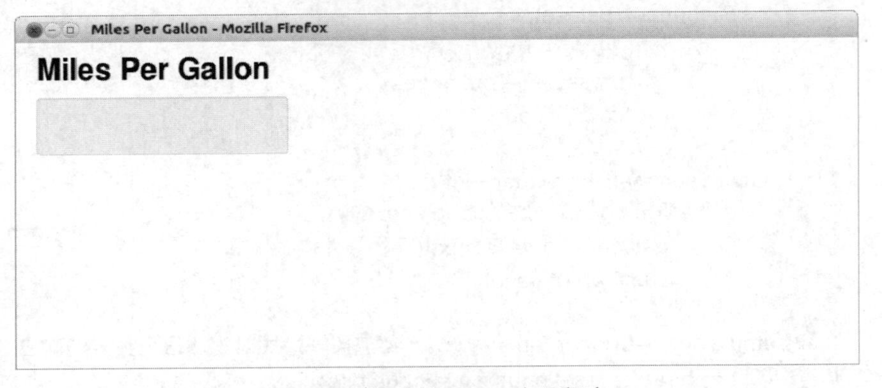

图 5.33　最小的 Shiny 应用程序

创建 1 个可运行的 Shiny 程序，尽管它还做不了什么。接下来我们会完善用户接口并实现服务端脚本，来完成这个应用程序。

（1）sidebar 容器添加输入

我们要使用 R 内置的 datasets 包中的 mtcars 数据构建程序，允许用户查看箱线图来研究英里每加仑（简称 MPG）和其他 3 个变量（气缸、变速器和齿轮）之间的关系。

为了完成这个目标，sidebar 要加 2 个元素，一个是 selectInput，用来指定变量；另一个是 checkboxInput，用来控制是否显示异常值。添加这些元素后的用户接口定义如下：

ui.R

```
library(shiny)
shinyUI(pageWithSidebar(
    headerPanel("Miles Per Gallon"),
```

```
sidebarPanel(
  selectInput("variable", "Variable:",
              list("Cylinders" = "cyl",
                   "Transmission" = "am",
                   "Gears" = "gear")),
  checkboxInput("outliers", "Show outliers", FALSE)
),
mainPanel()))
```

如果在做了这些修改之后再运行该程序，你会在 sidebar 上看到两个用户输入，如图 5.34 所示。

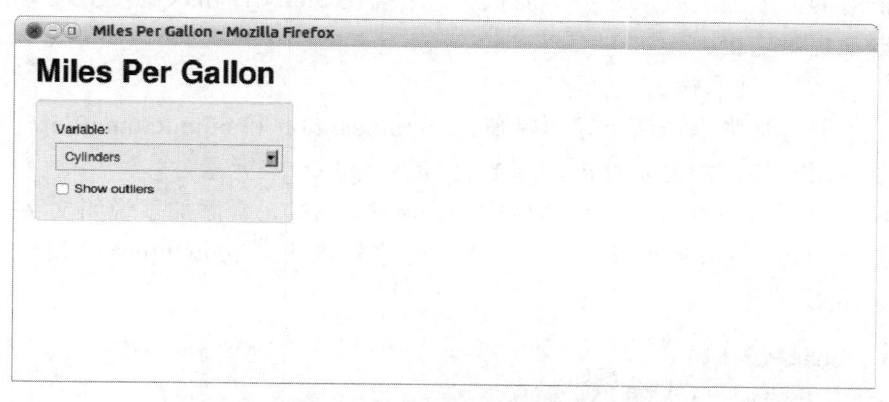

图 5.34 最小的 Shiny 应用程序添加输入

（2）创建服务端脚本

服务端脚本用来接收输入，并计算输出。对文件 server.R 的说明如下。

使用 input 对象的组件访问输入，并通过向 output 对象的组件赋值来生成输出。在启动的时候初始化的数据可以在应用程序的整个生命周期中被访问，使用反应表达式来计算被多个输出共享的值。

Shiny 服务端脚本的基本任务是定义输入和输出之间的关系。脚本访问输入值，然后计算，接着向输出的组件赋以反应表达式。

下面是全部服务端脚本（server.R）的代码：

server.R

```
library(shiny)
library(datasets)                                    #加载依赖包
mtcarsmpgData$am<-factor(mpgData$am,labels=c("Automatic", "Manual"))
mpgData <- mtcarsmpgData$am
ShinyServer(function(input, output) {
        formulaText <- reactive({                    #对输入字符串的反应
                paste("mpg ~", input$variable)       #拼接字符串
        })
      output$caption <- renderText({                 #文本渲染
```

```
            formulaText()                          #显示字符串
        })
        output$mpgPlot <- renderPlot({             #画箱线图渲染
            boxplot(as.formula(formulaText()), data = mpgData, outline =
input$outliers)
        })
})
```

Shiny 用 renderText 和 renderPlot 生成输出（而不是直接赋值），目的是程序成为反应式的。这一层封装返回特殊的表达式，只有当其所依赖的值改变的时候才会重新执行。这就使 Shiny 在输入值发生改变时自动更新输出。

（3）展示输出

服务端脚本给两个输出赋值：output$caption 和 output$mpgPlot。为了让用户接口能显示输出，主 UI 面板要添加一些元素。

下面是修改后的用户接口定义。其中，h3 元素添加了说明文字，并用 textOutput 函数添加了其中的文字，还调用了 plotOutput 函数渲染了图形。

```
mainPanel(
  h3(textOutput("caption")),
  plotOutput("mpgPlot")
)
```

运行应用程序，就可以显示它的最终形式，包括输入和动态更新的输出，如图 5.35 所示。

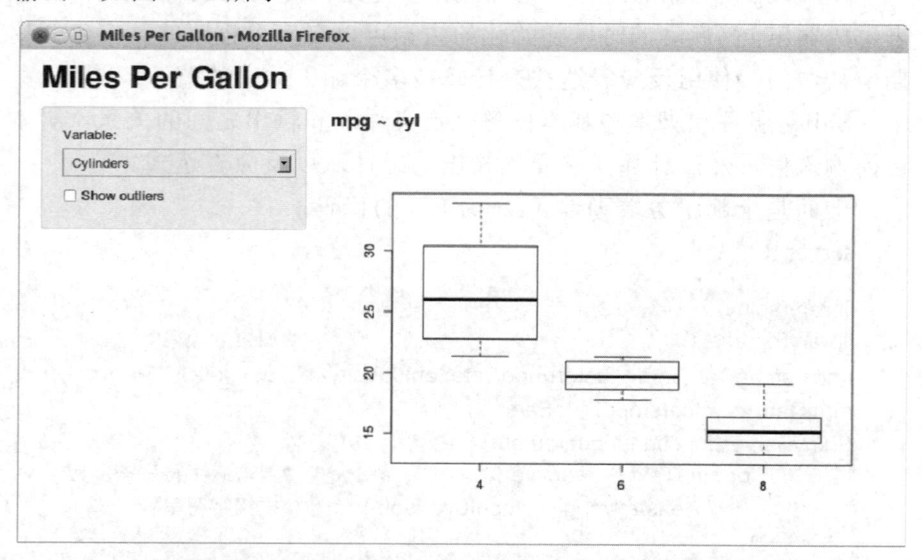

图 5.35　包括输入和动态更新的输出的 Shiny 应用程序

（4）发布

调试成功后就可以发布了。

步骤1：

```
library(devtools)          # install.packages('devtools')
```

步骤2：

```
library(shinyapps)
# devtools::install_github('rstudio/shinyapps')
```

步骤3：注册账号。

步骤4：登录。

```
shinyapps::setAccountInfo(name='xycheng',token='D6DD6AB32E1C1B10F26F
C5FB92868166',secret='<SECRET>')
```

步骤5：上传。

```
shinyapps::deployApp('yourpath/app')
```

习题

1．________可以用来克服散点图中数据点重叠问题。

A．脸谱图　　B．直方图

C．星状图　　D．向日葵散点图

2．在“箱线图”中，箱体的底部表示________。

A．上四分位数　　B．中位数

C．下四分位数　　D．众数

3．________图和________图有助于描绘两个变量间的关系。

4．________函数能按向量绘制图形。

5．表5.6列出了8年来美国国土管理局在怀俄明州的雷霆盆地国家草原收集的叉角羚种群的管理数据，其中，y表示所生小鹿数量，u为叉角羚种群大小，v为年降水量，w为冬季严重程度指数。

表5.6　叉角羚种群数据

y	u	v	w
290	920	13.2	2
240	870	11.5	3
200	720	10.8	4
230	850	12.3	2
320	960	12.6	3

续表

y	u	v	w
190	680	10.6	5
340	970	14.1	1
210	790	11.2	3

将表 5.6 中的数据录入数据集 data 中。

6. 生成 0 到 2 之间的 50 个随机数，分别命名为 x 和 y，并绘制成散点图，横轴命名为“横坐标”，纵轴命名为“纵坐标”。

7. 将第 6 题中的离散点的颜色设定为红色。

8. 将第 6 题中的 x 绘制成直方图，y 绘制成箱线图。

9. 将第 6 题中的数据集中的 y 映射到 x 轴，v 映射到 y 轴，并画散点图。

10. 将第 6 题中的散点图添加图名。

11. 将第 6 题中的散点图改为用 plotly 包绘制的交互散点图。

12. 可展示数值型数据的变量（向量）的图形类型有哪些？

数据探索

在建模之前，数据探索可以获得关于数据的基本认识。数据探索可以帮助我们了解数据的形状、数据的边界（最值）、数值特性和散布程度，发现有问题的数据、缺失的数据、噪声和有偏的分布。

6.1 缺失值分析

6.1.1 与缺失值相关的几个概念

（1）FALSE（假）

FALSE 表示逻辑假，是存在的真实值。

```
x<-vector(length=4); x
[1]FALSE FALSE FALSE FALSE
```

在针对具有 FALSE 的数据集进行函数操作的时候，该 FALSE 会被当作 0，如：

```
mean(x)
[1] 0
```

（2）NA（缺失值）

NA 表示数据集中的该数据遗失或不存在。在针对具有 NA 的数据集进行函数操作的时候，该 NA 参与运算，如：

```
x<-c(1,2,3,NA,4); mean(x)
[1] NA
```

如果想去除 NA 的影响，需要显式告知 mean 方法。

```
mean(x,na.rm=T)
```

（3）NULL

NULL 表示未知的状态,它不会在计算之中。例如：

```
x<-c(1,2,3,NULL,4);
```

取 mean(x)，结果为 3.5。

（4）NaN

NaN：无意义的数。比如 sqrt(-2)和 0/0。

6.1.2 缺失值检测

缺失值检测会涉及的函数如下。

① 判断 x 是缺失值的函数是 is.na(x)，是返回 TRUE；否则返回 FALSE。

② 判断 x 是完整的函数是 complete.cases(x)。

③ 使用 vim 包的 aggr 函数以图形方式描述缺失数据。

④ 使用 mice 包中的 md.pattern(x)函数返回数据缺失模式。

⑤ summary 函数显示每个变量的缺失值数量。

【例 6.1】执行以下代码，缺失值可视化结果如图 6.1 所示。

```
iris[sample(1:nrow(iris), 6),1 ] <- NA          #随机在 iris 数据集第 1 列生成 6 行 NA
dim(iris)                                       #查看它的样本数和变量数
[1] 150 5
sum(complete.cases(sleep))                      #查看完整样本个数
[1] 144
summary(x)                                      #查看缺失值
       SL            SW            PL            PW
 Min.   :4.3   Min.   :2.0   Min.   :1.0   Min.   :0.1
 1st Qu.:5.1   1st Qu.:2.8   1st Qu.:1.6   1st Qu.:0.3
 Median :5.8   Median :3.0   Median :4.3   Median :1.3
 Mean   :5.8   Mean   :3.1   Mean   :3.8   Mean   :1.2
 3rd Qu.:6.4   3rd Qu.:3.3   3rd Qu.:5.1   3rd Qu.:1.8
 Max.   :7.9   Max.   :4.4   Max.   :6.9   Max.   :2.5
 NA's   :6
library(VIM)
x<-iris[,-5]                                    #去掉第 5 列
colnames(x)<-c("SL","SW","PL","PW")             #修改列名
aggr(x)                                         #缺失值可视化
```

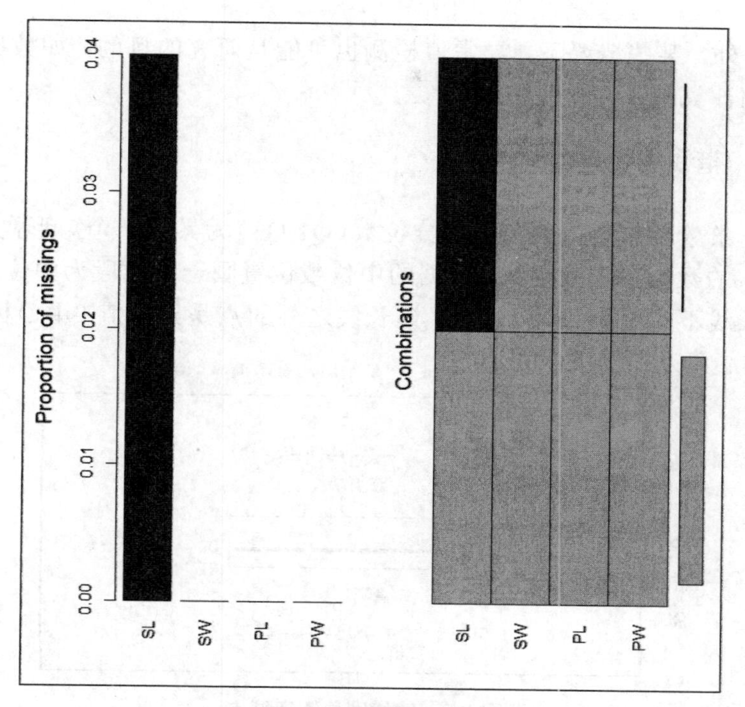

图 6.1　缺失值可视化

图 6.1 的左图显示了各变量缺失数据比例，右图显示了各种缺失模式和对应的样本数目。图 6.1 显示 SL 列出现缺失值。

在存在缺失数据情况下，进一步判断缺失数据分布。

```
library(mice)
md.pattern(x)     #缺失值模式
    SW PL PW SL
144  1  1  1  1 0
  6  1  1  1  0 1
     0  0  0  6 6
```

结果中，1 表示数据完整，0 表示存在缺失数据。第 1 列第 1 行的 144 表示 144 个样本是完整的；第 1 列最后 1 行的 6 表示 6 个样本缺少了 SL 变量值；最后 1 行表示各个变量缺失的样本数的合计。

6.2　异常值分析

异常值（离群点），是指测量数据中的随机错误或偏差，包括错误值或偏离均值的孤立点值。在数据处理中，异常值会极大地影响回归或分类的效果。

为了避免异常值造成的损失，需要在数据预处理阶段进行异常值检测。另外，某些情况下，异常值检测也可能是研究的目的，如数据造假发现和计算机入侵检测等。

6.2.1 箱线图检验离群点

一条数轴以数据的上下四分位数（Q1-Q3）为界画一个矩形盒子（中间 50%的数据落在盒内）；数据的中位数位置画一条线段为中位线；默认延长线不超过盒长的 1.5 倍，延长线之外的点是异常值（用○标记），如图 6.2 所示。

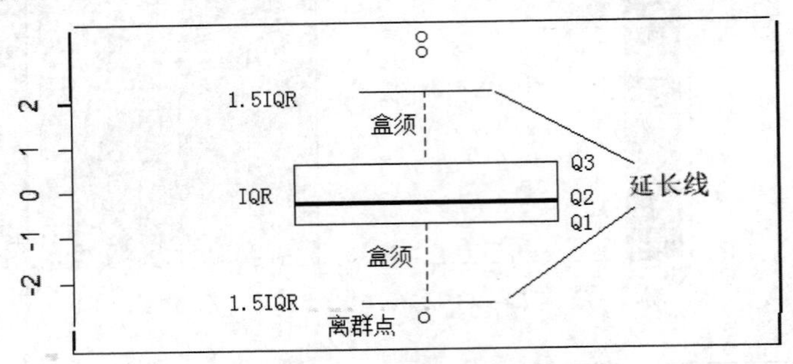

图 6.2 箱线图检测离群点

检测数据的异常值使用函数 boxplot.stats()实现，数据采用 6.2.2 节的数据，执行代码得到图 6.3。

```
y<-boxplot.stats(x[,2], coef=1.5, do.conf=TRUE, do.out=TRUE)
boxplot(x[,2])                    #绘制箱线图
```

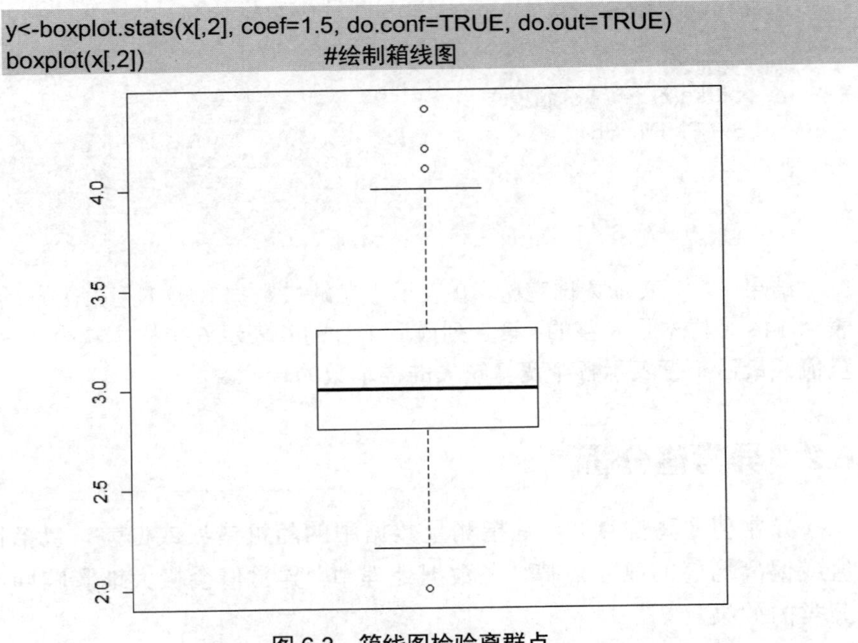

图 6.3 箱线图检验离群点

想查看具体的异常值，执行如下代码：

```
y$out
[1] 4.4 4.1 4.2 2.0
```

想查看置信区间，执行如下代码：

```
y$conf
[1] 2.9 3.1
```

6.2.2　散点图检测离群点

散点图可以通过离群点来检测异常值。执行如下代码，得到图 6.4。

```
a<-which(x[,2] %in% boxplot.stats(x[,2])$out)
a                                            #寻找 a 为异常值的坐标位置
[1] 16 33 34 61
b<-which(x[,1] %in% boxplot.stats(x[,1],coef=1.0)$out)
b                                            #寻找 b 为异常值的坐标位置
[1] 132
df<-data.frame(x[,1], x[,2])
plot(df)                                     #绘制 x, y 的散点图
p2<-union(a,b)                               #寻找变量 x 或 y 为异常值的坐标位置
points(df[p2,],col="red",pch="x",cex=2)      #标记异常值
```

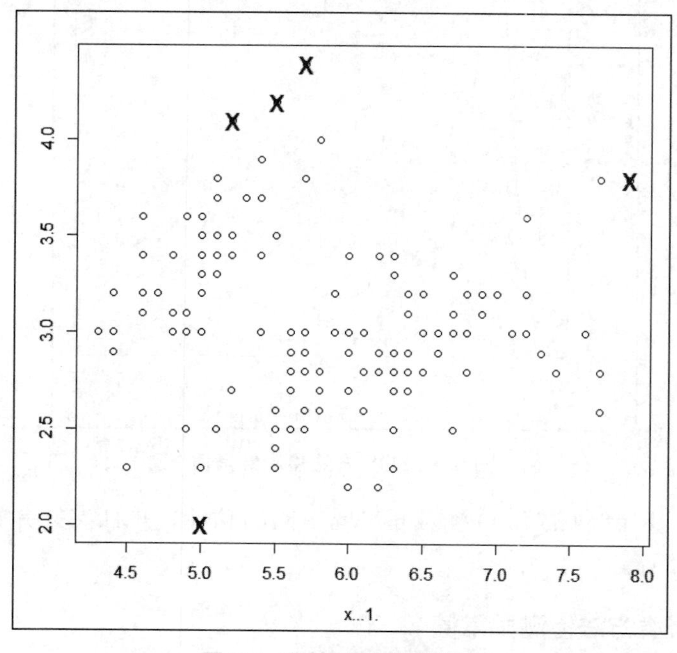

图 6.4　散点图异常值检测

6.2.3 LOF 方法检测异常值

局部异常因子法（LOF 法），是一种基于概率密度函数识别异常值的算法。LOF 算法只对数值型数据有效。其原理为将一个点的局部密度与其周围的点的密度相比较，若前者明显比后者小（LOF 值大于 1），则该点相对于周围的点来说就处于一个相对比较稀疏的区域，表明该点是一个异常值。

R 语言使用 DMwR 包中的函数 lofactor()实现，基本格式：lofactor(data, k)。其中，data 为数值型数据集；k 为用于计算局部异常因子的邻居数量。

```
library(DMwR)
out.scores<-lofactor(USArrests,k=10) #计算每个样本的 LOF 值
plot(density(out.scores))        #绘制 LOF 值的概率密度图，如图 6.5 所示）
order(out.scores,decreasing=TRUE)[1:6] #LOF 值排前 6 的数据作为异常值，提
取其样本号
[1] 33 9 11 45 20 34
```

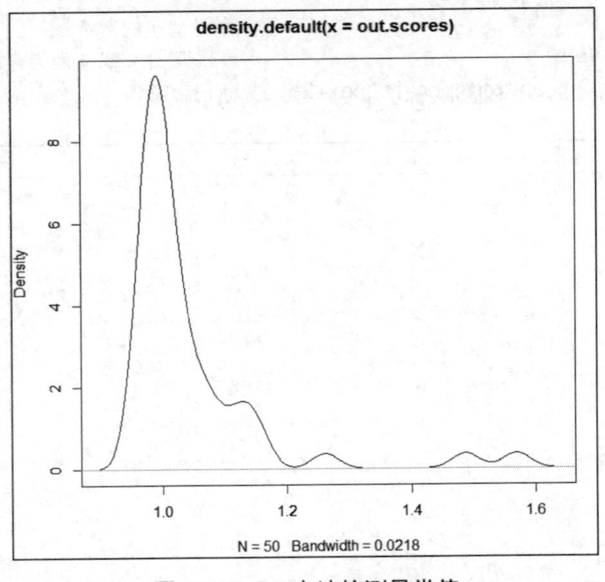

图 6.5 LOF 方法检测异常值

另外，Rlof 包的 lof()函数可实现相同的功能，并且支持并行计算和选择不同距离。

6.2.4 聚类方法检测异常值

聚类将那些不属于任何一类的数据作为异常值。

```
k<-kmeans(iris2,centers=3)            #kmeans 聚类为 3 类
k$cluster #输出聚类结果
centers <- k$centers[k$cluster, ]     #centers 返回每个样本对应的聚类中心样本
distances<-sqrt(rowSums((iris[,2:3]-centers)^2)) #计算每个样本到其聚类中心的距离
out<-order(distances,decreasing=TRUE)[1:6]   #找到距离最大的 6 个样本，是异常值
out #异常值的样本号
[1] 118 119 123 99 132 94
```

6.3 不一致值分析

作为一位数据分析人员，应当警惕编码使用的不一致问题和数据表示的不一致问题（如日期“2018/05/25”和“25/05/2018”）、类型不一致和命名不一致等。

编码不一致和数据表示不一致的问题通常需要人工检测，当发现一定规律时编程可以进行替换和修改。若存在不一致的数据是无意义数据，可以使用缺失值处理方法进行相应处理。

数据矛盾（不一致）还可能是由于被挖掘的数据来自不同的数据源，对于重复存放的数据未能进行一致性更新造成的，类似于数据库参照完整性。例如，两张表中都存放了用户电话号码，但在用户的电话号码发生改变时，只更新了一张表中的数据，那么这两张表就有了不一致的数据。这要借助数据库的完整性理论。

6.4 数据的统计特征分析

6.4.1 分布分析

分布分析用于解释数据分布的特征和类型，分为定量数据和定型数据两种类型。

1. 定量数据的分布分析

方法 1：直方图

数据取值的范围分成若干等距区间，考察数据落入每个区间的频数与频率。每个区间画一个矩形，它的宽度是组距，高度可以是频数，这种直方图可以估计总体的概率密度。R 语言使用 hist()函数画出样本的直方图。

方法 2：核密度图

与直方图相对应的是核密度图，其目的是使用已知样本，估计其密度，执行下面代码得到图 6.6。

```
set.seed(1234)
x<-rnorm(100,0,1)
hist(x,breaks = 10,freq=FALSE,col = "gray")
lines(density(x),col="red",lwd=2)
```

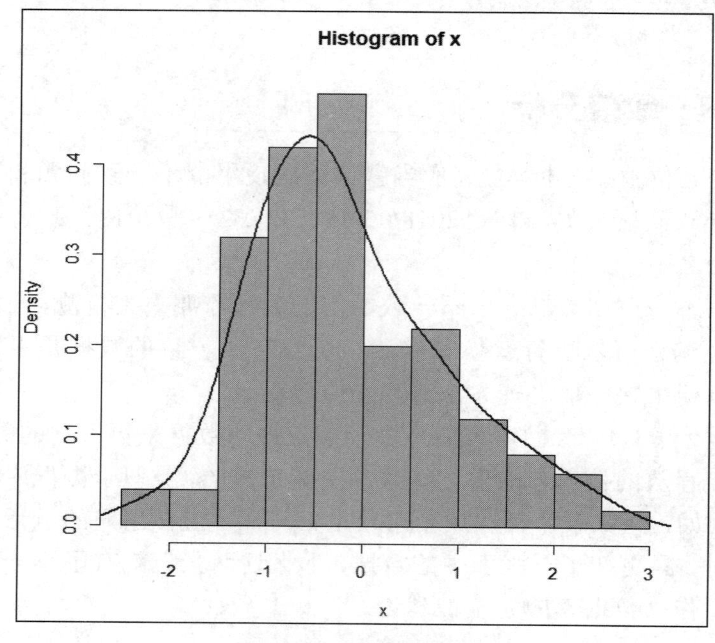

图 6.6 核密度图

方法 3：茎叶图

与直方图比较，茎叶图能更细致地看出数据分布结构。R 语言中使用 stem()函数绘制茎叶图，例如：

```
stem(islands)
  The decimal point is 3 digit(s) to the right of the |
   0 | 00000000000000000000000000000111111222338
   2 | 07
   4 | 5
   6 | 8
   8 | 4
  10 | 5
  12 |
  14 |
  16 | 0
```

茎叶图的纵轴为测定数据，横轴为数据频数。数据的十分位表示“茎”，作为纵轴的刻度；个位数作为“叶”，显示频数的个数，作用与直方图类似。

2．定性数据的分布分析

定性变量常常根据分类变量来分组。饼状图可以用来描述定性变量的分布。

饼状图的每个扇形部分代表每种类型的百分比或频数，根据定性变量的类型数目将饼形图分成几个部分，每个部分的大小与每种类型的频数成正比（见图5.10）。

6.4.2 对比分析

1．对比分析原理

数据的趋势变化独立地看，其实很多情况下并不能说明问题。比如一个企业盈利增长10%，我们并无法判断这个企业的好坏，如果企业所处行业的其他企业普遍为负增长，这就是很好的数据；如果行业其他企业增长平均为50%，则这是一个很差的数据。

对比分析，就是给孤立的数据一个合理的参考系，否则孤立的数据毫无意义。一般而言，对比的数据是数据的基本面，比如行业的情况，全站的情况等。有时，为了增加说服力，产品迭代测试会人为地设置对比的基准。对比分析最关键的是 A/B 两组只保持单一变量，其他条件保持一致。比如测试首页改版的效果，就需要保持 A/B 两组用户质量、上线时间和来源渠道相同，只有这样才能得到比较有说服力的数据。

2．常用对比分析方法

① 同比。

同比（year-on-year）就是今年第 n 月与去年第 n 月比，即同期比。同比发展速度主要是为了消除季节变动的影响，用以说明本期发展水平与去年同期发展水平对比而达到的相对发展速度。例如，本期2月比去年2月，本期6月比去年6月等。其计算公式为：（本期数-同期数）/|同期数|×100%。

② 环比。

年报的同比分析就是用报告期的数据与上期或以往几个年报数据进行对比。它可以告诉投资者在过去一年或几年中，上市公司的业绩是增长还是滑坡。但是，年报的同比分析不能揭示公司最近6个月的业绩增长变动情况，然而这一点对投资决策更富有指导意义。

③ 定基比。

定基比的算法是环比指数的乘积，比如你要求 2012 年 8 月的定基比，那么，你就要知道 2012 年 1—8 月的环比指数，然后得出的乘积就是定基比，别忘了“%”。

④ 三者之间关系。

统计指标按其具体内容、实际作用和表现形式可以分为总量指标（同比）、相对指标（环比）和平均指标（定基比）。同比和环比，这两者所反映的虽然都是变化速度，但由于采用基期的不同，其反映的内涵是完全不同的；一般来说，环比可以与环比相比较，而不能拿同比与环比相比较；而对于同一个地方，考虑时间纵向上发展趋势的反映，则往往要把同比与环比放在一起进行对照。

6.4.3 统计量分析

用统计指标对定量数据进行统计描述，常从集中趋势和离中趋势两个方面进行分析。

平均水平的指标是对个体集中趋势的度量，使用最广泛的是均值和中位数；反映变异程度的指标则是对个体离开平均水平的度量，使用较广泛的是标准差（方差）、四分位数间距。

1．集中趋势度量

（1）均值

均值是所有数据的平均值。如果求 n 个原始观察数据的平均数，计算公式：

$$\text{mean}(x)=\bar{x}=\frac{\sum_{i=1}^{n}x_i}{n}$$

有时，为了反映在均值中不同成分所占的不同重要程度，为数据集中的每一个 x_i 赋予 w_i，这就得到了加权均值的计算公式：

$$\text{mean}(x)=\bar{x}=\frac{\sum_{i=1}^{n}w_i x_i}{\sum_{i=1}^{n}w_i}$$

类似地，频率分布表的平均数可以使用下式计算：

$$\text{mean}(x)=\bar{x}=\sum_{i=1}^{n}f_i x_i$$

其中，$x_1,x_2,\cdots,x_k$ 分别为 k 个组段的组中值；$f_1,f_2,\cdots,f_k$ 分别为 k 个组段的频率。这里的 f_i 起了权重的作用。

作为一个统计量，均值的主要问题是对极端值很敏感。如果数据中存在极端值或者数据是偏态分布的，那么均值就不能很好地度量数据的集中趋势。为了消除少数极端值的影响，可以使用截断均值或者中位数来度量数据的集中趋势。截断均值是去掉高、低极端值之后的平均数。

（2）中位数

中位数是将一组观察值从小到大按顺序排列，位于中间的那个数据。即在全部数据中，小于和大于中位数的数据个数相等。

将某一数据集 x: $\{x_1,x_2,\cdots,x_n\}$ 从小到大排序：$\{x(1),x(2),\cdots,x(n)\}$。

当 n 为奇数时：

$$M = x_{\left(\frac{n+1}{2}\right)}$$

当 n 为偶数时：

$$M = \frac{1}{2}\left(x_{\left(\frac{n}{2}\right)} + x_{\left(\frac{n+1}{2}\right)}\right)$$

（3）众数

众数是指数据集中出现最频繁的值。众数并不经常用来度量定性变量的中心位置，更适用于定性变量。众数不具有唯一性。

2．离中趋势度量

（1）极差

极差=最大值-最小值

极差对数据集的极端值非常敏感，并且忽略了位于最大值与最小值之间的数据是如何分布的。

（2）标准差

标准差度量数据偏离均值的程度，计算公式为

$$s = \sqrt{\frac{\sum_{i=1}^{n}(x_i - \overline{x})^2}{n}}$$

（3）变异系数

变异系数度量标准差相对于均值的离中趋势，计算公式为

$$CV = \frac{s}{\overline{x}} \times 100\%$$

变异系数主要用来比较两个或多个具有不同单位或不同波动幅度的数据集的离中趋势。

（4）四分位数间距

四分位数包括上四分位数和下四分位数。将所有数值由小到大排列并分成四等份，处于第一个分割点位置的数值是下四分位数，处于第二个分割点位置（中间位置）的数值是中位数，处于第三个分割点位置的数值是上四分位数。

四分位数间距是上四分位数QU与下四分位数QL之差，其间包含了全部观察值的一半。其值越大，说明数据的变异程度越大；反之，说明变异程度越小。

【例6.2】分析catering-sale.csv统计量

```
setwd("F:/数据及程序/chapter3/示例程序")        #把“数据及程序”文件夹复制到
F盘下，再用setwd设置工作空间
saledata=read.table(file="./data/catering_sale.csv",sep=",",header=TRUE)  # 读
入数据
sales=saledata[,2]                                       #获取第2列数据
mean_ = mean(sales,na.rm=T)                              #均值
median_ = median(sales,na.rm=T)                          #中位数
range_ = max(sales,na.rm=T)-min(sales,na.rm=T)           #极差
std_ = sqrt(var(sales,na.rm=T))                          #标准差
variation_ = std_/mean_                                  #变异系数
q1 = quantile(sales,0.25,na.rm=T)                        #四分位数间距
q3 = quantile(sales,0.75,na.rm=T)
distance = q3-q1
a=matrix(c(mean_,median_,range_,std_,variation_,q1,q3,distance),1,byrow=T)
+colnames(a)=c("均值","中位数","极差","标准差","变异系数","1/4 分位数","3/4 分
位数","四分位数间距")
```

上面的程序可以得到第二列数据的统计量情况。均值为2744.5954，中位数为2655.9，极差为3200.2，标准差为424.7394，变异系数为0.15475，四分位数间距为566.65。

6.4.4 周期性分析

周期性分析是探索某个变量是否随着时间变化而呈现出某种周期变化趋势。

例如，图6.7显示了某航空公司某航线1949—1960年每月乘客数。

```
plot(AirPassengers)
```

总体来看，乘客数呈现出周期性，以6周为周期，5月和11月乘客是全年的峰值，呈现逐年上升的趋势。

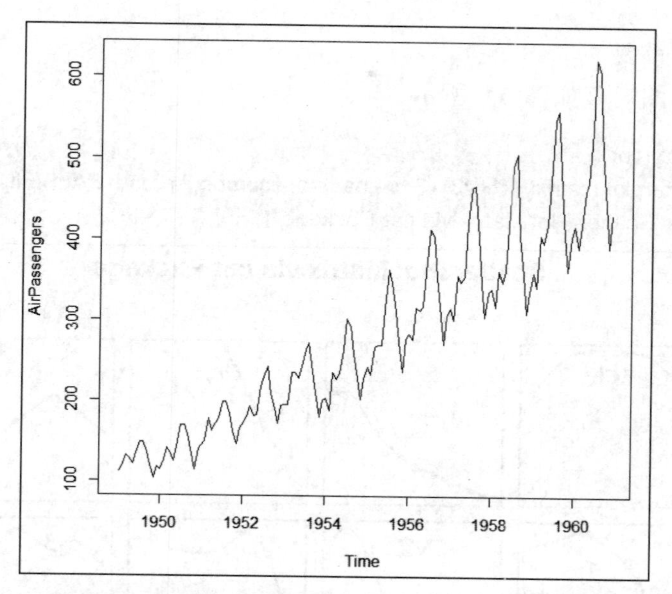

图 6.7　某航空公司某航线 1949—1960 年每月乘客数

6.4.5　相关性分析

分析连续变量之间线性相关程度的强弱，并用适当的统计指标表示出来的过程称为相关分析。

1．直接绘制散点图

判断两个变量是否具有线性相关关系的最直观的方法是直接绘制散点图，如图 6.8 所示。

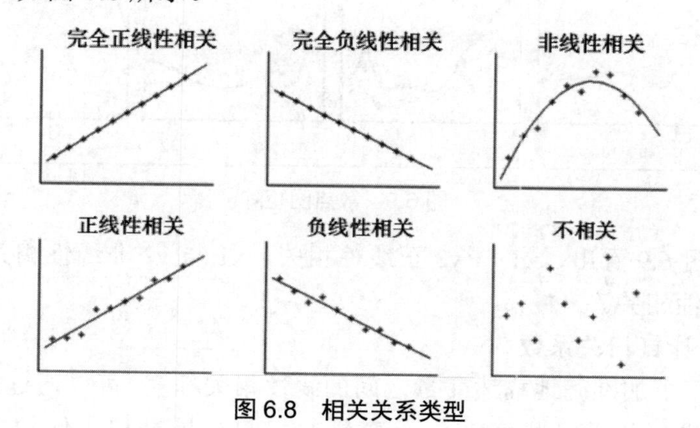

图 6.8　相关关系类型

2．绘制散点图矩阵

需要同时考察多个变量间的相关关系时，一一绘制它们间的简单散点图是十分麻烦的。此时可利用散点图矩阵同时绘制各变量间的散点图，从而快速发现多个变量间的主要相关性，这在进行多元线性回归时显得尤为重要。

散点图矩阵如图 6.9 所示。

```
>library(car)
>scatterplot.matrix(~x1+y2+y3+y4,data=anscombe, spread=FALSE,lty. smooth=2,
main="Scatter Plot Matrix via car Package")
```

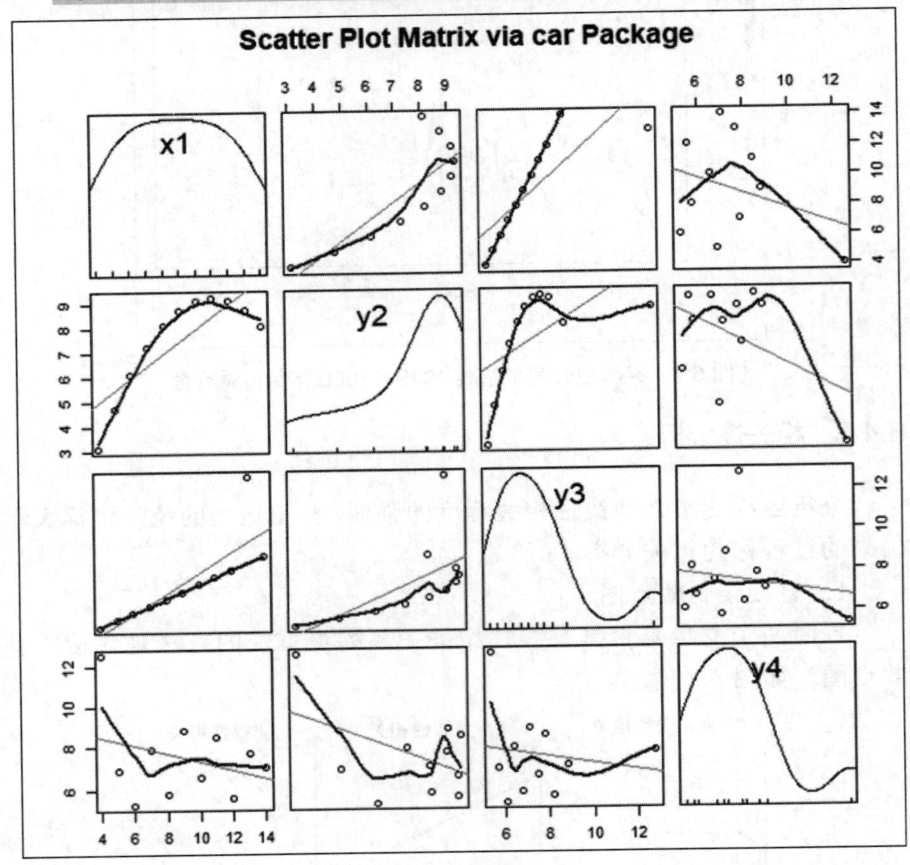

图 6.9 散点图矩阵

从图 6.9 看出，x1 与 y3 正线性相关，x1 与 y2 非线性相关，x1 与 y4 不线性相关。

3．计算相关系数

为了更加准确地描述变量之间的线性相关程度，可以通过计算相关系数来进行相关分析。在二元变量的相关分析过程中比较常用的有 Pearson 相关系数、Spearman 秩相关系数和判定系数。

（1）Pearson 相关系数

一般用于分析两个连续性变量之间的关系，其计算公式如下：

$$r=\frac{\sum_{i=1}^{n}(x_i-\bar{x})(y_i-\bar{y})}{\sqrt{\sum_{i=1}^{n}(x_i-\bar{x})^2\sum_{i=1}^{n}(y_i-\bar{y})^2}}$$

相关系数 r 的取值范围：$-1 \leqslant r \leqslant 1$

$$\begin{cases} r>0 & \text{为正相关，} r<0 \text{为负相关} \\ |r|=0 & \text{表示不存在线性相关} \\ |r|=1 & \text{表示完全线性相关} \end{cases}$$

$0<|r|<1$ 表示存在不同程度线性相关。

（2）Spearman 秩相关系数

Pearson 线性相关系数要求连续变量的取值服从正态分布。不服从正态分布的变量、分类或等级变量之间的关联性可采用 Spearman 秩相关系数，也称等级相关系数来描述。

其计算公式如下：

$$r_s=1-\frac{6\sum_{i=1}^{n}(R_i-Q_i)^2}{n(n^2-1)}$$

对两个变量成对的取值分别按照从小到大（或者从大到小）顺序编秩；R_i 代表 x_i 的秩次；Q_i 代表 y_i 的秩次，R_i-Q_i 为 x_i、y_i 的秩次之差。

表 6.1 给出一个变量 x（$x_1,x_2,\cdots,x_i,\cdots,x_n$）秩次的计算过程。

表 6.1　变量 x 秩次的计算过程

x_i 从小到大排序	从小到大排序时的位置	秩次 R_i
0.5	1	1
0.8	2	2
1.0	3	3
1.2	4	(4+5)/2=4.5
1.2	5	(4+5)/2=4.5
2.3	6	6
2.8	7	7

因为一个变量的相同的取值必须有相同的秩次，所以在计算中采用的秩次是排序后所在位置的平均值。

只要两个变量具有严格单调的函数关系，那么它们就是完全 Spearman 相关的，这与 Pearson 相关不同，Pearson 相关只有在变量具有线性关系时才是完全相关的。

在实际应用计算中，上述两种相关系数都要对其进行假设检验，使用 t 检验方法检验其显著性水平以确定其相关程度。研究表明，在正态分布假定下，Spearman 秩相关系数与 Pearson 相关系数在效率上是等价的，而对于连续测量数据，更适合用 Pearson 相关系数来进行分析。

（3）判定系数

判定系数是相关系数的平方，用 r^2 表示，用来衡量回归方程对 y 的解释程度。判定系数取值范围：$0 \leqslant r^2 \leqslant 1$。$r^2$ 越接近于 1，表明 x 与 y 之间的相关性越强；r^2 越接近于 0，表明两个变量之间几乎没有直线相关关系。

习题

1．判断是否有缺失值的函数是________。

A．is.na　　　　B．complete.cases

C．NA　　　　D．NULL

2．对于缺失数据通常有三种应付手段：_______、_______和_______。

3．在 R 中，用代码 NA 表示缺失数据。在向量及数据框中，在缺失数据处应使用该代码作为占位符。在 R 中对含有缺失值的向量进行计算，会返回一个包装缺失值的向量作为结果，例如：

```
> u=(3,5,6,NA,12,14)
>u
```

执行结果________。

```
>2^u
```

执行结果________。

4. 数据重复检测函数中________函数是可以用来解决向量或者数据框重复值的，并且它会返回一个 TRUE 和 FALSE 的向量。

A．duplicated　　　　B．unique

C．matrix　　　　D．data frame

5．检测数据的异常值是使用函数________。如何判定离群？

6．在 R 语言中，通常使用________来画直方图。

7．当对数据进行批量操作时，可以通过对函数返回值进行约束，根据是否提示错误判断、是否存在数据不一致问题，可以通过________函数。

8．请简述身体测量指标的组成分析。

9．Fisher 在 1936 年发表鸢尾花（iris）数据被广泛地作为判别分析的例子，请对鸢尾花数据进行聚类分析。

10. 某医生测定了 10 名孕妇 15～17 周及分娩时脐带血 TSH（Mu/L）

水平（见表 6.2）试绘制脐带血和母血的散点图。

表 6.2 10 名孕妇的 15~17 周及分娩时脐带血 TSH（Mu/L）水平

TSH（X）	1.21	1.30	1.39	1.42	1.47	1.56	1.68	1.72	1.98	2.10
脐带血（Y）	3.90	4.50	4.20	4.83	4.16	4.93	4.32	4.99	4.70	5.20

11．某单位对 110 名女生测定血清总蛋白含量（g/L），数据如下：

74.3 78.8 68.8 78.0 70.4 80.5 80.5 69.7 71.2 73.5
79.5 75.6 75.0 78.8 72.0 72.0 72.0 74.3 71.2 72.0
75.0 73.5 78.8 74.3 75.8 65.0 74.3 71.2 69.7 68.0
75.0 73.5 78.8 74.3 75.8 65.0 74.3 71.2 69.7 68.0
73.5 75.0 72.0 64.3 75.8 80.3 69.7 74.3 73.5 73.5
75.8 75.8 68.8 76.5 70.4 71.2 81.2 75.0 70.4 68.0
70.4 72.0 76.5 74.3 76.5 77.6 67.3 72.0 75.0 74.3
73.5 79.5 73.5 74.7 65.0 76.5 81.6 75.4 72.7 72.7
67.2 76.5 72.7 70.4 77.2 68.8 67.3 67.3 67.3 72.7
75.8 73.5 75.0 73.5 73.5 73.5 72.7 81.6 70.3 74.3
73.5 79.5 70.4 76.5 72.7 77.2 84.3 75.0 76.5 70.4

计算均值、方差标准表、极差、标准差、变异系数、偏度、峰度。

12．绘出第 11 题的直方图、密度估计曲线、经验分布图和 QQ 图，并将密度估计曲线与正态密度曲线相比较，将经验分布曲线与正态分布曲线相比较（其中正态曲线的均值和标准差取第 11 题计算出的值）。

第7章

数据变换

在图7.1所示场景下，问有多少根火柴，数清楚需要花点时间。同样的数据经整理变成图7.2所示，再问有多少根火柴，问题可能就简单许多。从这个简单例子说明在数据分析之前对数据做变换的重要性。

图7.1　杂乱的火柴

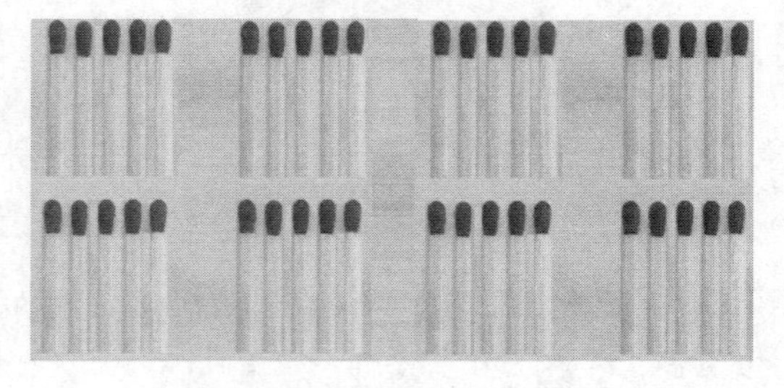

图7.2　整齐排列的火柴

当收集的数据不能保证是完备的情况下，总是会有错误的。我们不得不怀疑我们拥有的数据的质量，高质量的数据能使原来不清晰的业务规则变得清晰了。

数据变换是将“脏数据”转化为满足数据质量要求的数据的过程，如图 7.3 所示。

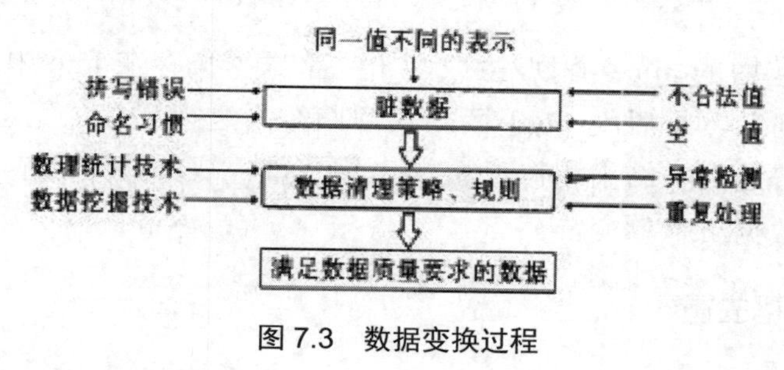

图 7.3 数据变换过程

7.1 数据清洗

7.1.1 缺失数据处理

方法 1：当缺失数据较少时直接删除相应样本。

删除缺失数据样本的前提是缺失数据的比例较少，而且缺失数据是随机出现的，这样删除缺失数据后对分析结果影响不大。

方法 2：对缺失数据进行插补。

用变量均值或中位数来代替缺失值，其优点在于不会减少样本信息，处理简单。但是缺点在于当缺失数据不是随机出现时会产生偏误。

多重插补法（Multiple Imputation）：多重插补是通过变量间关系来预测缺失数据，利用蒙特卡罗方法生成多个完整数据集，再对这些数据集分别进行分析，最后对这些分析结果进行汇总处理，可以用 mice 包实现。

【例 7.1】使用 mice 包处理缺失值。

```
library(mice)
imp=mice(sleep,seed=1234)
fit=with(imp,lm(Dream~Span+Gest))
pooled=pool(fit)
summary(pooled)
 est              se              t              df         Pr(>|t|)          lo 95
(Intercept)   2.546199168  0.254689696   9.997260  52.12563  1.021405e-13
2.035156222
Span          -0.004548904 0.012039106  -0.377844  51.94538  7.070861e-01
-0.028707741
Gest          -0.003916211 0.001468788  -2.666287  55.55683  1.002562e-02
```

```
-0.006859066
                      hi 95 nmis         fmi      lambda
(Intercept)   3.0572421151    NA 0.08710301 0.05273554
Span          0.0196099340     4 0.08860195 0.05417409
Gest         -0.0009733567     4 0.05442170 0.02098354
```

mice 包中的 mice 函数，生成多个完整数据集存在 imp 中，再对 imp 进行线性回归，最后用 pool 函数对回归结果进行汇总。汇总结果的前面部分和普通回归结果相似，nmis 表示变量中缺失数据的个数，fmi 表示由缺失数据贡献的变异。

7.1.2 数据去重

数据重复检测函数包括 unique、duplicated。

unique 对于一个向量适用，对于 matrix、data frame 那些就不适用了。

duplicated 函数是一个可以用来解决向量或者数据框重复值的函数，它会返回一个 TRUE 和 FALSE 的向量，以标注该索引所对应的值是否是前面数据所重复的值。

以数据 data.set 为例，说明数据去重办法。

首先，建立是否重复索引。

```
index<-duplicated(data.set$Ensembl)
index
 [1] FALSE  TRUE FALSE  TRUE  TRUE  TRUE  TRUE  TRUE  TRUE FALSE
```

其次，生成无重复数据。

```
data.set2<-data.set[!index,]                    #注意“!”号
```

7.1.3 规范化

（1）数据的中心化

数据的中心化是指数据集中的各项数据减去数据集的均值。

R 语言可以使用 scale 方法来对数据进行中心化：

```
data <- c(1, 2, 3, 6, 3)
#数据中心化
scale(data, center=T,scale=F)
      [,1]
[1,]    -2
[2,]    -1
[3,]     0
```

```
[4,]      3
[5,]      0
attr(,"scaled:center")
[1] 3
```

（2）数据的标准化

数据的标准化是指中心化之后的数据再除以数据集的标准差，即数据集中的各项数据减去数据集的均值再除以数据集的标准差。

数据中心化和标准化的意义是一样的，都是为了消除量纲对数据结构的影响。

R 语言使用 scale 方法来对数据进行标准化。

```
data <- c(1, 2, 3, 6, 3)
#数据标准化
scale(data, center=T,scale=T)
            [,1]
[1,] -1.06904
[2,] -0.53452
[3,]  0.00000
[4,]  1.60357
[5,]  0.00000
attr(,"scaled:center")
[1] 3
attr(,"scaled:scale")
[1] 1.8708
```

（3）小数定标规范化

移动变量的小数点位置来将变量映射到[-1,1]。

```
#小数定标规范化
i1=ceiling(log(max(abs(data[,1])),10))      #小数定标的指数
c1=data[,1]/10^i1
i2=ceiling(log(max(abs(data[,2])),10))
c2=data[,2]/10^i2
i3=ceiling(log(max(abs(data[,3])),10))
c3=data[,3]/10^i3
i4=ceiling(log(max(abs(data[,4])),10))
c4=data[,4]/10^i4
data_dot=cbind(c1,c2,c3,c4)
#打印结果
options(digits = 4)                         #控制输出结果的有效位数
data_dot
```

7.2 数据选择

7.2.1 重要变量的选择

（1）方法 1：Boruta 包

```
rm(list=ls(all=TRUE))        #删除 R 软件运行时保存在内存中的所有对象
setwd('d:/qsardata')         #设置当前工作目录
getwd()                      #查看当前工作目录
qsar.data<-read.csv(file=file.choose(),header=T)  #读取“建模数据.csv”文件
colnames(qsar.data)
fs.data<-qsar.data[,-1];colnames(fs.data)
library(Boruta)        #载入 Boruta 包，对重要变量进行选择
fs.data.extended<-Boruta(activity~.,data=fs.data,doTrace=2,maxRuns=100,
+light=TRUE,confidence=1.999)
print(fs.data.extended)      #查看变量选择结果
table(fs.data.extended$finalDecision)
getConfirmedFormula(fs.data.extended)  #查看接收的变量
getNonRejectedFormula(fs.data.extended) #查看通过变量选择被接收变量及可
供选择的变量
jpeg(filename=" 重要分子描述符选择图 .jpeg",units = "px", width=800, >height=
600,restoreConsole = TRUE,quality = 75) #输出图形命令
plot(fs.data.extended,colCode=c('green','yellow','red','blue'),sort=TRUE,whichR+
and=c(TRUE,TRUE,TRUE),col=NULL,main ='Figure 1  Selection of descriptors',
+xlab='Attributes',ylab='Importance')
```

（2）方法 2：subselect 包的 genetic 函数

```
rm(list=ls(all=TRUE))        #删除 R 软件运行时保存在内存中的所有对象
setwd('d:/qsardata')         #设置当前工作目录
getwd()                      #查看当前工作目录
qsar.data<-read.csv(file=file.choose(),header=T) #读取：数据.csv：文件
dim(qsar.data);colnames(qsar.data)
library(subselect)
qsar.dataHmat<-lmHmat(qsar.data[,c(3:23)],qsar.data[,2])
names(qsar.data[,2,drop=FALSE])
colnames(qsar.dataHmat)
genetic(qsar.dataHmat$mat, kmin=2,  H=qsar.dataHmat$H, r=1, crit="CCR12")
```

（3）方法 3：subselect 包的 anneal 函数

```
rm(list=ls(all=TRUE))        #删除 R 软件运行时保存在内存中的所有对象
setwd('d:/qsardata')         #设置当前工作目录
getwd()                      #查看当前工作目录
```

```
qsar.data<-read.csv(file=file.choose(),header=T)
library(subselect)
```

7.2.2 数据集选择

一个数据集（尤其随机产生的数据集的子集）起着不同的作用。通常把数据集划分为三个独立的数据集：训练数据集、验证数据集和测试数据集。划分是随机的，确保每个数据集能够表达整体的观测数据。典型的划分是 40/30/30 或 70/15/15。验证数据集也称为设计数据集，因为它协助模型的设计。

① 训练集：用于建模；

② 验证集：用于模型评估，这一过程会导致模型调整，或参数设置，一旦评估的模型满足期待的性能，就可以用于测试集；

③ 测试数据集：是所谓的外样本集（不可见的观测数据），随机从数据集中选取的观测数据，但在建模中不能使用，重要的是要确保模型是无偏估计。

可以用一句话总结数据的术语：数据集由多变量观测数据组成，变量可分为输入变量和输出变量，也可分为分类变量和数值变量。

【例 7.2】利用抽样函数 get.test()进行随机分组。

```
install.packages(ModelMap)            #安装包
library(ModelMap)                     #载入程序包 ModelMap
rm(list=ls(all=TRUE))          #删除 R 软件运行时保存在内存中的所有对象
setwd('d:/qsardata')                  #设置当前工作目录
getwd()                               #查看当前工作目录
qsar.data<-read.csv(file=file.choose(),header=T)
dim(qsar.data); colnames(qsar.data)
get.test  ( proportion.test=1.30,  #数字 1.30 表示测试数据集占所有化合物的 30%
qdatafn=qsar.data,
seed=23,         #seed 为随机数字种子产生函数，seed = NULL 为缺省情况
folder=getwd(),                       #folder=getwd() 在当前工作目录
qdata.trainfn="traindataset.csv",     #将训练数据集数据写到当前工作目录
qdata.testfn="testdataset.csv")       #将测试数据集数据写到当前工作目录
rm(list=ls(all=TRUE))                 #删除运行时保存在内存中的所有对象
```

7.2.3 主成分分析

PCA（Principal Component Analysis），主成分分析，就是一种数据降维的技巧，它能将大量相关变量转化为一组很少的、不相关变量，这些无关变量称为主成分。

PCA的目标是用一组较少的不相关变量代替大量相关变量，同时尽可能保留初始变量的信息，这些推导所得的变量称为主成分，它们是观测变量的线性组合。如第一主成分：

$$PC1=a1X1=a2X2+\cdots+akXk$$

它是k个观测变量的加权组合，对初始变量集的方差解释性最大。

第二主成分是初始变量的线性组合，对方差的解释性排第二，同时与第1主成分正交（不相关）。后面每个主成分都最大化它对方差的解释程度，同时与之前所有的主成分都正交，但从实用的角度来看，都希望能用较少的主成分来近似全变量集。

PCA中需要多少个主成分的准则：

- 根据先验经验和理论知识判断主成分数；
- 根据要解释变量方差的积累值的阈值来判断需要的主成分数；
- 通过检查变量间k*k的相关系数矩阵来判断保留的主成分数。

最常见的是基于特征值的方法，每个主成分都与相关系数矩阵的特征值关联，第一主成分与最大的特征值相关联，第二主成分与第二大的特征值相关联，依此类推。

Kaiser-Harris准则建议保留特征值大于1的主成分，特征值小于1的成分所解释的方差比包含在单个变量中的方差更少。

Cattell碎石检验则绘制了特征值与主成分数的图形，这类图形可以展示图形弯曲状况，在图形变化最大处之上的主成分都保留。

最后，还可以进行模拟，依据与初始矩阵相同大小的随机数矩阵来判断要提取的特征值。若基于真实数据的某个特征值大于一组随机数据矩阵相应的平均特征值，那么该主成分可以保留。该方法称作平行分析。

利用fa.parallel()函数，可同时对三种特征值判别准则进行评价。

```
library(psych)
fa.parallel(USJudgeRatings[,-1],fa="PC",n.iter=100,show.legend=FALSE,main=  "
碎石图")
```

碎石图、特征值大于1准则和100次模拟的平行分析（虚线）都表明保留一个主成分即可保留数据集的大部分信息，下一步是使用principal()函数挑选出相应的主成分。

Principal()函数可根据原始数据矩阵或相关系数矩阵做主成分分析

格式：principal（的，nfactors=,rotate=,scores=）

其中，r是相关系数矩阵或原始数据矩阵；nfactors设定主成分数（默认为1）；rotate指定旋转的方式[默认最大方差旋转（varimax）]；scores

设定是否需要计算主成分得分（默认不需要）。

```
library(psych)
pc<-principal((USJudgeRatings[,-1],nfactors=1))
```

7.2.4 因子分析

（1）因子分析特点

因子分析（FA）是一系列用来发现一组变量的潜在结构的方法，通过寻找一组更小的、潜在的或隐藏的结构来解释已观测到的、变量间的关系。具有以下特点：

- 因子的数量远少于原始变量个数，因此因子分析能够减少分析中的工作量。
- 因子变量不是对原始变量的取舍，而是根据原始变量的信息进行重组，能反映原始变量的大部分信息。
- 因子之间不存在线性相关关系。

（2）因子分析目标

FA 的目标是通过发掘隐藏在数据下的一组较少的、更为基本的无法观测的变量，来解释一组可观测变量的相关性。这些虚拟的、无法观测的变量称作因子。每个因子被认为可解释多个观测变量间共有的方差，也叫作公共因子。

模型的形式为：

$$X_i=a_1F_1+a_2F_2+\cdots a_pF_p+U_i$$

X_i 是第 i 个可观测变量（i=1,2,…,k）

F_j 是公共因子（j=1,2,…,p）

（3）判断需提取的公共因子数

```
options(digits=2)                          #环境变量设置，保留小数 2 位
covariances<-ability.cov$cov               #计算协方差矩阵
correlations<-cov2cor(covariances) #协方差矩阵转换为相关系数矩阵
correlations
library(psych)
fa.parallel(correlations,n.obs=112,fa="both",n.iter=100,main="碎石图分析")
```

若使用 PCA 方法，可能会选择一个成分或两个成分。当摇摆不定时，高估因子数通常比低估因子数的结果好，因为高估因子数一般较少曲解“真实”情况。

psych 包中有用的因子分析函数如表 7.1 所示。

表7.1 有用的因子分析函数

函 数	描 述
principal()	含多种可选的方差放置方法的主成分分析
fa()	可用主轴、最小残差、加权最小平方或最大似然法估计的因子分析
fa.parallel()	含平等分析的碎石图
factor.plot()	绘制因子分析或主成分分析的结果
fa.diagram()	绘制因子分析或主成分分析的载荷矩阵
scree()	因子分析和主成分分析的碎石图

（4）因子应用

在市场调研中，研究人员关心的是一些研究指标的集成或者组合，这些概念通常是等级评分问题来测量的，如利用李克特量表取得的变量。每个指标的集合（或一组相关联的指标）就是一个因子，指标概念等级得分就是因子得分。

因子分析在市场调研中有着广泛的应用，主要包括以下方向。

- 消费者习惯和态度研究（U&A）。
- 品牌形象和特性研究。
- 服务质量调查。
- 个性测试。
- 形象调查。
- 市场划分识别。
- 顾客、产品和行为分类。

在实际应用中，因子得分可以得出不同因子的重要性指标，而管理者则可根据这些指标的重要性来决定首先要解决的市场或产品问题。

7.3 数据集成

从不同途径得到的数据的组织方式是多种多样的，很多数据都要经过整理才能进行有效的分析。数据集成不仅仅是为了改善数据的外观，也是进行一些统计分析和作图前必要的步骤，是 R 语言数据预处理的内容之一。数据集成包括分组汇总、透视表生成。

7.3.1 通过向量化重构数据

矩阵和多维数组的向量化有直接的类型转换函数：as.vector，向量化后的结果顺序是先列后行再其他。

```
(x <- matrix(1:4, ncol=2)) #为节省空间，下面的结果省略了一些空行
     [,1] [,2]
```

```
[1,]    1    3
[2,]    2    4
as.vector(x)
[1] 1 2 3 4
(x <- array(1:8, dim=c(2,2,2)))
, , 1
     [,1] [,2]
[1,]    1    3
[2,]    2    4
, , 2
     [,1] [,2]
[1,]    5    7
[2,]    6    8
as.vector(x)
[1] 1 2 3 4 5 6 7 8
```

列表向量化可以用 unlist，数据框本质是元素长度相同的列表，所以也用 unlist：

```
(x <- list(x=1:3, y=5:10))
$x
[1] 1 2 3
$y

[1]  5  6  7  8  9 10
unlist(x)
x1 x2 x3 y1 y2 y3 y4 y5 y6
 1  2  3  5  6  7  8  9 10
x <- data.frame(x=1:3, y=5:7)
unlist(x)
x1 x2 x3 y1 y2 y3
 1  2  3  5  6  7
```

其他类型的数据一般都可以通过数组、矩阵或列表转成向量。一些软件包有自定义的数据类型，如果考虑周到，应该会有合适的类型转换函数。

7.3.2 为数据添加新变量

（1）transform 函数

transform 函数对数据框进行操作，作用是为原数据框增加新的列变量。但应该注意的是“原数据框”根本不是原来的那个数据框，而是一个它的复制。下面代码为 airquality 数据框增加了一列 log.ozone，但因为没有把结果赋值给原变量名，所以原数据是不变的。

```
head(airquality,2)
 Ozone Solar.R Wind Temp Month Day
```

```
1  41   190   7.4   67   5   1
2  36   118   8.0   72   5   2
aq <- transform(airquality, loglog.ozone=log(Ozone))
head(airquality,2)
  Ozone Solar.R Wind Temp Month Day
1  41   190    7.4   67    5    1
2  36   118    8.0   72    5    2
head(aq,2)
  Ozone Solar.R Wind Temp Month Day log.ozone
1  41   190    7.4   67    5    1 3.713572
2  36   118    8.0   72    5    2 3.583519
```

transform 可以增加新列变量，也可以改变列变量的值，还可以通过 NULL 赋值的方式删除列变量。

```
aq <- transform(airquality, loglog.ozone=log(Ozone), Ozone=NULL, WindWind=
Wind^2)
head(aq,2)
  Solar.R  Wind Temp Month Day log.ozone
1    190  54.76  67     5    1  3.713572
2    118  64.00  72     5    2  3.583519

aq <- transform(airquality, loglog.ozone=log(Ozone), Ozone=NULL, Month=NUL
L, WindWind=Wind^2)
head(aq,2)
  Solar.R  Wind Temp Day log.ozone
1    190  54.76  67   1   3.713572
2    118  64.00  72   2   3.583519
```

（2）within 函数

within 比 transform 灵活些，除数据框外还可以使用其他类型数据，但用法不大一样，而且函数似乎也不够完善。

```
aq <- within(airquality, {
+ log.ozone <- log(Ozone)
+ squared.wind <- Wind^2
+ rm(Ozone, Wind)
+ })
head(aq,2)
  Solar.R Temp Month Day squared.wind log.ozone
1    190  67    5     1     54.76        3.713572
2    118  72    5     2     64.00        3.583519

(x <- list(a=1:3, b=letters[3:10], c=LETTERS[9:14]))
$a
```

```
[1] 1 2 3
$b
[1] "c" "d" "e" "f" "g" "h" "i" "j"
$c
[1] "I" "J" "K" "L" "M" "N"

within(x, {log.a <- log(a); d <- paste(b, c, sep=':'); rm(b)})
$a
[1] 1 2 3
$c
[1] "I" "J" "K" "L" "M" "N"
$d
[1] "c:I" "d:J" "e:K" "f:L" "g:M" "h:N" "i:I" "j:J"
$log.a
[1] 0.0000000 0.6931472 1.0986123
within(x, {log.a <- log(a); d <- paste(b, c, sep=':'); rm(b,c)})
$a
[1] 1 2 3
$b  #为什么删除两个列表元素会得到这样的结果？

NULL
$c
NULL
$d
[1] "c:I" "d:J" "e:K" "f:L" "g:M" "h:N" "i:I" "j:J"
$log.a
[1] 0.0000000 0.6931472 1.0986123
```

7.3.3 数据透视表

（1）stack 和 unstack 函数

stack 和 unstack 函数用于数据框/列表的长、宽格式之间的转换。数据框宽格式是记录原始数据常用的格式，类似如下示例：

```
x <- data.frame(CK=c(1.1, 1.2, 1.1, 1.5), T1=c(2.1, 2.2, 2.3, 2.1), T2=c(2.5, 2.2,
2.3, 2.1))
x
  CK  T1  T2
1 1.1 2.1 2.5
2 1.2 2.2 2.2
3 1.1 2.3 2.3
4 1.5 2.1 2.1
```

一般统计和作图用的是长格式，stack 函数可以做成如下格式：

```
（xx <- stack(x))
  values ind
1    1.1  CK
2    1.2  CK
3    1.1  CK
4    1.5  CK
5    2.1  T1
6    2.2  T1
7    2.3  T1
8    2.1  T1
9    2.5  T2
10   2.2  T2
11   2.3  T2
12   2.1  T2
```

unstack 函数的作用正好和 stack 函数相反，但是要注意它的第二个参数是公式类型：公式左边的变量是值，右边的变量会被当成因子类型，它的每个水平都会形成一列。

```
unstack(xx, values~ind)
  CK  T1  T2
1 1.1 2.1 2.5
2 1.2 2.2 2.2
3 1.1 2.3 2.3
4 1.5 2.1 2.1
```

（2）reshape2 包

reshape2 的函数很少，一般用户直接使用的是 melt、acast 和 dcast 函数。melt 是溶解/分解的意思，即拆分数据。melt 函数会根据数据类型（数据框、数组或列表）选择 melt.data.frame、melt.array 或 melt.list 函数进行实际操作。

如果是数组（array）类型，melt 函数的用法就很简单，它依次对各维度的名称进行组合，将数据进行线性/向量化。如果数组有 n 维，那么得到的结果共有 n+1 列，前 n 列记录数组的位置信息，最后一列才是观测值。

```
datax <- array(1:8, dim=c(2,2,2))
melt(datax)
  Var1 Var2 Var3 value
1      1    1    1     1
2      2    1    1     2
3      1    2    1     3
4      2    2    1     4
5      1    1    2     5
```

```
6    2 1 2 6
7    1 2 2 7
8    2 2 2 8

melt(datax, varnames=LETTERS[24:26],value.name="Val")
  X Y Z Val
1 1 1 1  1
2 2 1 1  2
3 1 2 1  3
4 2 2 1  4
5 1 1 2  5
6 2 1 2  6
7 1 2 2  7
8 2 2 2  8
```

如果是列表数据，melt 函数将列表中的数据分成两列，一列记录列表元素的值，另一列记录列表元素的名称；如果列表中的元素是列表，则增加列变量存储元素名称。元素值排列在前，名称在后，越是顶级的列表元素，名称越靠后。

```
datax <- list(agi="AT1G10000", GO=c("GO:1010","GO:2020"), KEGG=c("0100",
"0200", "0300"))
melt(datax)
      value   L1
1 AT1G10000  agi
2   GO:1010   GO
3   GO:2020   GO
4      0100 KEGG
5      0200 KEGG
6      0300 KEGG
melt(list(at_0100=datax))
      value   L2      L1
1 AT1G10000  agi at_0100
2   GO:1010   GO at_0100
3   GO:2020   GO at_0100
4      0100 KEGG at_0100
5      0200 KEGG at_0100
6      0300 KEGG at_0100
```

如果数据是数据框类型，melt 函数的参数就稍微复杂些。

```
melt(data, id.vars, measure.vars, variable.name = "variable", ..., na.rm = FALSE,
+value.name = "value")
```

其中，id.vars 被当作维度的列变量，每个变量在结果中占一列；

measure.vars 被当成观测值的列变量，它们的列变量名称和值分别组成 variable 和 value 两列，列变量名称用 variable.name 和 value.name 来指定。用 airquality 数据来看看：

```
str(airquality)
'data.frame':   153 obs. of  6 variables:
 $ Ozone  : int  41 36 12 18 NA 28 23 19 8 NA ...
 $ Solar.R: int  190 118 149 313 NA NA 299 99 19 194 ...
 $ Wind   : num  7.4 8 12.6 11.5 14.3 14.9 8.6 13.8 20.1 8.6 ...
 $ Temp   : int  67 72 74 62 56 66 65 59 61 69 ...
 $ Month  : int  5 5 5 5 5 5 5 5 5 5 ...
 $ Day    : int  1 2 3 4 5 6 7 8 9 10 ...
```

如果打算按月份分析臭氧和太阳辐射、风速和温度三者（列 2:4）的关系，我们把它转成长格式数据框：

```
aq <- melt(airquality, var.ids=c("Ozone", "Month", "Day"),
+ measure.vars=c(2:4), variable.name="V.type", value.name="value")
str(aq)
'data.frame':   459 obs. of  5 variables:
 $ Ozone : int  41 36 12 18 NA 28 23 19 8 NA ...
 $ Month : int  5 5 5 5 5 5 5 5 5 5 ...
 $ Day   : int  1 2 3 4 5 6 7 8 9 10 ...
 $ V.type: Factor w/ 3 levels "Solar.R","Wind",..: 1 1 1 1 1 1 1 1 1 1 ...
 $ value : num  190 118 149 313 NA NA 299 99 19 194 ...
```

var.ids 可以写成 id，measure.vars 可以写成 measure。id（var.ids）和观测值（即 measure.vars）这两个参数可以只指定其中一个，剩余的列被当成另外一个参数的值；如果两个都省略，数值型的列被看成观测值，其他的被当成 id。如果想省略参数或者去掉部分数据，参数名最好用 id/measure，否则得到的结果很可能不是你要的。

```
str(melt(airquality, var.ids=c(1,5,6), measure.vars=c(2:4)))
'data.frame':   459 obs. of  5 variables:
 $ Ozone   : int  41 36 12 18 NA 28 23 19 8 NA ...
 $ Month   : int  5 5 5 5 5 5 5 5 5 5 ...
 $ Day     : int  1 2 3 4 5 6 7 8 9 10 ...
 $ variable: Factor w/ 3 levels "Solar.R","Wind",..: 1 1 1 1 1 1 1 1 1 1 ...
 $ value   : num  190 118 149 313 NA NA 299 99 19 194 ...
str(melt(airquality, var.ids=1, measure.vars=c(2:4)))   #id 只引用一列
'data.frame':   459 obs. of  5 variables:
 $ Ozone   : int  41 36 12 18 NA 28 23 19 8 NA ...
 $ Month   : int  5 5 5 5 5 5 5 5 5 5 ...
 $ Day     : int  1 2 3 4 5 6 7 8 9 10 ...
```

```
 $ variable: Factor w/ 3 levels "Solar.R","Wind",..: 1 1 1 1 1 1 1 1 1 1 ...
 $ value   : num  190 118 149 313 NA NA 299 99 19 194 ...
str(melt(airquality, var.ids=1)) #这样的结果不是我们要的

Using  as id variables
'data.frame':   918 obs. of  2 variables:
 $ variable: Factor w/ 6 levels "Ozone","Solar.R",..: 1 1 1 1 1 1 1 1 1 1 ...
 $ value   : num  41 36 12 18 NA 28 23 19 8 NA ...
str(melt(airquality, id=1)) #这样才行
'data.frame':   765 obs. of  3 variables:
 $ Ozone   : int  41 36 12 18 NA 28 23 19 8 NA ...
 $ variable: Factor w/ 5 levels "Solar.R","Wind",..: 1 1 1 1 1 1 1 1 1 1 ...
 $ value   : num  190 118 149 313 NA NA 299 99 19 194 ...
```

melt 函数的作用以后的数据，再用 ggplot2 做统计图就很方便了，可以快速做出需要的图形。

```
library(ggplot2)
aq$Month <- factor(aq$Month)
p <- ggplot(data=aq, aes(x=Ozone, y=value, color=Month)) + theme_bw()
p + geom_point(shape=20, size=4) + geom_smooth(aes(group=1), fill="gray80")
+ facet_wrap(~V.type, scales="free_y")
```

结果如图 7.4 所示。

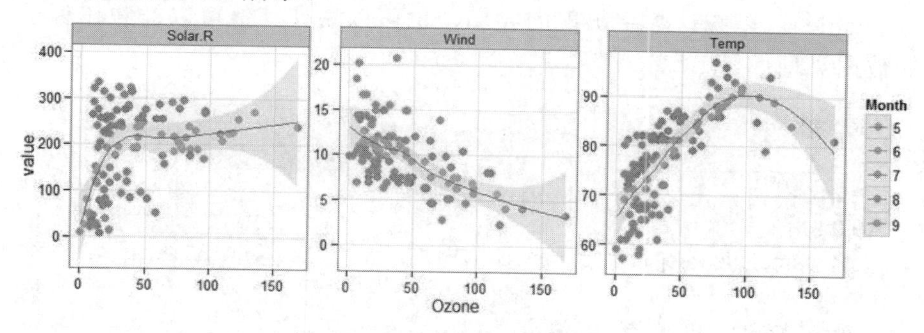

图 7.4 melt 数据统计结果

melt 函数获得的数据可以用 acast 或 dcast 还原。acast 获得数组，dcast 获得数据框。和 unstack 函数一样，cast 函数使用公式参数。公式的左边每个变量都会作为结果中的一列，而右边的变量被当成因子类型，每个水平都会在结果中产生一列。

```
head(dcast(aq, Ozone+Month+Day~V.type))
  Ozone Month Day Solar.R Wind Temp
1     1     5  21       8  9.7   59
2     4     5  23      25  9.7   61
3     6     5  18      78 18.4   57
```

```
4  7  5    11  NA    6.9   74
5  7  7    15  48    14.3  80
6  7  9    24  49    10.3  69
```

dcast 函数的作用不只是还原数据，还可以使用函数对数据进行汇总（aggregate）。事实上，melt 函数是为 dcast 服务的，目的是使用 dcast 函数对数据进行汇总。

```
dcast(aq, Month~V.type, fun.aggregate=mean, na.rm=TRUE)
  Month  Solar.R    Wind       Temp
1   5    181.2963   11.622581  65.54839
2   6    190.1667   10.266667  79.10000
3   7    216.4839    8.941935  83.90323
4   8    171.8571    8.793548  83.96774
5   9    167.4333   10.180000  76.90000
```

如果只是还原，可使用如下代码：

```
dcast(aq, Month~V.type, value.var ="value")
```

7.3.4 频度

（1）table

table 可以统计数字出现的频率，也可以统计其他可以被看作因子的数据类型：

```
table(b)
b
1 2 3
9 9 9
c <- sample(letters[1:5], 10, replace=TRUE)
c
[1] "a" "c" "b" "d" "a" "e" "d" "e" "c" "a"
table(c)
c
a b c d e
3 1 2 2 2
```

如果参数不止一个，它们的长度应该一样，结果是不同因子组合的频度表。

```
a <- rep(letters[1:3], each=4)
b <- sample(LETTERS[1:3],12,replace=T)
table(a,b)
   b
a   A B C
```

```
a 0 3 1
b 3 0 1
c 1 1 2
```

（2）tapply 和 by 函数

tapply 函数可以看作是 table 函数的扩展。table 函数按因子组合计算频度，而 tapply 函数可以按因子组合应用各种函数。使用格式为：tapply(X, INDEX, FUN = NULL, ..., simplify = TRUE)。

X 为数据，通常为向量；INDEX 为索引，和 table 函数一样，它的长度必须和 X 相同。

```
(x <- 1:10)
 [1]  1  2  3  4  5  6  7  8  9 10
(f <- gl(2,5, labels=c("CK", "T")))
 [1] CK CK CK CK CK T  T  T  T  T
Levels: CK T
tapply(x, f, length)  #FUN 函数是 length，得到的结果和 table 类似
CK  T
 5  5
table(f)
f
CK  T
 5  5
tapply(x, f, sum)
CK  T
15 40
```

7.3.5　数据整合

数据整合包 plyr 的功能已经远远超出数据集成的范围，plyr 应用了 split-apply-combine 的数据处理过程，即先将数据分离，然后应用某些处理函数，最后将结果重新组合成所需的形式返回。

plyr 的函数命名方式比较规律，很容易记忆和使用。比如 a 开头的函数 aaply、adply 和 alply 将数组（array）分别转成数组、数据框和列表；daply、ddply 和 dlply 将数据框分别转成数组、数据框和列表；而 laply、ldaply 和 llply 将列表（list）分别转成数组、数据框和列表。

下面我们看看如何使用 ldply 函数将 ath1121502.db 包中的 KEGG 列表数据转成数据框。

```
library(ath1121502.db)
keggs <- as.list(ath1121501PATH[mappedkeys(ath1121501PATH)])
head(ldply(keggs, paste, collapse='; '))
      .id                                                    V1
```

```
1 261579_at                                             00190
2 261569_at                                             04712
3 261583_at 00010; 00020; 00290; 00620; 00650; 01100; 01110
4 261574_at                      00903; 00945; 01100; 01110
5 261043_at                             00051; 00520; 01100
6 261044_at                                             04122
```

（1）apply 函数

这个函数的使用格式：apply(X,MARGIN,FUN,...)。它应用的数据类型是数组或矩阵，返回值类型由 FUN 函数结果的长度确定。

X 参数为数组或矩阵；MARGIN 表示计算的维度，MARGIN=1 为第 1 维（行），MARGIN=2 为第 2 维（列）；FUN 为要应用的计算函数，后面可以加 FUN 的有名参数。比如，要按行或列计算数组 a 的标准差就可以用如下代码：

```
apply(a, MARGIN=1, FUN=sd)
[1] 1 1 1
apply(a, MARGIN=2, FUN=sd)
[1] 0 0 0
```

（2）lapply、sapply 和 vapply 函数

这几个函数使用类似，前两个参数都为 X 和 FUN，其他参数在 R 的函数帮助文档里有相应介绍。它们应用的数据类型都是列表，对每个列表元素应用 FUN 函数，但返回值类型不大一样。lapply 是最基本的原型函数，sapply 函数和 vapply 函数都是 lapply 函数的改进版。

① lapply 函数返回的结果为列表，长度与 X 相同。

```
scores <- list(YuWen=c(80,88,94,70), ShuXue=c(99,87,100,68,77))
lapply(scores, mean)
$YuWen
[1] 83

$ShuXue
[1] 86.2

lapply(scores, quantile, probs=c(0.5,0.7,0.9))
$YuWen
 50%  70%  90%
84.0   88.6  92.2

$ShuXue
 50%  70%  90%
87.0  96.6  99.6
```

② sapply 函数返回的结果比较“友好”，如果结果很整齐，就会得到向量、矩阵或数组。

sapply 函数是简化了的 lapply。

```
sapply(scores, mean)
 YuWen ShuXue
  83.0   86.2
sapply(scores, quantile, probs=c(0.5,0.7,0.9))
    YuWen ShuXue
50%  84.0       87.0
70%  88.6       96.6
90%  92.2       99.6
```

③ vapply 函数：对返回结果（value）进行类型检查的 sapply。

虽然 sapply 的返回值比 lapply 好多了，但可预测性还是不好，如果是大规模的数据处理，后续的类型判断工作会很麻烦而且很费时。vapply 增加的 FUN.VALUE 参数可以直接对返回值类型进行检查，这样的好处是不仅运算速度快，而且程序运算更安全（因为结果可控）。下面代码的 rt.value 变量设置返回值长度和类型，如果 FUN 函数获得的结果和 rt.value 设置的长度和类型不一致，则都会出错：

```
probs <- c(1:3/4)              #FUN(Scores)长度为 3
rt.value <- c(0,0,0)   #设置返回值为 3 个数字
vapply(scores, quantile, FUN.VALUE=rt.value, probsprobs=probs)
   YuWen ShuXue
     25%  77.5     77
     50%  84.0     87
     75%  89.5     99
probs <- c(1:4/4)              #FUN(Scores)长度为 4
vapply(scores, quantile, FUN.VALUE=rt.value, probsprobs=probs)
```

错误在于 FUN(X[[1]])结果的长度与返回值长度不一致，正确代码如下：

```
rt.value <- c(0,0,0,0)  #返回值类型为 4 个数字
vapply(scores, quantile, FUN.VALUE=rt.value, probsprobs=probs)
   YuWen ShuXue
25%   77.5      77
50%   84.0      87
75%   89.5      99
100%  94.0     100
```

7.3.6 分组汇总

（1）mapply 函数

```
mapply(FUN, ..., MoreArgs = NULL, SIMPLIFY = TRUE, USE.NAMES = TRUE)
```

mapply 应用的数据类型为向量或列表，FUN 函数对每个数据元素应用 FUN 函数；如果参数长度为 1，得到的结果和 sapply 是一样的；但如果参数长度不是 1，FUN 函数将按向量顺序和循环规则（短向量重复）逐个取参数应用到对应数据元素。

```
sapply(X=1:4, FUN=rep, times=4)
     [,1] [,2] [,3] [,4]
[1,]    1    2    3    4
[2,]    1    2    3    4
[3,]    1    2    3    4
[4,]    1    2    3    4
mapply(rep, x = 1:4, times=4)
     [,1] [,2] [,3] [,4]
[1,]    1    2    3    4
[2,]    1    2    3    4
[3,]    1    2    3    4
[4,]    1    2    3    4
mapply(rep, x = 1:4, times=1:4)
[[1]]
[1] 1

[[2]]
[1] 2 2

[[3]]
[1] 3 3 3

[[4]]
[1] 4 4 4 4

mapply(rep, x = 1:4, times=1:2)
[[1]]
[1] 1

[[2]]
[1] 2 2

[[3]]
```

```
[1] 3

[[4]]
[1] 4 4
```

（2）aggregate 函数

这个函数的功能比较强大，它首先将数据进行分组（按行），然后对每组数据进行函数统计，最后把结果组合成一个比较优质的表格返回。根据数据对象不同，它有三种用法，分别应用于数据框（data.frame）、公式（formula）和时间序列（ts）：

```
aggregate(x, by, FUN, ..., simplify = TRUE)
aggregate(formula, data, FUN, ..., subset, nana.action = na.omit)
aggregate(x, nfrequency = 1, FUN = sum, ndeltat = 1, ts.eps = getOption("ts.ep
s"), ...)
```

通过 mtcars 数据集的操作，对这个函数进行简单了解。Mtcars 数据集是不同类型汽车道路测试的数据框类型数据。

```
str(mtcars)
'data.frame':   32 obs. of  11 variables:
 $ mpg : num  21 21 22.8 21.4 18.7 18.1 14.3 24.4 22.8 19.2 ...
 $ cyl : num  6 6 4 6 8 6 8 4 4 6 ...
 $ disp: num  160 160 108 258 360 ...
 $ hp  : num  110 110 93 110 175 105 245 62 95 123 ...
 $ drat: num  3.9 3.9 3.85 3.08 3.15 2.76 3.21 3.69 3.92 3.92 ...
 $ wt  : num  2.62 2.88 2.32 3.21 3.44 ...
 $ qsec: num  17.5 17 18.6 19.4 17 ...
 $ vs  : num  0 0 1 1 0 1 0 1 1 1 ...
 $ am  : num  1 1 1 0 0 0 0 0 0 0 ...
 $ gear: num  4 4 4 3 3 3 3 4 4 4 ...
 $ carb: num  4 4 1 1 2 1 4 2 2 4 ...
```

先用 attach 函数把 mtcars 数据集的列变量名称加入变量搜索范围，然后使用 aggregate 函数按 cyl（汽缸数）进行分类计算平均值。

```
attach(mtcars)
aggregate(mtcars, by=list(cyl), FUN=mean)
  Group.1      mpg cyl     disp        hp    drat        wt     qsec       vs        am    gear
    carb
1       4 26.66364   4 105.136  82.6363 4.07090 2.285727  19.1372  0.909090
0.727272  4.09091   1.545455
2       6 19.74286   6 183.314 122.285   3.5857  3.117143  17.9771  0.571428
0.4285714 3.85714   3.42857
```

```
3      8 15.10000  8 353.100   209.2143   3.2293   3.999214  16.7721 0.000000
0.142857  3.28571   3.500000
```

by 参数也可以包含多个类型的因子，得到的就是每个不同因子组合的统计结果。

```
aggregate(mtcars, by=list(cyl, gear), FUN=mean)
  Group.1 Group.2   mpg cyl    disp      hp     drat      wt    qsec  vs   am gear
 carb
1       4       3 21.500   4 120.1000  97.0000 3.700000 2.465000 20.0100 1.0 0.00
   3 1.000000
2       6       3 19.750   6 241.5000 107.5000 2.920000 3.337500 19.8300 1.0 0.00
   3 1.000000
3       8       3 15.050   8 357.6167 194.1667 3.120833 4.104083 17.1425 0.0 0.00
   3 3.083333
4       4       4 26.925   4 102.6250  76.0000 4.110000 2.378125 19.6125 1.0 0.75
   4 1.500000
5       6       4 19.750   6 163.8000 116.5000 3.910000 3.093750 17.6700 0.5 0.50
   4 4.000000
6       4       5 28.200   4 107.7000 102.0000 4.100000 1.826500 16.8000 0.5 1.00
   5 2.000000
7       6       5 19.700   6 145.0000 175.0000 3.620000 2.770000 15.5000 0.0 1.00
   5 6.000000
8       8       5 15.400   8 326.0000 299.5000 3.880000 3.370000 14.5500 0.0 1.00
   5 6.000000
```

公式（formula）是一种特殊的 R 数据对象，在 aggregate 函数中使用公式参数可以对数据框的部分指标进行统计。

```
aggregate(cbind(mpg,hp) ~ cyl+gear, FUN=mean)
  cyl gear    mpg       hp
1   4    3 21.500  97.0000
2   6    3 19.750 107.5000
3   8    3 15.050 194.1667
4   4    4 26.925  76.0000
5   6    4 19.750 116.5000
6   4    5 28.200 102.0000
7   6    5 19.700 175.0000
8   8    5 15.400 299.5000
```

公式 cbind(mpg,hp) ~ cyl+gear 表示使用 cyl 和 gear 的因子组合对 cbind(mpg,hp)数据进行操作。

aggregate 在时间序列数据上的应用请参考相关文档。

习题

1．矩阵和多维数组的向量化有直接的类型转换函数：as.vector，向量化后的结果顺序是________。

A．行优先　　　　B．列优先

C．行首尾相连　　D．列首尾相连

2．数据框宽格式是我们记录原始数据常用的格式，类似这样：

```
> x <- data.frame(CK=c(1.1, 1.2, 1.1, 1.5), T1=c(2.1, 2.2, 2.3, 2.1), T2=c(2.5, 2.
2, 2.3, 2.1))
> x
   CK    T1   T2
1 1.1   2.1  2.5
2 1.2   2.2  2.2
3 1.1   2.3  2.3
4 1.5   2.1  2.1
```

现在经过> unstack(xx, values~ind)，得到________。

A．

```
   CK   T1   T2
1  1.1  2.1  2.5
2  1.2  2.2  2.2
3  1.1  2.3  2.3
4  1.5  2.1  2.1
```

B．

```
    1    2    3    4
CK 1.1  1.2  1.3  1.4
T1 2.1  2.2  2.3  2.4
T2 2.5  2.2  2.3  2.1
```

C．

```
1  2  3  4  5  6  7  8  9  10  11 12
```

D．

```
1   1.1   CK
2   1.2   CK
3   1.1   CK
4   1.5   CK
5   2.1   T1
6   2.2   T1
7   2.3   T1
8   2.1   T1
9   2.5   T2
10  2.2   T2
11  2.3   T2
12  2.1   T2
```

3. a <- array(rep(1:3, each=3), dim=c(3,3))求出 rowSums(a)的值_______。

A．

```
     [,1] [,2] [,3]
[1,]    1    2    3
[2,]    1    2    3
[3,]    1    2    3
```

B．[1] 6 6 6

C．[1] 3 6 9

D．

```
1  2  3
3  3  3
```

4．在数据分析体系中，ETL 功能不包括_______。

A．对错误的源数据进行清洗　　B．进行数据挖掘

C．对数据格式进行必需的转换　　D．读取源数据

5．数据集 1, 2, 3, 6, 3 经过中间化的结果是_______。

A．-2,-1,0,3,0　　B．-1,0,1,4,1

C．-3,-2,-1,2,-1　　D．1, 2, 3, 6, 3

6．数据集 1, 2, 3, 6, 3 经过数据的标准化后的结果是_______。

7．R 函数的参数传递方式是______，变量不可能原地址修改后再放回原地址。

8．数据聚集函数包括：_______、_______、_______和_______。

9．aggregate 函数的作用，根据数据对象不同，它的用法有哪几种？

10．数据通常的应付手段有哪 3 种？

高级编程

在正常情况下，R 程序中的语句是按从上至下顺序执行的，程序控制结构可以实现在特定情况下执行另外的语句。R 语言拥有一般编程语言中都有的标准控制结构。包括条件语句、循环语句等。条件语句包括 if、switch 语句，不仅可用复合表达式，而且可用 ifelse、switch 语句根据条件表达式的值，选择执行的语句组。循环语句有 for、while 和 repeat 语句，并且可用组合 break 和 next 语句的方法。

8.1 控制结构

8.1.1 选择结构程序设计

在条件执行结构中，一条或一组语句仅在满足一个指定条件时执行。条件执行结构包括 if-else、ifelse 和 switch。

（1）if-else 结构

控制流结构 if-else 在某个给定条件为真/假时执行语句。语法：

if (cond) statement

示例如下：

```
if (is.character(grade)) grade <- as.factor(grade)
if(!is.factor(grade)) grade <- as.factor(grade) else print("Grade already is a
factor")
```

（2）ifelse 结构

ifelse 结构是 if-else 结构比较紧凑的向量化版本，语法如下：

ifelse(cond, statement1, statement2)

若 cond 为 TRUE，则执行第一个语句，否则执行第二个语句。

示例如下：

```
ifelse(score > 0.5, print("Passed"), print("Failed"))
```

（3）switch 结构

Switch 结构根据一个表达式的值选择语句执行。语法如下：

switch(expr,...)

其中的...表示与 expr 的各种可能输出绑定的语句。示例如下：

```
feelings <- c("sad", "happy", "afraid")
for(i in feelings)
    print(
     switch(i,
      happy = "I am glad you are happy",
      afraid = "There is nothing to fear",
      sad = "Cheer up"
    )
```

8.1.2 循环结构程序设计

循环结构重复地执行一个或一系列语句，直到某个条件不为真为止。R 语言提供了以下几种循环来处理循环需求，如表 8.1 所示。

表 8.1 循环类型

循环类型	描述
repeat 循环	执行序列语句多次，并管理循环变量代码
while 循环	重复地声明语句或语句组，当给定的条件为真，它的测试条件执行在循环体之前
for 循环	类似 while 语句，不同之处在于它的测试条件在循环体的末尾

循环控制语句可以改变其正常顺序执行。R 语言支持以下控制语句，如表 8.2 所示。

表 8.2 循环控制语句

控制语句	描述
break 语句	终止循环语句和转移的执行语句后立即到循环后
next 语句	下个语句模拟 R 语言的 switch 行为

（1）for 结构

for 循环重复执行一个语句，直到某个变量的值不再包含在序列 seq 为止。语法如下：

for(var in seq) statement

示例如下：

```
for(i in 1:10) print("Hello")
```

单词 Hello 被输出了 10 次。

（2）while 结构

while 循环重复地执行一个语句，直到条件不为真为止。语法：

while(cond) statement

```
i <- 10
while(i>0) {print("Hello"); i <- i-1}
```

请确保括号内 while 的条件语句能改变为假，否则循环将不会停止。

在处理大数据集中的行和列时，使用循环可能比较低效费时，只要可能，最好使用 R 的内置的数值/字符处理函数和 apply 族函数。

（3）repeat 结构

```
repeat statement
```

repeat 主要用来重复执行 statement 部门的函数，需要配合 break 来使用，否则无法结束循环。

示例如下：

```
i<-1
repeat{
    i<-i+1
    if(i>10) break
}
```

8.2 用户自定义函数

函数是一个组织在一起的一组执行特定任务的语句。R 语言有大量的内置函数，用户也可以创建自己的函数。

（1）函数定义

R 函数是使用关键字 function 创建的。R 函数的定义基本语法如下：

```
function_name <- function(arg_1, arg_2, ...) {
    函数体
}
```

函数名称：这是函数的实际名称。它被存入 R 环境作为一个对象来使用。

参数：参数是一个占位符。当调用一个函数，传递一个值到参数。参数是可选的；也就是说，一个函数可以含有任何参数。此外，参数可以有默认值。

函数体：函数体包含定义函数是用来做什么的语句集合。

返回值：一个函数的返回值是在函数体中评估计算最后一个表达式的值。

（2）函数调用

语法：function_name(arg_1, arg_2, ...)

参数在传到函数调用时，可以以相同的顺序调用，如提供在函数定义的顺序一样，或者它们也能以不同的顺序提供（按参数名称）。

【例 8.1】自定义函数，计算整数 i 的平方。

```
new.function <- function(a) {
  for(i in 1:a) {
            b <- i^2
            print(b)
            }
                     }
```

当我们执行 new.function(6)时，它产生以下结果：

```
[1] 1
[1] 4
[1] 9
[1] 16
[1] 25
[1] 36
```

习题

1．R 语言中需要通过 break 来结束循环的循环结构是________。

A．When　　B．While

C．For　　D．repeat

2．R 语言中测试条件在循环体的末尾的循环结构是________。

A．When　　B．While

C．For　　D．repeat

3．R 语言中一个函数可以含有任何参数，但参数不能有默认值。________。

4. for(i in 1:10) print("Hello")，单词 Hello 被输出了________次。

5. R 语言的选择控制结构包括________、________、________。

6. R 语言中适用于一个条件有多个分支的情况的选择结构是________。

7. R 语言的循环结构除了有常见的 while、for 循环外，还有______循环。

8. 写出下列代码的结果：

```
x <- 1:10
y <- ifelse(x>5, 0, 10)
y
```

9. 写出下列代码的结果：

```
x <- c("what","is","truth")
if("Truth" %in% x){
print("Truth is found")
 } else {
print("Truth is not found")
}
```

10. 执行 new.function(6)，写出下列代码的结果。

```
new.function <- function(a) {
sum<- 0
 for(i in 1:a) {
            sum<- sum+i
    }
  print(sum)
}
```

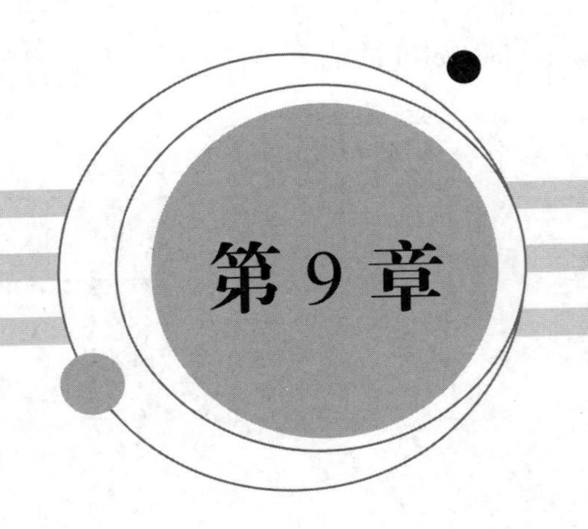

数据建模

在生成高质量的数据集后，就可以在此基础上建立模型来进行分析了。

建立模型是一个螺旋上升、不断优化的过程，在每次建模结束后，需要判断聚类结果在业务上是否有意义。如果结果不理想，则需要调整模型，对模型进行优化。

R 语言 Rattle 包集各种模型于一体，是一个傻瓜式建模工具，是本书推荐的工具。

9.1 Rattle 包

Rattle 包的最大优势在于提供了一个图形交互界面，使用者就算不熟悉 R 的语法，也可以完成整个数据挖掘的工作。另外，Rattle 有一个 Log 记录，任何在 Rattle 操作的行为对应的 R Code 都被很明确地一步一步记录下来。所以，如果想学习 R 的命令和函数，可以一边用 Rattle，一边通过 Log 来学习。

（1）Rattle 的安装与启动

```
install.packages("cairoDevice")
install.packages("RGtk2")
install.packages("rattle")
```

用上述方法可以完成 rattle 包的安装。

Rstudio 命令控制台输入如下脚本载入 Rattle 包：

```
library(rattle)
```

Rstudio 命令控制台输入如下脚本启动 Rattle：

```
rattle( )
```

Rattle 的界面，如图 9.1 所示。

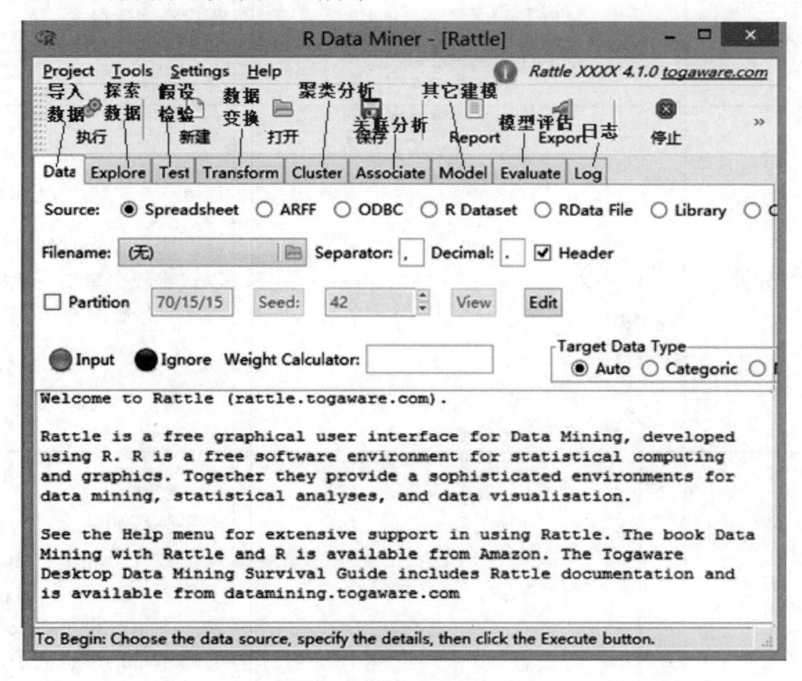

图 9.1 Model 选项卡界面

（2）Rattle 选项介绍

选项卡包括 Data（导入数据）、Explore（数据探索）、Test（假设检验）、Cluster（聚类分析）、Associate（关联分析）、log（日志）和 Model（其他数据挖掘模型），这里主要介绍与建模有关的三个选项卡。

Model 选项卡中，第 1 行是模型类型，共有 6 种：决策树模型（tree）、随机森林模型（Forest）、自适应选择模型（Boost）、支持向量机分类模型（SVM）、普通线性回归模型（Linear）、单隐藏层人工神经网络模型（Neural Net）（见图 9.2）。模型类别并非由 R 软件固定决定，而主要取决于读者计算机中的相关程序包。即读者需要创建何种类型的模型，应先下载并安装相应模型的 R 包。

在确定了模型类型后，属性面板将会出现和模型有关的参数。例如，图 9.2 关于决策树的参数中，可以看到，Min Split 表示决策树的最小节点数，其他参数见 9.4 节。在确定模型的类别以及模型相关参数后，单击“执行”按钮进行建模。表 9.1 列出了各个模型的原理和应用场景。

表 9.1　数据挖掘模型的原理和应用场景

模　型	图　示	原　理
相关性分析	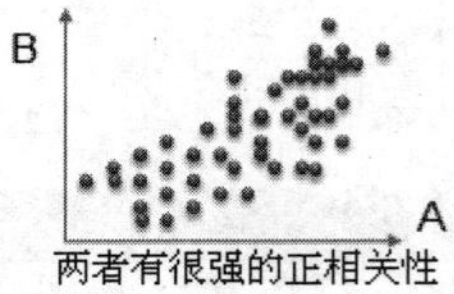 B A 两者有很强的正相关性	探索现象之间关系的密切程度和表达形式
主成分分析	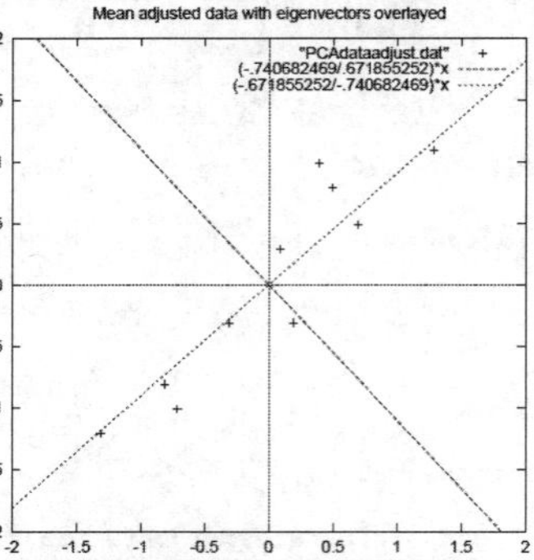 Mean adjusted data with eigenvectors overlayed "PCAdataadjust.dat" (-.740682469/.671855252)*x (-.671855252/-.740682469)*x	将多个变量通过线性变换以选出较少重要变量的一种多元统计分析方法
因子分析	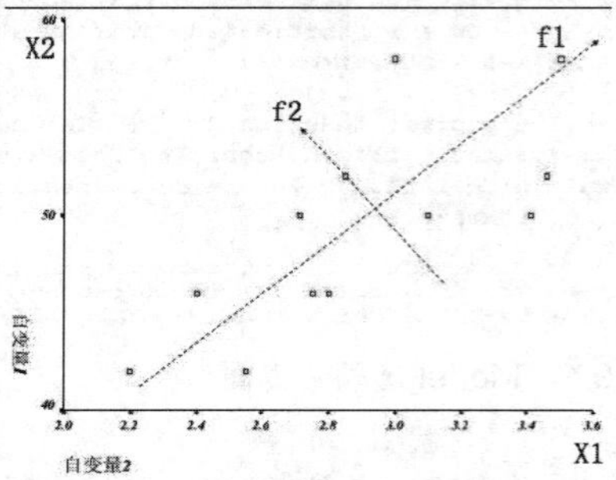 X2 f1 f2 自变量1 自变量2 X1	因子分析的基本目的就是用少数几个因子去描述许多指标或因素之间的联系，因子分析可以使用旋转技术帮助解释因子，在解释方面更加有优势
典型相关分析	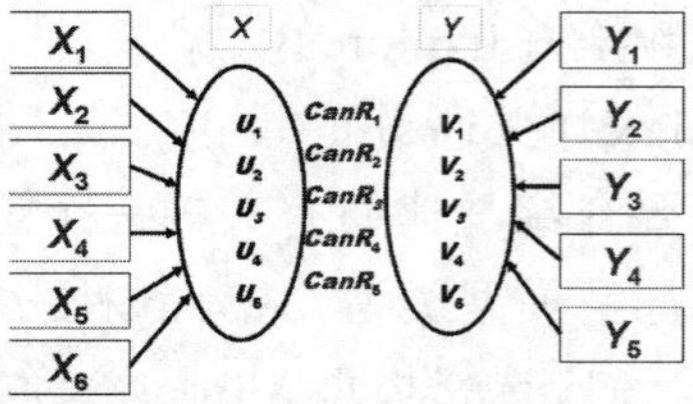 X　Y X_1 X_2 X_3 X_4 X_5 X_6 U_1 U_2 U_3 U_4 U_5 $CanR_1$ $CanR_2$ $CanR_3$ $CanR_4$ $CanR_5$ V_1 V_2 V_3 V_4 V_5 Y_1 Y_2 Y_3 Y_4 Y_5	典型相关分析是分析两组随机变量间线性密切程度的统计方法，是两组变量间线性相关分析的扩展
对应分析	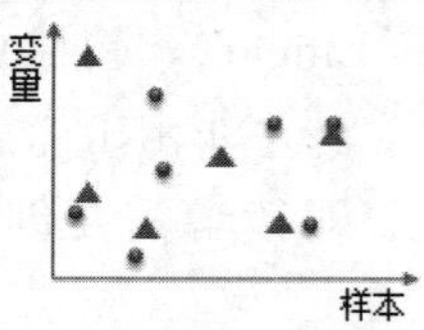 变量 样本	利用因子分析原理，同时将变量与样本反映在一张图上
聚类分析	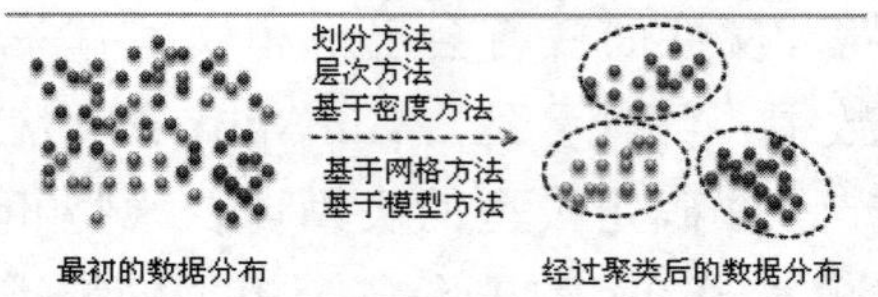 划分方法 层次方法 基于密度方法 基于网格方法 基于模型方法 最初的数据分布 经过聚类后的数据分布	通过分析事物的内在特点和规律，并根据相似性原则对事物进行分组

续表

<table>
<tr><th>模　型</th><th>图　示</th><th>原　理</th></tr>
<tr><td>时间序列</td><td> 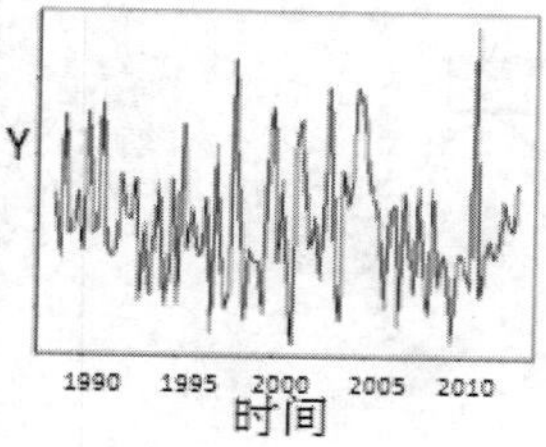Y
1990　1995　2000　2005　2010
时间</td><td>从历史数据中，总结事物发展的规律，把握未来发展的趋势</td></tr>
<tr><td>线性回归</td><td> 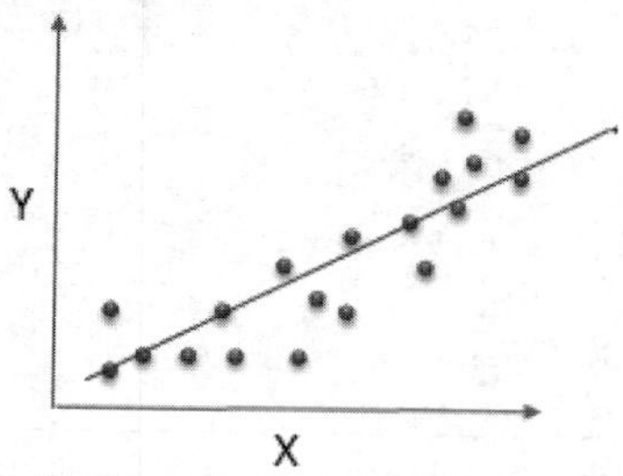Y
X</td><td>确定两种或两种以上变数间相互依赖的定量关系的一种统计分析方法</td></tr>
<tr><td>Logistic 回归</td><td> 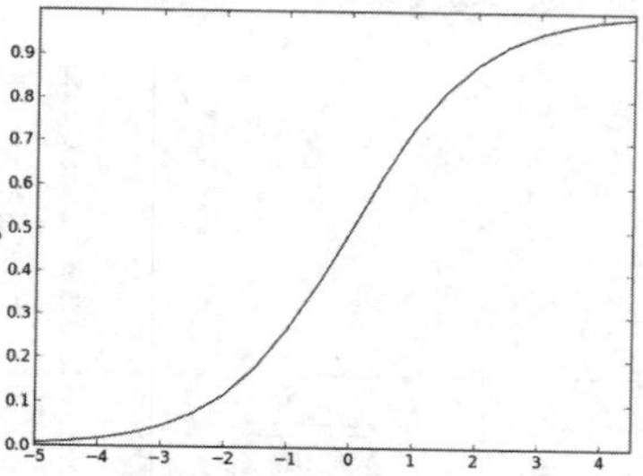g(z)
0.0 0.1 0.2 0.3 0.4 0.5 0.6 0.7 0.8 0.9
−5 −4 −3 −2 −1 0 1 2 3 4</td><td>Logistic 回归只能处理两类分类问题，它是一种线性分类器，实现简单，但容易欠拟合，一般精确度不太高</td></tr>
<tr><td>生存分析</td><td> 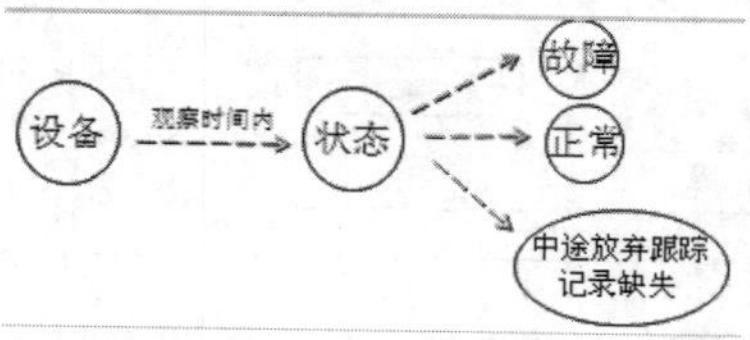设备
观察时间内
状态
故障
正常
中途放弃跟踪记录缺失</td><td>对管理对象的生存时间进行分析和推断，研究生存时间和结局与众多影响因素间关系及其程度大小的方法</td></tr>
<tr><td>关联规则</td><td> 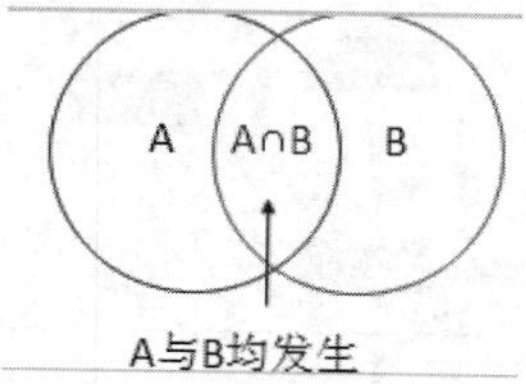A
A∩B
B
A与B均发生</td><td>从大量数据中发现潜在的对象之间同时出现的关系。
A 现象出现 B 现象也会同时发生的情况</td></tr>
<tr><td>序列模式挖掘</td><td><table>
<tr><td>序列数据库</td><td>序列</td><td>元素（事物）</td></tr>
<tr><td>顾客</td><td>给定顾客的购物历史</td><td>顾客在t时刻购买的商品集合</td></tr>
<tr><td>Web数据</td><td>特定Web访问者的浏览活动</td><td>一次鼠标点击后Web访问者观看的文件集合</td></tr>
<tr><td>事件数据</td><td>给定的传感器产生的事件历史</td><td>传感器在时刻t触发的事件</td></tr>
<tr><td>基因组序列</td><td>一个特定物种的DNA序列</td><td>DNA序列的元素</td></tr>
</table></td><td>对代表事件之间存在某种序列关系的数据进行相对时间或者其他模式出现频率高的模式挖掘</td></tr>
</table>

续表

模　型	图　示	原　理
决策树	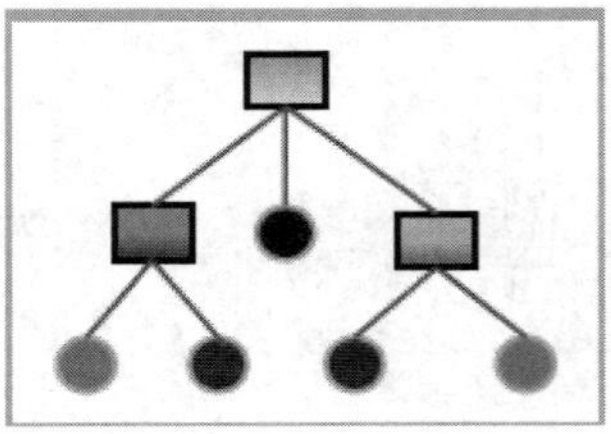	根据数据规则的生成过程，用倒立的树形图将结果展示出来
贝叶斯分类	$p(x\|C)=\prod_{i=1}^{n}p(xi\|C)$ 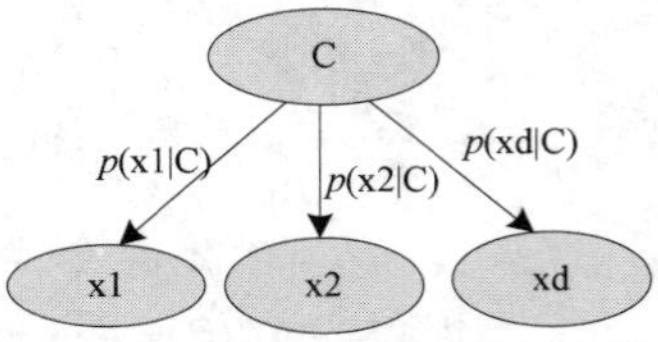 C p(x1|C) p(x2|C) p(xd|C) x1 x2 xd	是一类利用概率统计知识进行分类的算法。该方法简单（利用先验概率）、分类准确性高、速度快
GBDT（MART）迭代决策树	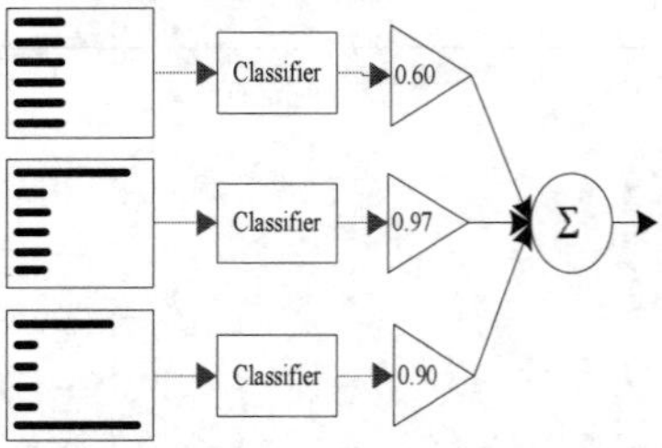 Classifier 0.60 Classifier 0.97 Classifier 0.90 Σ	是一种迭代的决策树算法，该算法由多棵决策树组成，所有树的结论累加起来做最终答案
KNN 算法（最近临近法）	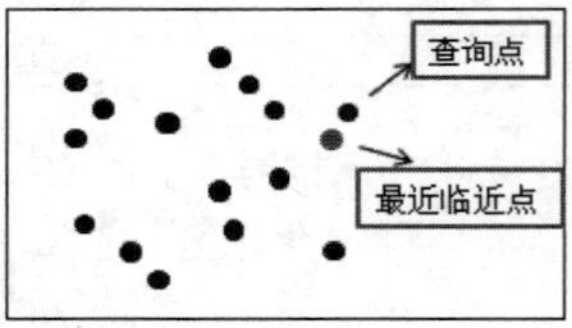 查询点 最近临近点	KNN 算法是机器学习中比较简单的一个分类算法：计算一个点 A 与其他所有点之间的距离，然后将 A 点分配到比例最大的类别中
Bagging 回归	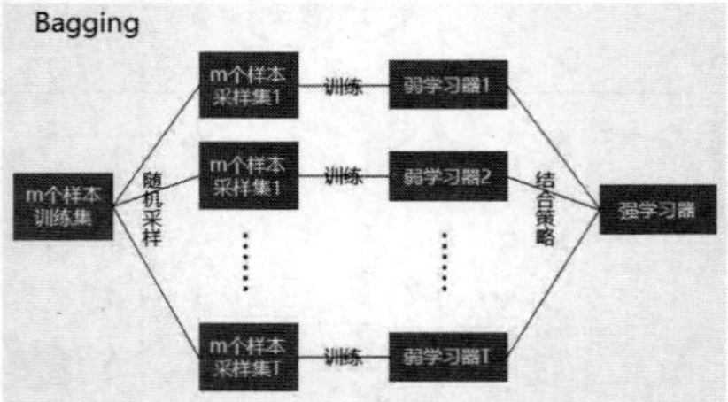 Bagging m个样本训练集 随机采样 m个样本采样集1 m个样本采样集1 m个样本采样集T 训练 弱学习器1 弱学习器2 弱学习器T 结合策略 强学习器	利用不断放回抽样的简单组合方法实现对简单决策树的改良，提高精确性
随机森林	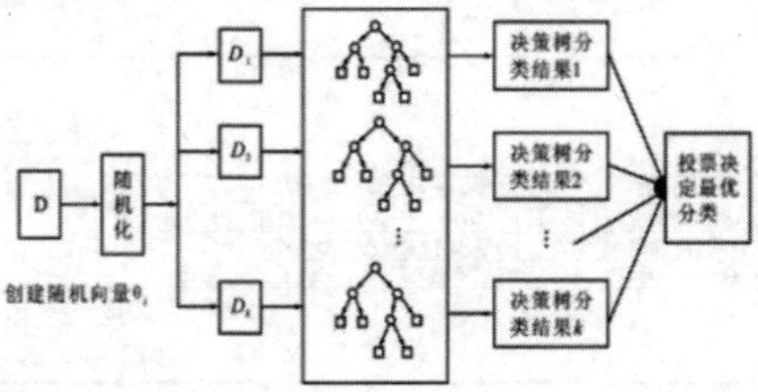 D 随机化 创建随机向量θ D_1 D_2 D_k 决策树分类结果1 决策树分类结果2 决策树分类结果k 投票决定最优分类	另一种组合方式，随机产生大量决策树，再进行投票分类

续表

模　型	图　示	原　理
神经网络	输入信号 x_1 x_2 ⋮ x_p 连接权 w_{k1} w_{k2} w_{kp} Σ 求和 u_k 激活函数 $\varphi(\cdot)$ 输出 y_k θ_k 阈值	利用模拟神经网络的自我学习系统进行模型拟合，有效地解决很复杂的有大量相互相关变量的分类和回归问题，但对维度多、样本量小的数据模拟效果不好
支持向量机	H_1 H H_2 margin $=2/\|w\|$	SVM 核心是寻找最大间隔分类超平面、引入核方法极大提高对非线性问题的处理能力
文本挖掘	文本预处理 特征值降维 文本集 建立特征集 知识模式的学习和提取 分词词典 质量评价 知识模式	指从文本数据中抽取有价值的信息和知识的计算机处理技术
社会网络	单向关系 双向关系 A C B F E G D Y H X O M W	来源于数学的图论，目前被广泛应用于社会学、经济学和管理学领域
推荐系统	物品信息（关键字，基因...） 用户信息（性别，年龄...） 用户对物品的偏好（评分，查看，购买...） 数据来源 推荐引擎 物品 用户 A B C D 推荐给	推荐系统的实现主要分析两个方面：基于内容（用户或者物品基本信息的相似度）和协同滤波（基于历史数据，过滤复杂的、难以表达的概念）的实现
LDA（主题模型）	α θ z β ϕ T w N_d D	LDA 是一种非监督机器学习技术，可以用来识别大规模文档集（document collection）或语料库（corpus）中潜藏的主题信息

续表

模　型	图　示	原　理
异常检测	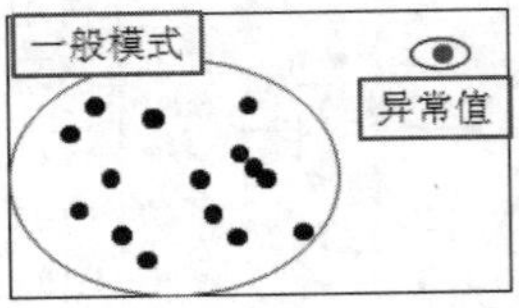	发现与数据一般行为或特征不一致的模式，常用的有基于统计、距离、密度、深度、偏移、高维数据的异常点检测算法
EM算法（最大期望法）	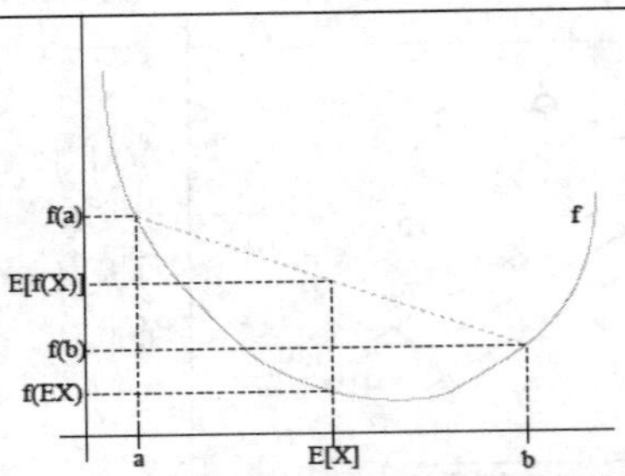	在统计中被用于寻找，依赖于不可观察的隐性变量的概率模型中，参数的最大似然估计
遗传算法	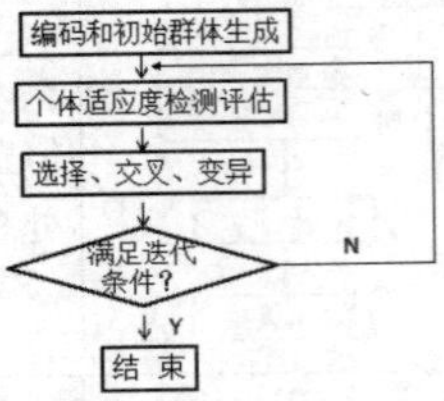	遗传算法是由进化论和遗传学机理而产生的直接搜索优化方法
粗糙集方法	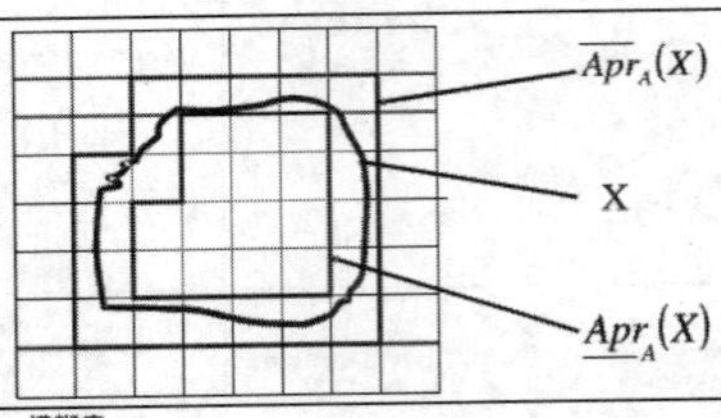	粗糙集理论可以用于分类，发现不准确数据或噪声数据内的结构联系
模糊集方法	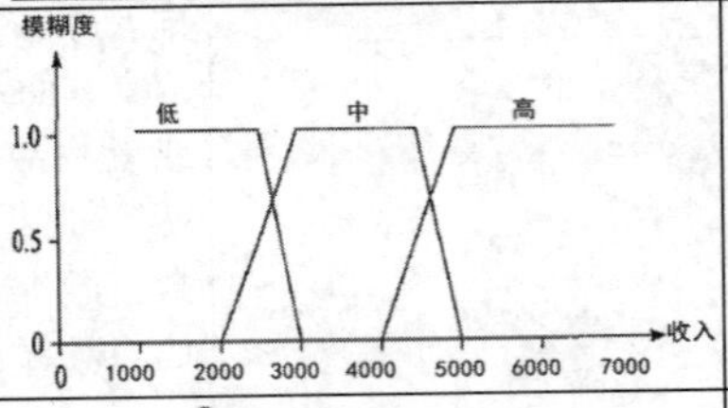	模糊集理论作为传统的二值逻辑和概率论的一种替代，它允许我们处理高层抽象，并且提供了一种处理数据的不精确测量的手段
空间数据挖掘	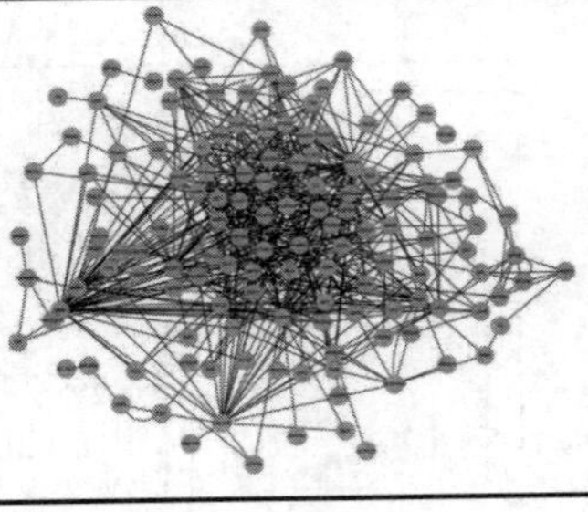	空间数据挖掘是从空间数据中发现模式和知识

续表

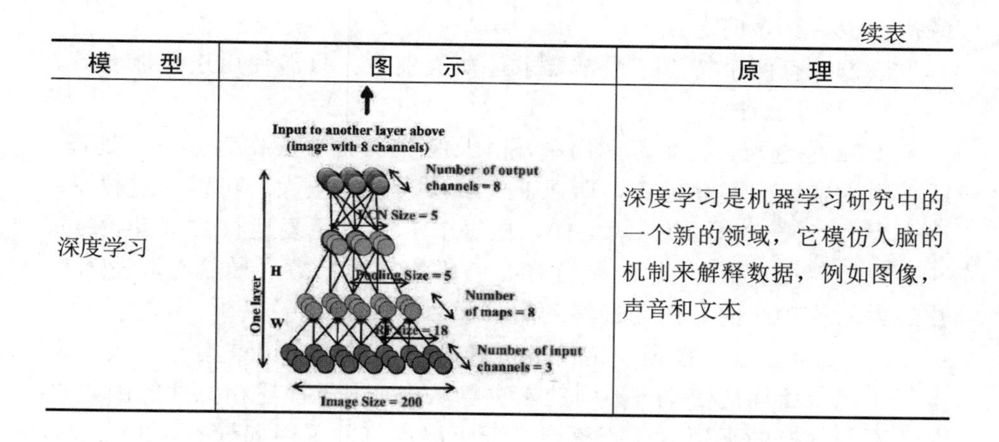

模　型	图　示	原　理
深度学习	Input to another layer above (image with 8 channels); Number of output channels = 8; LCN Size = 5; H; Pooling Size = 5; One layer; Number of maps = 8; W; RF Size = 18; Number of input channels = 3; Image Size = 200	深度学习是机器学习研究中的一个新的领域，它模仿人脑的机制来解释数据，例如图像，声音和文本

9.2　聚类分析模型

9.2.1　背景

聚类分析模型指将物理或抽象对象的集合分组为由类似的对象组成的多个类的分析过程。聚类是一种把两个观测数据根据它们之间的距离计算相似度来分组的方法（没有指导样本）。

如今，已经开发了大量的聚类算法，如 K-Means、Ewkm、Hierachical 和 BiCluster，操作界面如图 9.2 所示。

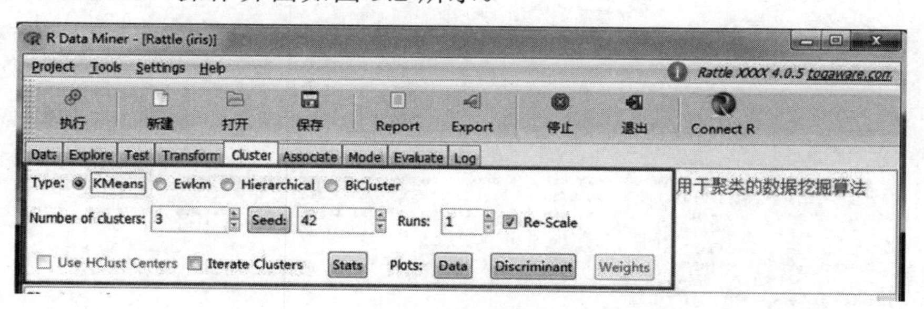

图 9.2　Rattle 聚类模型操作界面

9.2.2　K-Means 聚类

（1）算法描述

K-Means 聚类算法属于非层次聚类法的一种，是最简单的聚类算法之一，但是运用十分广泛。K-Means 的计算方法如下。

Step 1：随机选取 k 个中心点。

Step 2：遍历所有数据，将每个数据划分到最近的中心点中。

Step 3：计算每个聚类的平均值，并作为新的中心点。

Step 4：重复 Step 2~Step 3，直到这 k 个中线点不再变化（收敛了），或执行了足够多的迭代。

该方法有两个特点：通常要求已知类别数；只能使用连续性变量。

（2）算法评价

① k 值选取。在实际应用中，由于 K-Means 一般作为数据预处理，或者用于辅助分类贴标签，所以 k 一般不会设置很大。可以通过枚举，令 k 从 2 到一个固定值，如 10，在每个 k 值上重复运行数次 k-means（避免局部最优解），并计算当前 k 的平均轮廓系数，最后选取轮廓系数最大的值对应的 k 作为最终的集群数目。

② 度量标准。根据一定的分类准则，合理划分记录集合，从而确定每个记录所属的类别。不同的聚类算法中，用于描述相似性的函数也有所不同，有的采用欧氏距离或马氏距离，有的采用向量夹角的余弦，也有的采用其他的度量方法。

（3）操作实例

图 9.3 是 weather 数据集，k=4 时的聚类结果，24 个变量中数值变量有 16 个，由于没有选择聚类变量个数，默认对所有数值变量聚类。

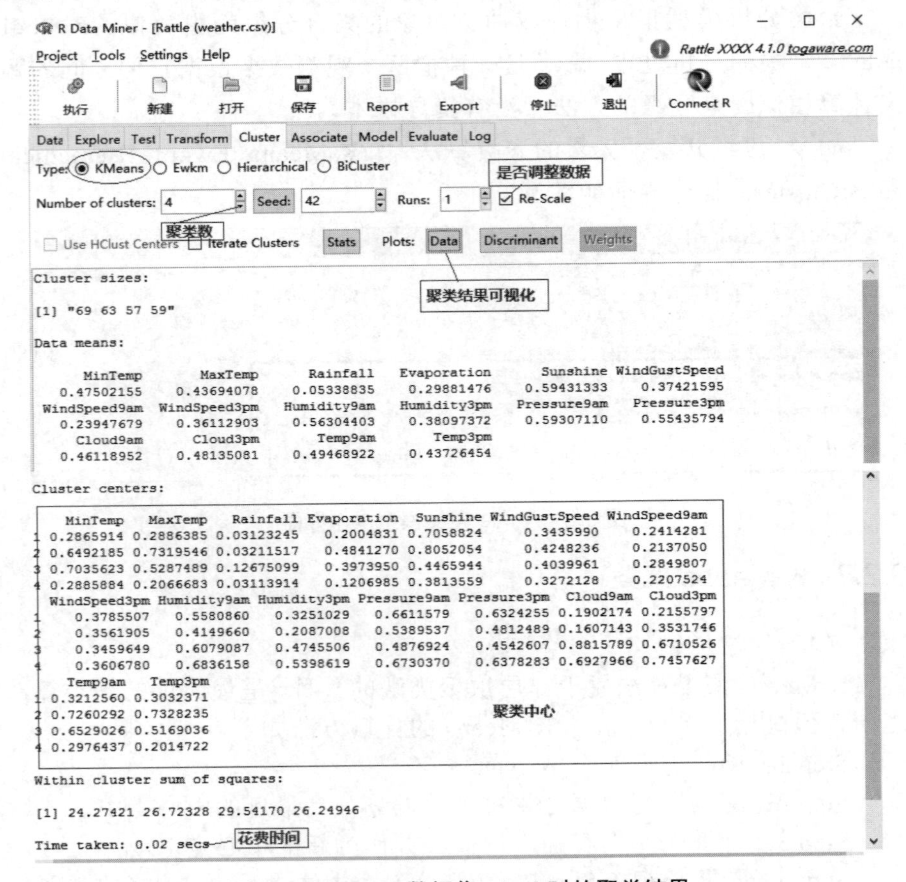

图 9.3 weather 数据集，k=4 时的聚类结果

在图 9.3 所示界面中单击 Data 按钮对聚类结果可视化，图 9.4 是对变量 MinTemp 和 Rainfall 的可视化展示。最多对 5 个变量可视化，如果选择的变量超过 5 个，则会出现提示框。提示默认前 5 个变量为选择的变量，询问是否继续。

（4）参数选择

基本的参数是聚类数目，默认为 10 类，允许输入大于 1 的正整数。

参数 Iterate Clusters 允许建立多个聚类模型，利用度量每个模型的结果指导建立多聚类模型。图 9.5 显示了对变量 MinTemp 和 Rainfall 建立 3 个聚类模型，可视化报告如图 9.6 所示。

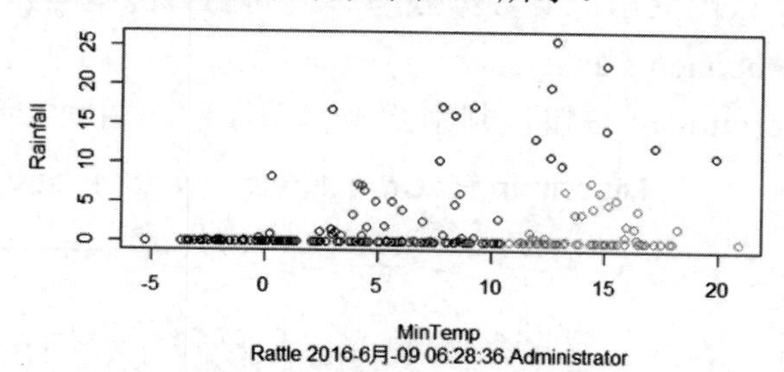

图 9.4　聚类可视化结果

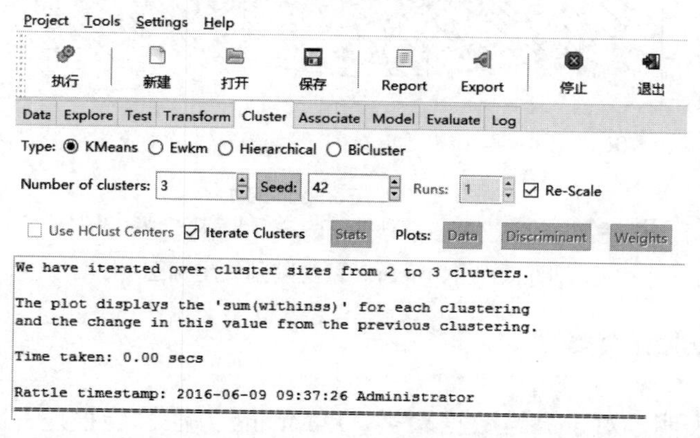

图 9.5　对变量 MinTemp 和 Rainfall 建立 3 个聚类模型

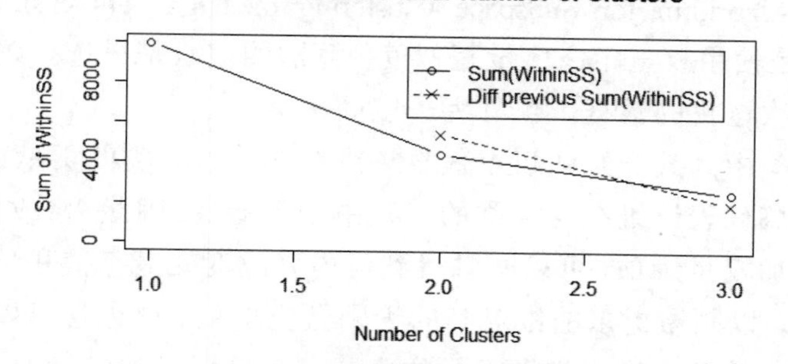

图 9.6　聚类质量度量改进的报告

图 9.6 实线表示每个聚类模型类内数据的平方和，虚线表示当前聚类模型的类内数据的平方和与前一个聚类模型的类内数据的平方和的差，或改进度量。

参数 Runs 将根据 Runs 值重复建模，并与先前最佳模型对比。

一旦完成建模，按钮 Stats、Data Plot 和 Discriminant 可用。单击 Stats 按钮，将在结果展示区显示每个聚类簇所有参与模型质量评估的统计量，并比较不同 K-Means 模型。单击 Data Plot 按钮输出数据分布可视化图形，单击 Discriminant 按钮输出判别式坐标图（discriminant coordinates），该图突出原始数据簇与簇之间的关键差异，类似于 PCA（principal components analysis）。

单击 Discriminant 按钮，判别式坐标图显示如图 9.7 所示。

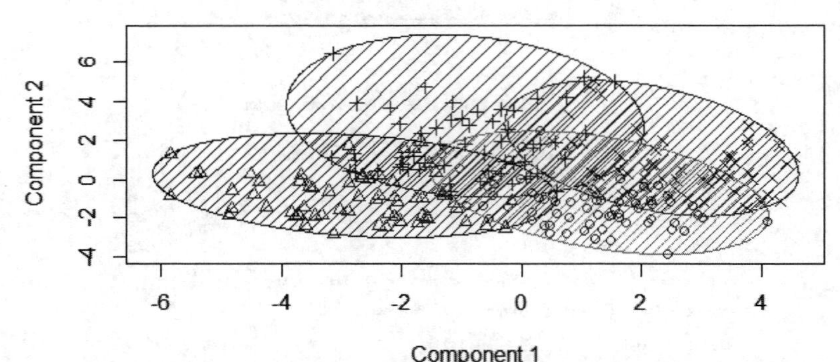

图 9.7 K-means 聚类判别式坐标图

9.2.3 Ewkm 聚类

研究表明，对于高维数据聚类，K-Means 方法性能很差，因为观测数据本质上变成马氏距离。一个成功算法 EWKM（An Entropy Weighting K-Means Algorithm for Subspace Clustering of High—Dimensional Sparse Data）就是使用权重距离度量相似度，算法的核心是只选择距离变化的簇做下一次迭代的数据，也称为子空间聚类。

一个类中的某一维的权重代表该维对构成这一类的贡献概率。这一维权重的熵代表该维在这一类的识别中的可能性。因此，修改目标函数，在其中添加权重熵项，可以同时得到类内分散度的最小值和负的权重熵的最大值，以刺激更多的维对类的识别做出贡献。该方法可以避免只由稀疏数据中的几个维来识别聚类的问题。其目标函数定义如下：

$$F(U,C,W)=\sum_{l=1}^{k}\left[\sum_{j=1}^{N}\sum_{i=1}^{D}u_{ij}w_{ij}(c_{ij}-x_{ij})^2+\gamma\sum_{i=1}^{D}w_{ij}\log w_{ij}\right]$$

满足如下约束条件：

$$\begin{cases}\sum_{l=1}^{k}u_{ij}=1,1\leqslant j\leqslant N,1\leqslant l\leqslant k,u_{ij}\in\{0,1\}\\ \sum_{i=1}^{D}w_{ij}=1,1\leqslant l\leqslant k,1\leqslant i\leqslant D,0\leqslant w_{ij}\leqslant 1\end{cases}$$

类似于 K-Means 算法，分割矩阵 $\boldsymbol{U}$ 可用下式更新：

$$\begin{cases}u_{ij}=1 \quad if\sum_{i=1}^{D}w_{ij}(c_{lj}-x_{ji})^2\leqslant\sum_{r=1}^{D}w_{ij}(c_{rj}-x_{ji})^2,1\leqslant r\leqslant k\\ u_{ij}=0 \quad \text{otherwise}\end{cases} \tag{9.1}$$

聚类中心 C 的更新公式为：

$$c_{li}=\frac{\sum_{j=1}^{n}u_{lj}x_{ji}}{\sum_{j=1}^{n}u_{ij},1\leqslant l\leqslant k,1\leqslant i\leqslant D} \tag{9.2}$$

权重集 W 计算公式为：

$$w_{ij}=\frac{\exp\left(\frac{-D_{lt}}{\gamma}\right)}{\sum_{i=1}^{D}\exp\left(\frac{-D_{li}}{\gamma}\right),D_{lt}}=\sum_{j=1}^{n}u_{ij}(c_{ij}-x_{jt})^2 \tag{9.3}$$

算法描述如下。

输入：N 个点 $x\in R^D$，聚类数目 k 和参数 $\gamma(\gamma>1)$，停机误差 $\varepsilon(\varepsilon>1)$，最大循环次数 MaxITER。

① 初始化聚类中心 $C^{(0)}$，并设初始权重为 l/m；

② 用公式（9.1）更新分割矩阵 $\boldsymbol{U}^{(t)}$；

③ 用公式（9.2）更新聚类中心 $C^{(t)}$；

④ 用公式（9.3）更新特征权重集 $W^{(t)}$；

⑤ 计算误差 $E^{(t)}=\sum_{i=1}^{c}\left\|C_i^{(t)}-C_i^{(t-1)}\right\|^2$；

⑥ 若 $E^{(t)}<\varepsilon$，算法终止，否则重复执行步骤②~⑥。

图 9.9 是对变量 MinTemp 和 Rainfall 的 Ewkm 聚类结果（k=4）。在图 9.8 所示界面中单击 Data 按钮显示数据分布可视化，结果如图 9.9 所示。

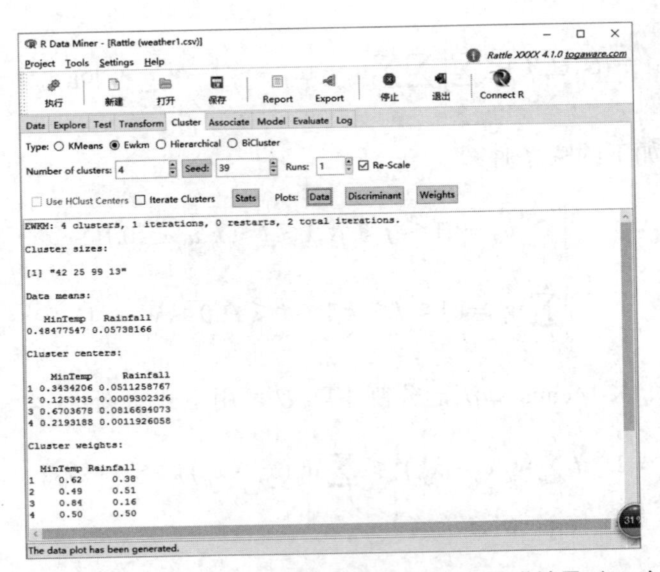

图 9.8 对变量 MinTemp 和 Rainfall 的 Ewkm 聚类结果（k=4）

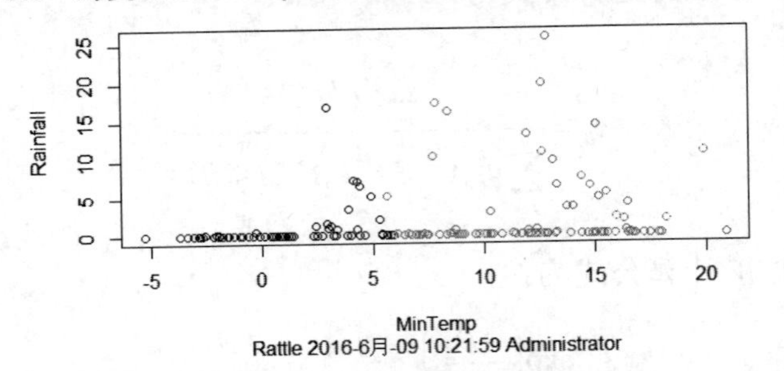

图 9.9 变量 MinTemp 和 Rainfall 的数据分布可视化

9.2.4 层次聚类（Hierachical）

层次聚类模型有 3 个参数：模型度量（Distance）、层次聚类方法（Agglomerate）和进程数（Number of Processors），界面如图 9.10 所示。

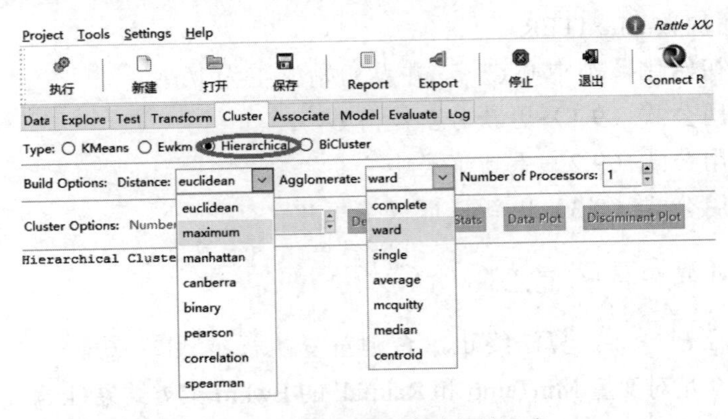

图 9.10 层次聚类模型参数示意

图 9.11 是对变量 MinTemp 和 Rainfall 的 Hierachical 聚类结果。

Project　Tools　Settings　Help　　Rattle XXXX 4.1.0 togaware.com

执行　新建　打开　保存　Report　Export　停止　退出　Connect R

Data　Explore　Test　Transform　Cluster　Associate　Model　Evaluate　Log

Type: ○ KMeans ○ Ewkm ◉ Hierarchical ○ BiCluster

Build Options: Distance: euclidean　Agglomerate: ward　Number of Processors: 1

Cluster Options: Number of clusters: 10　Dendrogram　Stats　Data Plot　Discriminant Plot　参数选择

```
Hierachical Cluster

Call:
hclusterpar(x = na.omit(crs$dataset[crs$sample, crs$numeric]),     method = "euclidean", link = "wa

Cluster method   : ward
Distance         : euclidean
Number of objects: 179

Time taken: 0.00 secs

Rattle timestamp: 2016-06-09 10:42:19 Administrator
```

图 9.11　对变量 MinTemp 和 Rainfall 的 Hierachical 聚类结果

指定聚类的类别数为 4，单击 Data Plot 按钮，显示结果如图 9.12 所示。

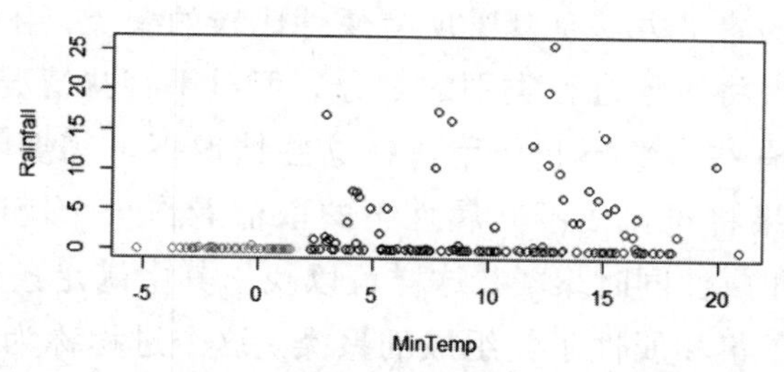

图 9.12　Hierachical 聚类变量 MinTemp 和 Rainfall 的分布（4 类）

对于凝结（agglomerative）的层次聚类，两个靠近的观测值形成第 1 个簇，接下来两个靠近的观测值，但不包含第 1 个簇，形成第 2 个簇，以此类推，我们形成了 k 个簇，可以单击 Dendrogram 按钮得到如图 9.13 所示结果。

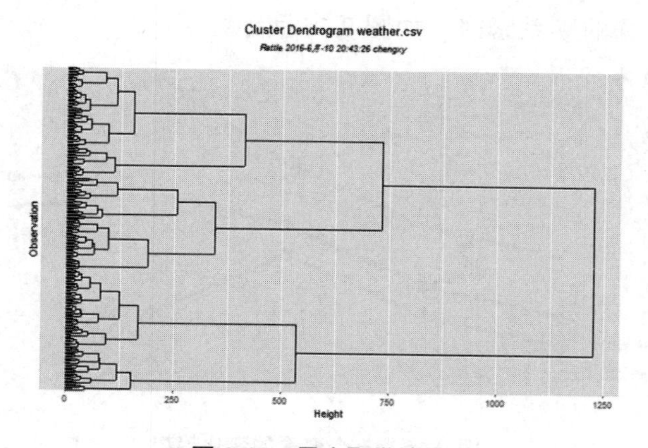

图 9.13　层次聚类结果

执行 Dendrogram 需要安装 ggdendro 包。

参数 Disciminant Plot 执行结果如图 9.14 所示。

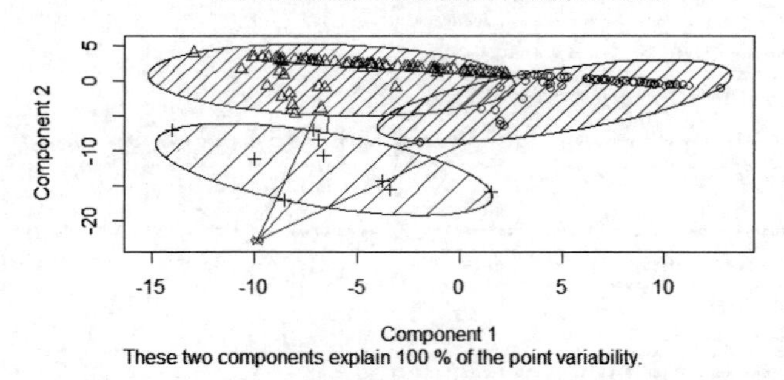

图 9.14 Hierachical 聚类判别式坐标图

9.2.5 双向聚类（BiCluster）

目前常用的聚类方法是基于所有属性比较的聚类，用相似度量函数确定相似程度，将对象进行类别的划分。但对于有些情况则不能满足，如某些属性对有些对象不起作用，在这些情况下，需要考虑与对象相关的属性。如果将对象在不同属性下的取值看作一个矩阵，基于此矩阵，根据对象和属性同时聚类，这样可以找出其中满足条件的各个小矩阵，即由对象子集和属性子集组成的聚类，这个过程称为双向聚类（两步聚类）。

设一个含有 n 个对象：$O=(o_0,o_1,\cdots,o_n)$，m 个属性：$C=(c_0,c_1,\cdots,c_m)$ 组成的矩阵，每个数据项 c_{ij} 代表对象 i 在第 j 个属性上的值。

提取三组数据，表示三个用户对四件产品使用的满意度打分，1 为最低分，10 为最高分。$O_1=(1,2,4,2)$，$O_2=(2,3,5,6)$和 $O_3=(4,5,7,10)$可以看出三组数据的联系紧密，如图 9.15 所示。

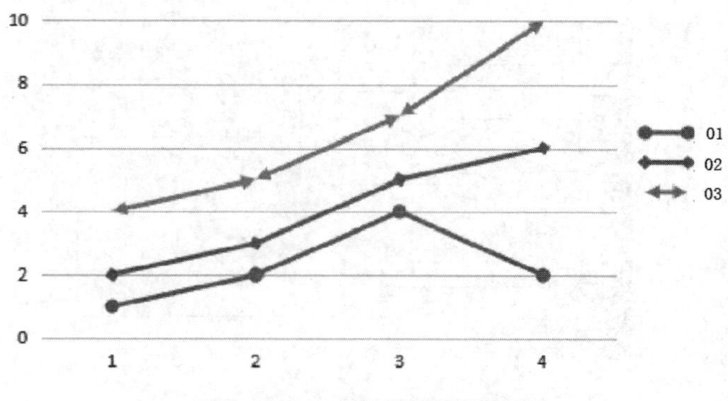

图 9.15 三个变量的变化趋势

可以看出，三条曲线在前面三个位置处的变化趋势相同，虽然三个用户对这四个产品的打分不同，由于各自衡量的标准的不同造成了结果的差异，但本质想表达的意图是一致的，而传统的聚类算法却不能将它们归为一类，通过双向聚类，可以从原始矩阵中找出聚类。

在 Rattle 使用双向聚类，需要加载 BiClust 包。

图 9.16 显示对变量 MinTemp 和 Rainfall 双向聚类的结果，共聚为 6 类，并给出前 5 类的观测数据数量。

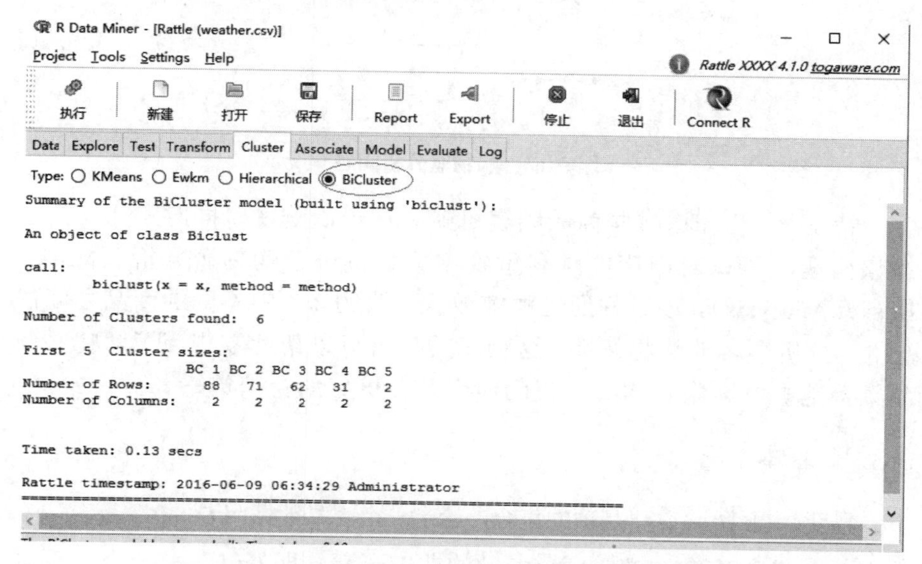

图 9.16 对变量 MinTemp 和 Rainfall 双向聚类的结果

9.3 关联分析模型

9.3.1 背景

许多年以前出现的在线书店通过收集销售图书的信息，利用相关分析能够根据顾客的兴趣确定图书分组。利用这些信息开发了 1 个推荐系统，当顾客购买图书时，向其推荐感兴趣的图书，顾客发现这样的推荐很有用。

相关分析确定观测数据的相关性或关系，对于数据集来说就是确定变量之间的相关性或关系。这些关系称为关联规则，相关分析方法在挖掘传统大型关系数据库时非常有效，如购物篮、在线顾客购买兴趣分析。相关分析也是数据挖掘的核心技术。

在线书店使用了历史数据，如顾客买了 A 书和 B 书同时也购买了 C 书，并且同时买 A 书和 B 书的顾客占比为 0.5%，同时购买 C 书的顾客占比为 70%，这是一条很有趣的信息。作为分店经理想更多地了解顾客的购物习惯（如图 9.17 所示）。

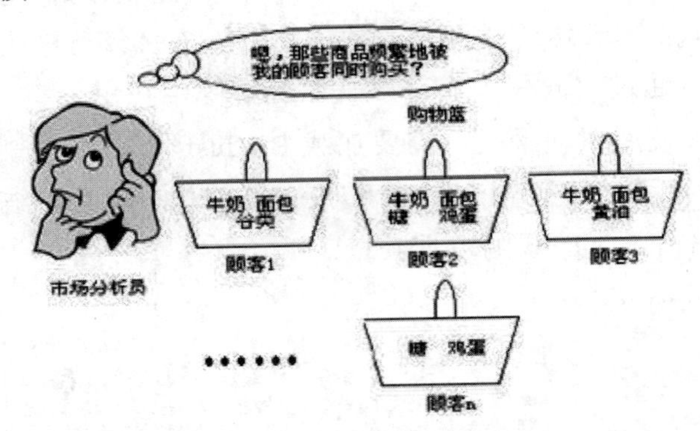

图 9.17　购物篮分析问题

特别是，想知道哪些商品顾客可能会在一次购物时同时购买？为回答该问题，可以对商店的顾客事物零售数量进行购物篮分析（Market Basket Analysis）。该过程通过顾客放入“购物篮”中不同的商品之间的相关，分析顾客的购物习惯。这种相关分析可以帮助零售商了解哪些商品频繁地被顾客同时购买，帮助他们开发更好的营销策略。

9.3.2　基本术语

假设 $I=\{i_1,i_2,\cdots,i_m\}$ 是项的集合，给定一个交易数据库 $D=\{t_1,t_2,\cdots,t_m\}$，其中每个事务（Transaction）t 是 I 的非空子集，即 $t\in I$，每个交易都与一个唯一的标识符 TID（Transaction ID）对应。关联规则是形如 $X\Rightarrow Y$ 的蕴涵式，其中 $X,Y\in I$ 且 $X\cap Y=\phi$，X 和 Y 分别称为关联规则的前件（antecedent 或 left-hand-side，LHS）和后件（consequent 或 right-hand-side，RHS）。关联规则 $X\Rightarrow Y$ 在 D 中的支持度（support）是 D 中事务包含 $X\cup Y$ 的百分比，即概率 $P(X\cup Y)$；置信度（confidence）是包含 X 的事务中同时包含 Y 的百分比，即条件概率 $P(Y|X)$。如果满足最小支持度阈值和最小置信度阈值，则称关联规则是有趣的。这些阈值由用户或者专家设定。用一个简单的例子说明。

表 9.2 是顾客购买记录的数据库 D，包含 6 个事务。项集 I={网球拍,网球,运动鞋,羽毛球}。考虑关联规则：网球拍$\Rightarrow$网球，事务 1,2,3,4,6 包含网球拍，事务 1,2,5,6 同时包含网球拍和网球，支持度 $\text{support}=\dfrac{3}{6}=0.5$，置信度 $\text{confident}=\dfrac{3}{5}=0.6$。若给定最小支持度 α=0.5，最小置信度 β=0.8，关联规则“网球拍$\Rightarrow$网球”是有趣的，认为购买网球拍和购买网球之

间存在相关。

表 9.2 购物篮分析例子

TID	网球拍	网球	运动鞋	羽毛球
1	1	1	1	0
2	1	1	0	0
3	1	0	0	0
4	1	0	1	0
5	0	1	1	1
6	1	1	0	0

9.3.3 关联规则的分类

按照不同标准，关联规则可以进行如下分类。

① 基于规则中处理的变量的类别，关联规则可以分为布尔型和数值型。

布尔型关联规则处理的值都是离散的、种类化的，它显示了这些变量之间的关系；而数值型关联规则可以和多维相关或多层关联规则结合起来，对数值型字段进行处理，将其进行动态的分割，或者直接对原始数据进行处理。当然，数值型关联规则中也可以包含种类变量。例如，性别=“女”⇒职业=“秘书”，是布尔型关联规则；性别=“女”⇒avg（收入）=2300，涉及的收入是数值类型，所以是一个数值型关联规则。

② 基于规则中数据的抽象层次，可以分为单层关联规则和多层关联规则。

在单层的关联规则中，所有的变量都没有考虑到现实的数据是具有多个不同的层次的；而在多层的关联规则中，对数据的多层性已经进行了充分的考虑。例如，IBM 台式机⇒Sony 打印机，是一个细节数据上的单层关联规则；台式机⇒Sony 打印机，是一个较高层次和细节层次之间的多层关联规则。

③ 基于规则中涉及的数据的维数，关联规则可以分为单维的和多维的。

在单维的关联规则中，我们只涉及数据的一个维，如用户购买的物品；而在多维的关联规则中，要处理的数据将会涉及多个维。换成另一句话，单维关联规则是处理单个属性中的一些关系；多维关联规则是处理各个属性之间的某些关系。例如，啤酒⇒尿布，这条规则只涉及到用户购买的物品；性别=“女”⇒职业=“秘书”，这条规则就涉及两个字段的信息，是两个维上的一条关联规则。

9.3.4 Apriori 算法

Apriori 算法是挖掘布尔关联规则频繁项集的算法，关键是利用了 Apriori 性质：频繁项集的所有非空子集也必须是频繁的。

Apriori 算法使用一种称作逐层搜索的迭代方法，k 项集用于探索（k+1）项集。首先，通过扫描数据库，累积每个项的计数，并收集满足最小支持度的项，找出频繁 1 项集的集合。该集合记作 L_1。然后，L_1 用于找频繁 2 项集的集合 L_2，L_2 用于找 L_3，如此下去，直到不能再找到频繁 k 项集。找每个 L_k 需要一次数据库全扫描。

Apriori 算法核心思想简要描述如图 9.18 所示。

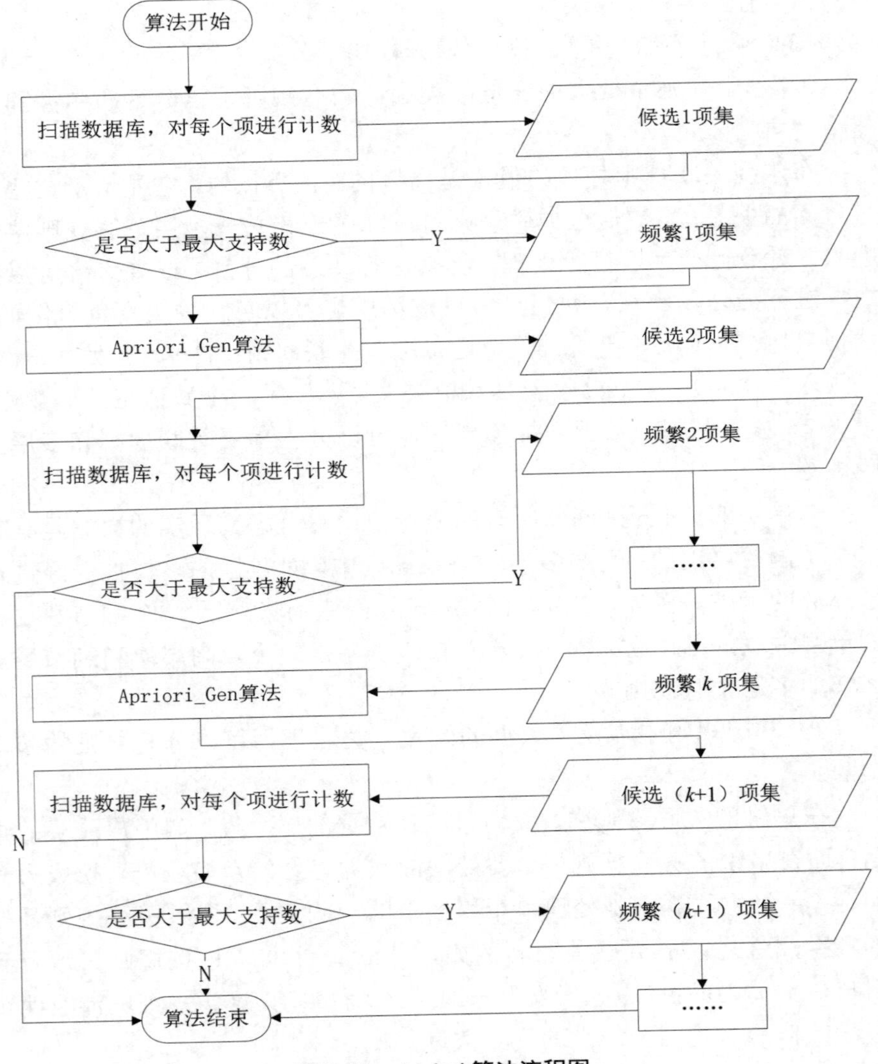

图 9.18　Apriori 算法流程图

① 连接步：为找出 L_k（频繁 k 项集），通过 L_{k-1} 与自身连接，产生候选 k 项集，该候选项集记作 C_k，其中 L_{k-1} 的元素是可连接的。

② 剪枝步：C_k 是 L_k 的超集，即它的成员可以是也可以不是频繁的，但所有的频繁项集都包含在 C_k 中。扫描数据库，确定 C_k 中每个候选项的计数，从而确定 L_k（计数值不小于最小支持度计数的所有候选是频繁的，从而属于 L_k）。然而，C_k 可能很大，这样所涉及的计算量就很大。为压缩 C_k，使用 Apriori 性质：任何非频繁的（k-1）项集都不可能是频繁 k 项集的子集。因此，如果一个候选 k 项集的（k-1）项集不在 L_k 中，则该候选项也不可能是频繁的，从而可以在 C_k 中删除。这种子集测试可以使用所有频繁项集的散列树快速完成。

9.3.5 实验指导

Rattle 安装目录提供一个例子（dvdtrans.csv），这个例子包含三个顾客购买 DVD 电影商品的事务，数据结构如图 9.19 所示。

dvdtrans.csv

	A	B		D	E	F
1	ID	Item		17	5	Sixth Sense
2	1	Sixth Sense		18	6	Gladiator
3	1	LOTR1		19	6	Patriot
4	1	Harry Potter1		20	6	Sixth Sense
5	1	Green Mile		21	7	Harry Potter1
6	1	LOTR2		22	7	Harry Potter2
7	2	Gladiator		23	8	Gladiator
8	2	Patriot		24	8	Patriot
9	2	Braveheart		25	9	Gladiator
10	3	LOTR1		26	9	Patriot
11	3	LOTR2		27	9	Sixth Sense
12	4	Gladiator		28	10	Sixth Sense
13	4	Patriot		29	10	LOTR
14	4	Sixth Sense		30	10	Gladiator
15	5	Gladiator		31	10	Green Mile
16	5	Patriot				

图 9.19　dvdtrans.csv

通过 Data 选项卡导入数据，如图 9.20 所示。

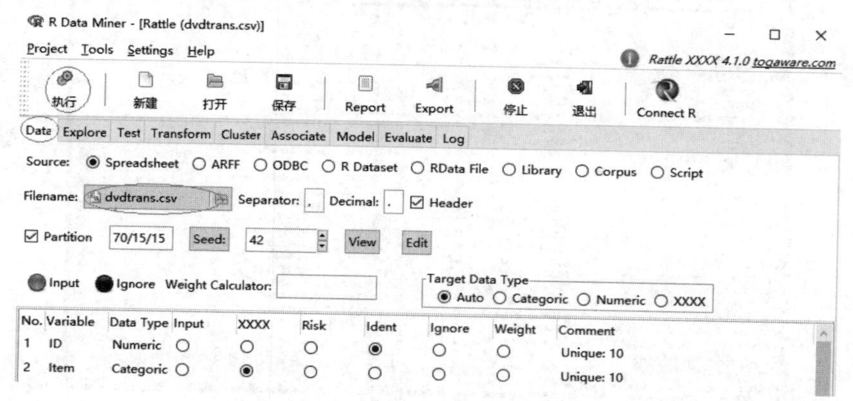

图 9.20　导入 dvdtrans.csv

变量 ID 自动选择 Ident 角色，但需要改变 Item 变量的角色为 Target。

在 Associate 选项卡，确保参数 Baskets 打钩，单击 Execute 按钮建立由关联规则组成的模型，图 9.21 结果展示区显示相关分析结果，支持度=0.1，置信度=0.1 的情况下，共挖掘了 29 条规则。

图 9.21 结果展示区接下来的代码块报告了三个度量的分布。单击 Show Rules 按钮，在结果展示区显示全部规则，如图 9.22 所示。

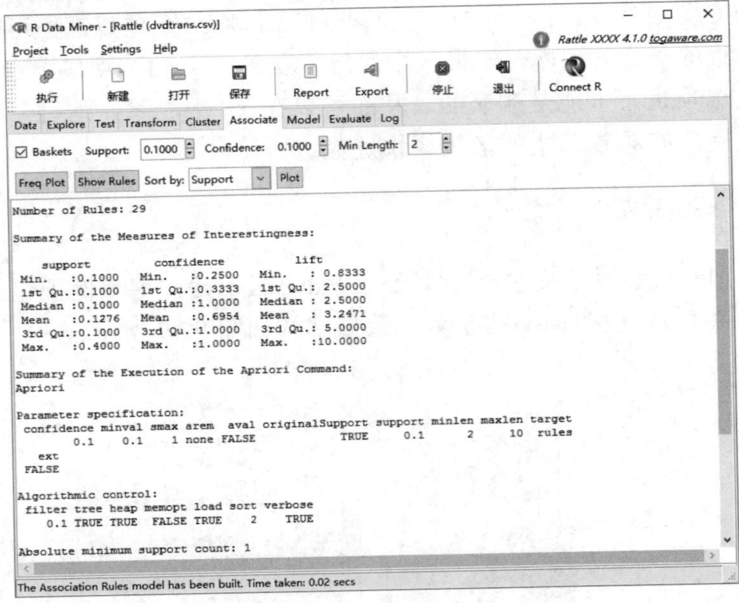

图 9.21 Baskets 执行结果

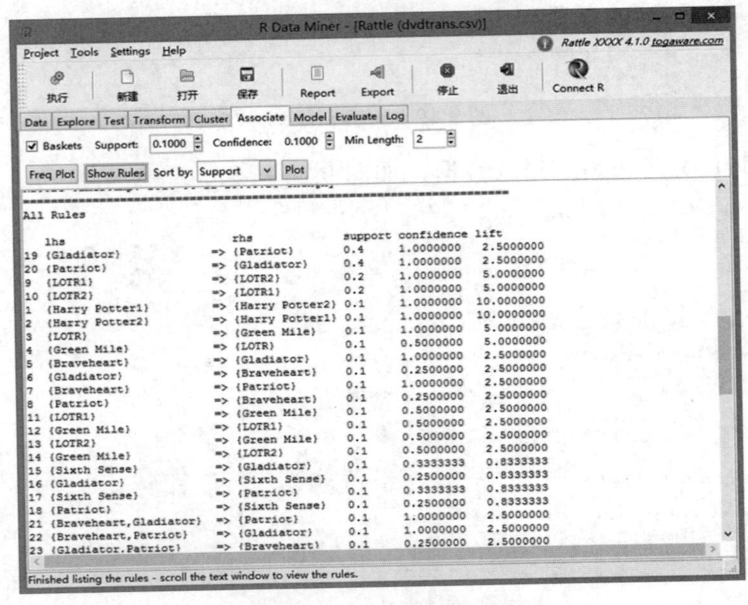

图 9.22 全部规则显示

这些规则的两边只是单频繁项集，支持度和信念度都为 0.1，可以发现第 1、2 条规则提升度非常大。

单击 Freq Plot 按钮显示频繁项直方图，如图 9.23 所示。

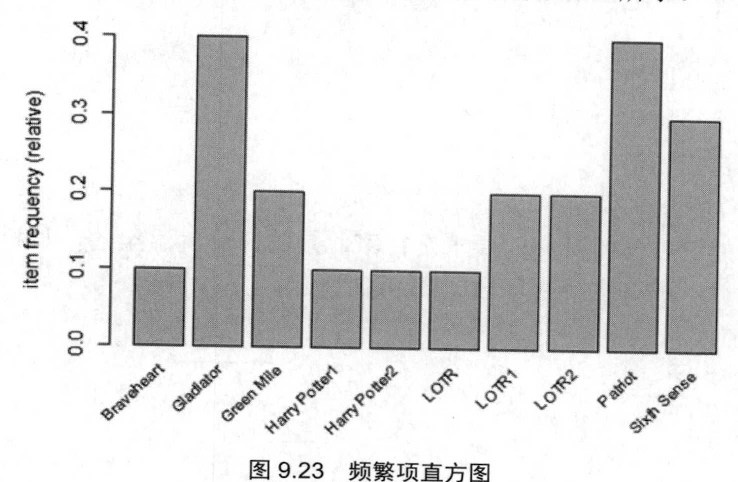

图 9.23 频繁项直方图

单击 Plot 按钮显示可视化规则图，如图 9.24 所示。

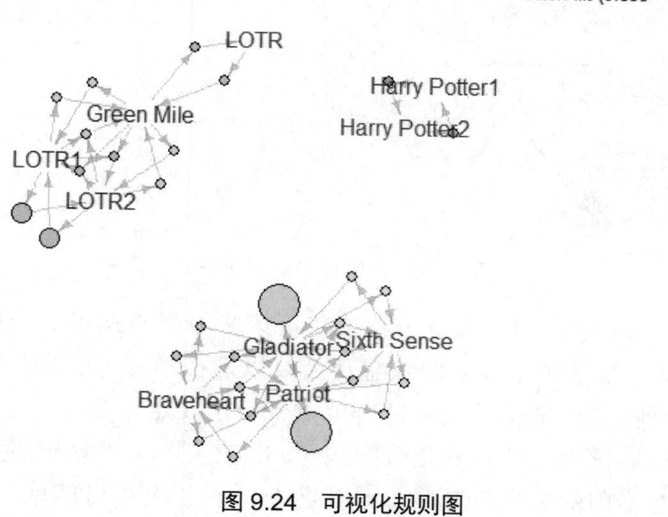

图 9.24 可视化规则图

9.4 传统决策树模型

9.4.1 背景

相比贝叶斯算法，决策树的优势在于构造过程中不需要任何的参数设置，因此决策树更偏重于探测式的知识发现。

决策树的思想贯穿着我们生活的方方面面。

比如，给寝室的哥们儿介绍对象时需要跟人家讲明女孩子的如下情况：

家是哪里的。

人脾气如何。

人长相如何。

人个头如何。

比如说寝室的哥们的要求是：家北京的，脾气温柔的，长相一般，个头一般。那么这个决策树如图 9.25 所示。

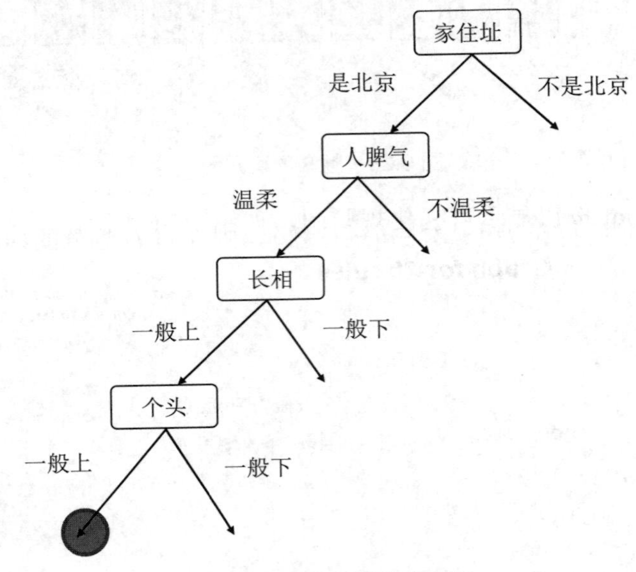

图 9.25 决策树的简单例子

在图 9.25 中，实例的每个特征在决策树中都会找到一个肯定或者否定的结论，至于每个节点的权重还需要以后在学习中获得，可以根据不同的权重将节点排序，或者每个节点带一个权重。

构造决策树的关键步骤是分裂属性，即在某个节点处按照某一特征属性值构造不同的分支，其目标是让各个分裂子集尽可能地“纯”，尽可能“纯”就是尽量让一个分裂子集中待分类项属于同一类别。分裂属性分为三种不同的情况：

① 属性是离散值且不要求生成二叉决策树。此时用属性的每个划分作为一个分支。

② 属性是离散值且要求生成二叉决策树。此时使用属性划分的一个子集进行测试，按照“属于此子集”和“不属于此子集”分成两个分支。

③ 属性是连续值。此时确定一个值作为分裂点 split_point，按照>split_point 和<=split_point 生成两个分支。

构造决策树。关键步骤是进行属性选择度量，它决定了拓扑结构及分裂点 split_point 的选择。

9.4.2 ID3 算法

从信息论知识中我们知道，期望信息越小，信息增益越大。所以 ID3 算法的核心思想就是以信息增益度量属性选择，选择分裂后信息增益最大的属性进行分裂。下面先定义几个要用到的概念。

设 D 为用类别对训练元组进行的划分，则 D 的熵（entropy）表示为：

$$\text{info}(D) = -\sum_{i=1}^{m} p_i \log_2(p_i)$$

其中 p_i 表示第 i 个类别在整个训练元组中出现的概率，可以用属于此类别元素的数量除以训练元组元素总数量作为估计。熵的实际意义是 D 中元组的类标号所需要的平均信息量。

假设将训练元组 D 按属性 A 进行划分，则 A 对 D 划分的期望信息为：

$$\text{info}_A(D) = -\sum_{j=1}^{v} \frac{|D_j|}{|D|} \text{info}(D_j)$$

而信息增益即为两者的差值：

$$\text{gain}(A) = \text{info}(D) - \text{info}_A(D)$$

Step 1：将训练集 S 分为 $1,2,\cdots,N$ 个类别。

Step 2：计算 S 的总信息熵 info(S)，该值等于最终类别的各自信息量和概率质量函数的乘积，即每个类别所占训练集的比例乘以该比例的对数值取负，然后加和。

Step 3：确定用来进行分类的属性向量 $V_1,V_2,\cdots,V_n$。

Step 4：计算每个属性向量对应的该属性向量对训练集的信息熵 info(S)Vi，比如对应的属性 Vi 将训练集分为了 M 类，那么该值等于在该属性划分下的某一类值出现的概率乘以对应的该值所在的集的信息熵。该值所在的集的信息熵再套公式，发现等于最终分类在 Vi 属性划分下的某一个类里的概率值乘以该概率值的对数值取负。表述得有些复杂，最好看公式。

Step 5：在众多属性对于训练集的信息熵之中取最小的，这样信息增益最大，信息增益最大代表着分类越有效。

Step 6：完成了一次属性的分裂，之后进行递归。

9.4.3 C4.5算法

C4.5 算法之所以是最常用的决策树算法，是因为它继承了 ID3 算法的所有优点并对 ID3 算法进行了改进和补充。C4.5 算法采用信息增益率作为选择分支属性的标准，克服了 ID3 算法中信息增益选择属性时偏向选择取值多的属性的不足，并能够完成对连续属性离散化处理，还能够对不完整数据进行处理。

（1）用信息增益率来选择属性

信息增益率定义为：

$$\mathrm{SplitInfo}_A(D) = -\sum_{j=1}^{v}\frac{|D_j|}{|D|}\times\log_2\left(\frac{|D_j|}{|D|}\right)$$

$$\mathrm{GainRatio}(A) = \mathrm{Gain}(A)/\mathrm{SplitInfo}(A)$$

其中，Grain(A)与 ID3 算法中的信息增益相同，而分裂信息 SplitInfo(A)代表了按照属性 A 分裂样本集 D 的广度和均匀性。

（2）可以处理连续数值型属性

C4.5 算法既可以处理离散型描述属性，也可以处理连续型描述属性。在选择某节点上的分支属性时，对于离散型描述属性，C4.5 算法的处理方法与 ID3 相同，按照该属性本身的取值个数进行计算；对于某个连续性描述属性 Ac，假设在某个节点上的数据集的样本数量为 total，C4.5 算法将做以下处理：

将该节点上的所有数据样本按照连续型描述的属性的具体数值，由小到大进行排序，得到属性值的取值序列为{A1c,A2c,…,Atotalc}。

在取值序列生成 total-1 个分割点。第 i（$0<i<\mathrm{total}$）个分割点的取值设置为 Vi=(Aic+A(i+1)c)/2，它可以将该节点上的数据集划分为两个子集。

从 total-1 个分割点中选择最佳分割点。对于每个分割点划分数据集的方式，C4.5 算法计算它的信息增益比，并且从中选择信息增益比最大的分割点来划分数据集。

9.4.4 实验指导

通过 Model 选项卡“type=Tree”建立决策树模型，实验数据为 weather.csv，单击“执行”按钮得到如图 9.27 所示决策树模型。

模型显示在结果展示区域内，提供的图例（见图 9.27）帮助我们理解决策树模型。决策树的第 1 个节点总是根节点。根节点表示所有的观测数据，其他节点表示简单把每个观察分类，与训练集大多数观测数据相关，这个信息告诉我们大多数观测数据对根节点判为 No，256 个观测数据中有 41 个是错误的分类（实际为 yes 类）。

Yprob 分量表示观测数据的类分布，从图 9.26 可知变量 RainTomorrow 分为 No 类的概率为 0.83984375，16%分为 Yes 类，有 84%的正确分类应该是个不错的结论，但实际是没有用的，因为我们感兴趣的是明天是否下雨。

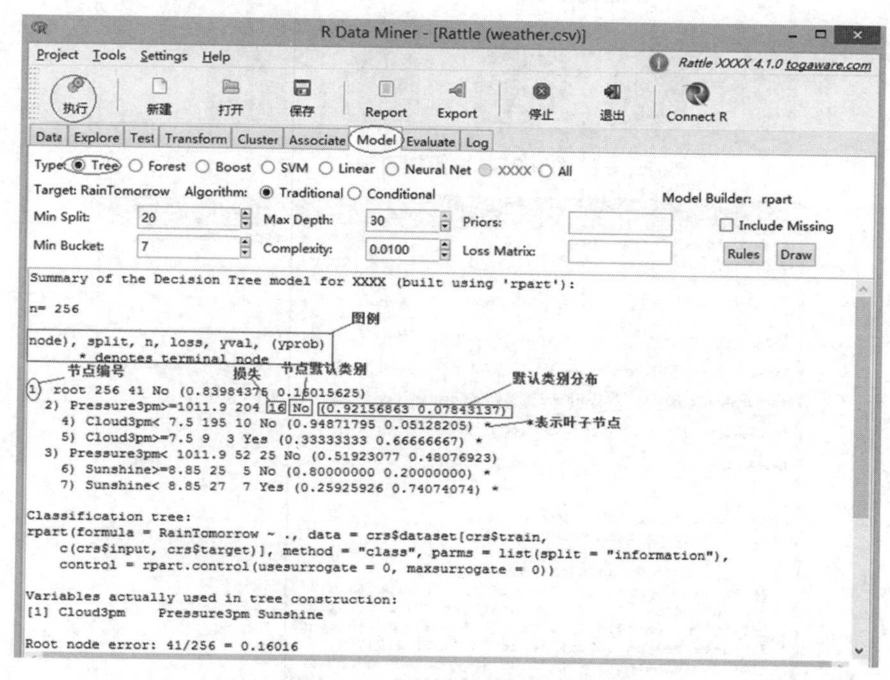

图 9.26　weather 数据集决策树模型

根节点分裂为两个子节点，这个分裂的依据是变量 Pressure3pm 是否大于 1012，所以，节点 2 的分裂表达式为 Pressure3pm>=1012。结果有 204 个观测值的 Pressure3pm 值大于 1012。

单击 Draw 按钮得到可视化的决策树，如图 9.27 所示。

Rattle 提供了两个调节参数 traditional（默认）和 conditional，使用参数 conditional 需要加载 party 包，执行结果如图 9.28 所示。选择参数 conditional 有时是必需的，如当目标变量（见图 9.28 标签 Target）属于感兴趣类别的值太少，或我们想查看决策树更详细的可视化信息（见图 9.29），信息具体解读通过在控制台输入“?rpart”查看相关 R 文档。Rpart()函数有两个参数（见图 9.28 标签 Algorithm）。

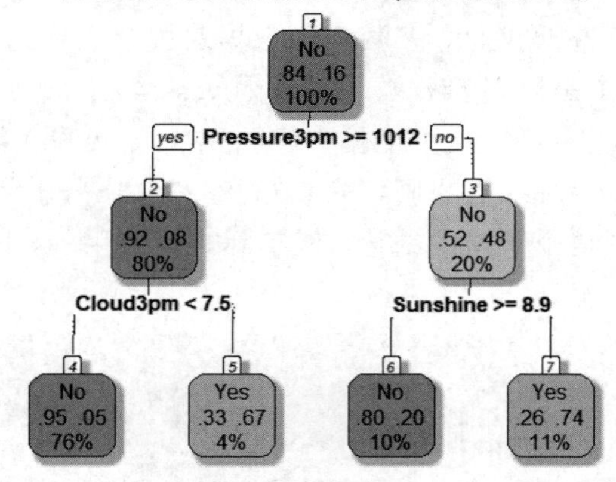

图 9.27 决策树可视化

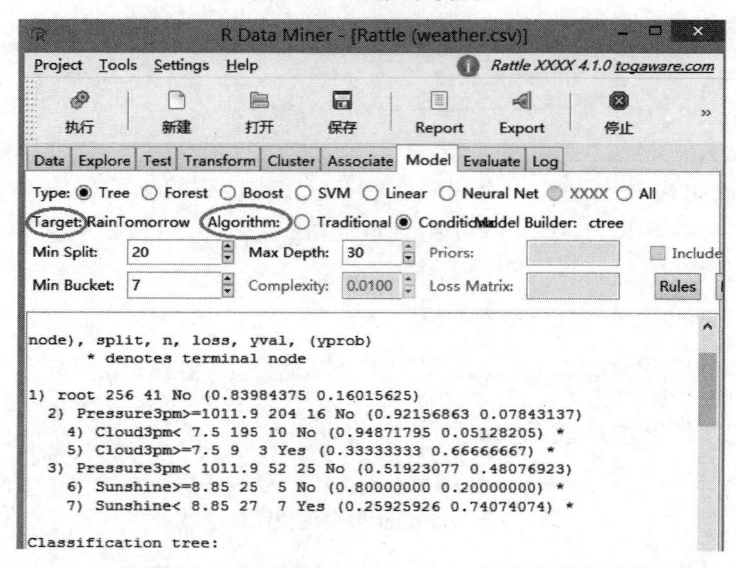

图 9.28 选择参数 conditional 下的决策树模型

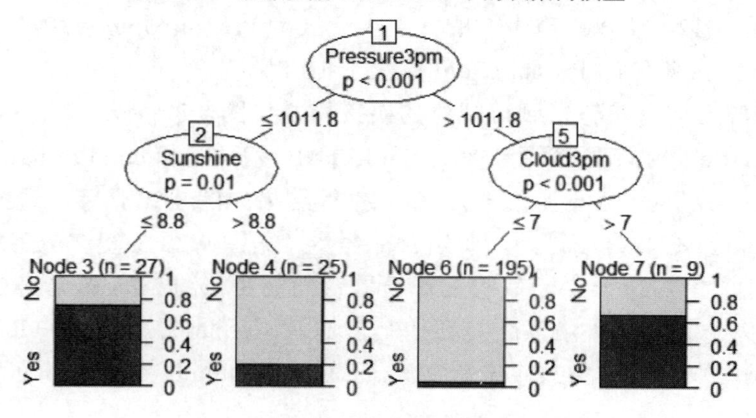

图 9.29 决策树更详细的可视化信息

9.5　随机森林决策树模型

9.5.1　背景

为了克服决策树容易过度拟合的缺点，随机森林算法（Random Forests，RF）。他把分类决策树组合成随机森林，即在变量（列）的使用和数据（行）的使用上进行随机化，生成很多分类树，再汇总分类树的结果。随机森林在运算量没有显著提高的前提下提高了预测精度，对多元共线性不敏感，可以很好地预测多达几千个解释变量的作用，是当前最好的算法之一。

（1）随机森林的定义

随机森林是一个由决策树分类器集合 $\{h(x,\theta_k),k=1,2,\cdots\}$ 构成的组合分类器模型，其中参数集 $\{\theta_k\}$ 是独立同分布的随机向量，x 是输入向量。当给定输入向量时，每个决策树有一票投票权来选择最优分类结果。每一个决策树是由分类回归树（CART）算法构建的未剪枝的决策树。

（2）随机森林的基本思想

随机森林是通过自助法（Bootstrap）重复采样技术，从原始训练样本集N中有放回地重复随机抽取 k 个样本以生成新的训练集样本集合，然后根据自助样本生成 k 决策树组成的随机森林。其实质是对决策树算法的一种改进，将多个决策树合并在一起，每棵树的建立依赖一个独立抽取的样本，森林中的每棵树具有相同的分布，分类误差取决于每棵树的分类能力和分类树之间的相关性。

9.5.2　随机森林算法

（1）随机森林的生成过程

根据随机森林的原理，随机森林的生成主要包括以下3个步骤。

首先，通过Bootstrap方法在原始样本集 S 中抽取 k 个训练样本集。一般情况下，每个训练集的样本容量与 S 一致。

其次，对 k 个训练集进行学习，以此生成 k 个决策树模型。在决策树生成过程中，假设共有 M 个输入变量，从 M 个变量中随机抽取 F 个变量，各个内部节点均是利用这 F 个特征变量上最优的分裂方式来分裂，且 F 值在随机森林模型的形成过程中为恒定常数。

最后，将 k 个决策树的结果进行组合，形成最终结果。对分类问题，组合方法是简单多数投票法；对回归问题，组合方法则是简单平均法。

（2）重要参数

① 随机森林中单棵树的分类强度和任意两棵树间的相关度。在随机森林中，每棵决策树的分类强度越大，即每棵树的枝叶越是茂盛，则整体随机森林的分类性能越好；树与树之间的相关度越大，即树与树之间的枝叶相互穿插越多，则随机森林的分类性能越差。减少树之间的相关度可以有效地降低随机森林的总体误差率，同时增加每棵决策树的强度。因为是由 Bootstrap 方法来形成训练集的，并且随机抓取特征来分裂，并且不对单棵树进行剪枝，使得随机森林模型能够具有较高的噪声容忍度和较大的分类强度，同时也降低了任意两棵树之间的相关度。

② OOB 估计。应用 Bootstrap 方法时，在原始样本集 S 中进行 k 次有放回的简单随机抽样，形成训练样本集。在使用 Bootstrap 对 S 进行抽样时，每个样本未被抽取的概率 p 为（$1-1/n$）^{n}。当 n 足够大时，p=0.368，表明原始样本集 S 中接近 37%的样本不会出现在训练样本集中，这些未被抽中的样本称为 OOB（Out of Bag）。利用这部分样本进行模型性能的估计称为 OOB 估计，这种估计方法类似于交叉验证的方法。在随机分类模型中，随机森林是分类模型的出错率；在随机回归模型中，随机森林是回归模型的残差。

③ 对模型中变量重要性的估计。随机森林计算变量重要性有两种方法：一种是基于 OOB 误差的方法，称为 MDA（Mean Decrease Accuracy）；另一种是基于 Gini 不纯度的方法，称为 MDG（Mean Decrease Gini）。两种方法都是下降得越多，变量越重要。

（3）MDA 具体描述

Step 1：训练随机森林模型，利用训练集以外样本数据测试模型中每棵树的 OOB 误差。

Step 2：随机打乱袋外样本数据中变量 v 的值，重新测试每棵树的 OOB 误差。

Step 3：两次测试的 OOB 误差的差值的平均值，即为单棵树对变量 v 重要性的度量值，计算公式：

$$MDA(v)=\frac{1}{ntree}\sum_{t}\left(errOOB_t-errOOB_t^{'}\right)$$

MDG 具体描述如下：

基于 Gini 的变量重要性是用变量 v 导致的 Gini 不纯度的降低来衡量的。在分类节点 t 处，Gini 系数不纯度的计算公式为：

$$G(t)=1-\sum_{k=1}^{Q}p^2(k\mid t)$$

其中，Q 代表目标变量的类别总数，$p(k/t)$ 代表在节点 t 中目标变量为第 k 类的条件概率。根据公式计算每棵树的 Gini 不纯度下降值，再将所有树的结果进行平均。

（4）随机森林模型的优缺点

① 优点：

- 相对于其他算法，随机森林具有极高的预测精度，且不易过度拟合。
- 能处理海量数据，对高维数据，无须进行变量删减或筛选。
- 模型内部产生的 OOB 估计具有无偏性。
- 对噪声不敏感，具有较好的容噪能力。

② 缺点：

- 对少量数据集和低维数据集的分类不一定可以得到很好的效果。因为在不断重复的随机选择过程中，可供选择的样本很少，会产生大量的重复选择，可能让最有效的选择不能表现出优势。
- 执行速度虽然比 Boosting 等快，但是比单个的决策树慢很多。

9.5.3 实验指导

Rattle 随机森林建模过程提供两个算法：Tranditonal 和 Conditional。Tranditonal 是基本算法。

图 9.30 所示为利用 Rattle 的 Algorithm 标签中的 Tranditonal 选项构建的随机森林模型。在图中可以看到，本次建立的随机森林模型中决策树的个数为 500，而每棵决策树的节点分支处所选择的变量个数为 4 个。

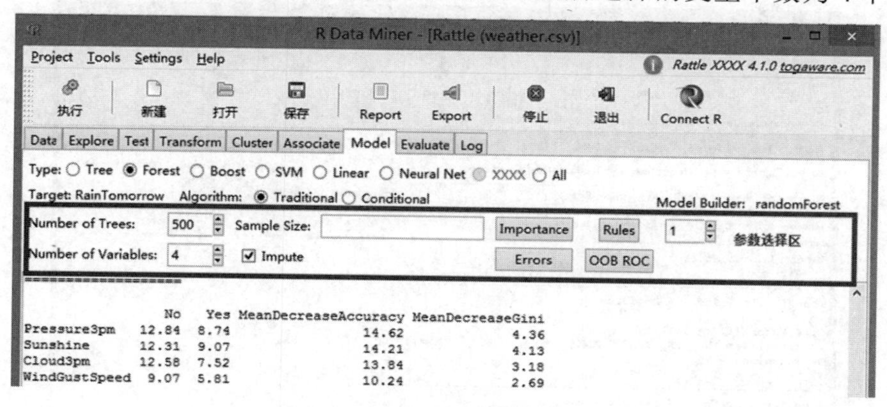

图 9.30 Forest 模型界面

（1）基本算法

在图 9.30 参数选择区右侧有 4 个按钮，其中 Importance 按钮主要用于绘制模型各变量在两种不同标准下重要性（见图 9.31）；Error 按钮主要用于绘制模型中各个类别以及根据外数据计算的误判率（见图 9.32）；Rules 按钮主要用于显示根据森林数得到的规则集合（见图 9.33）；OOB ROC 按钮主要用于绘制根据随机森林模型的训练集上外数据计算而得到的 ROC 曲线（见图 9.34）。

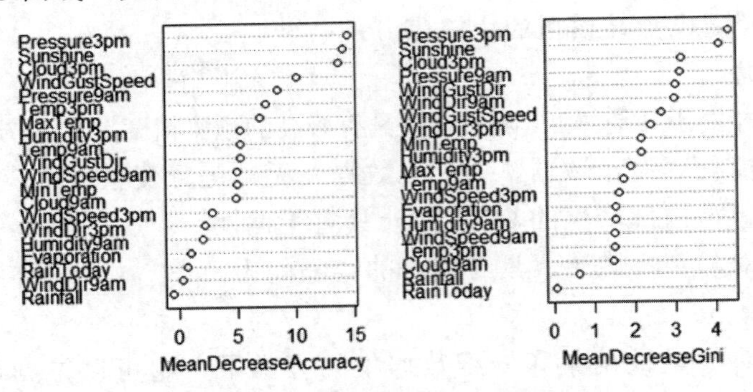

图 9.31　两种不同标准下重要值图像

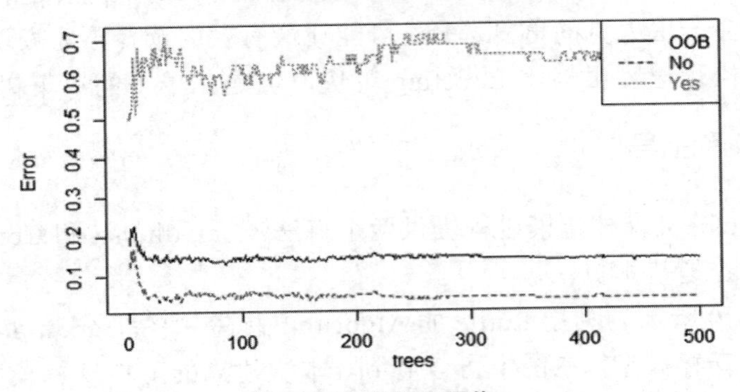

图 9.32　误判率图像

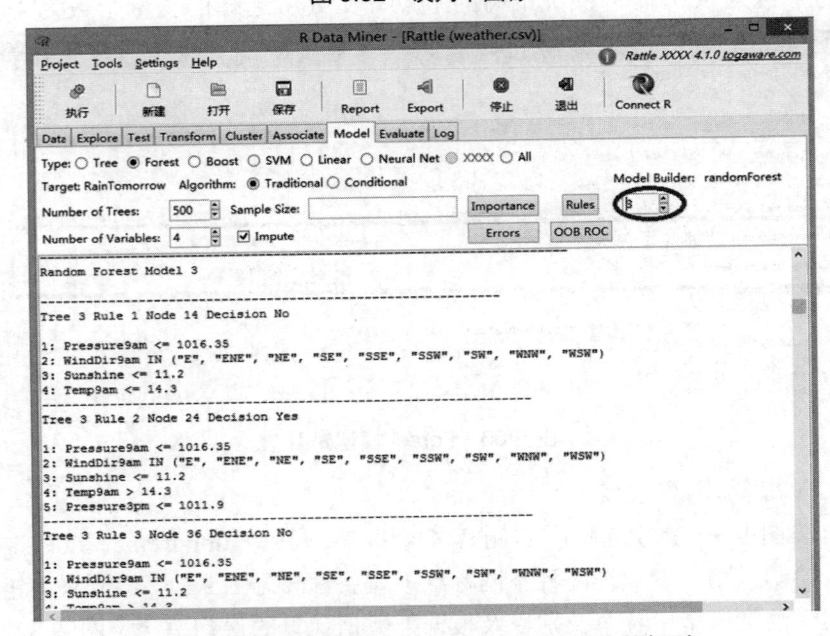

图 9.33　第 3 棵树 14、24、36 号节点产生的规则

规则多少？规则形式如何？规则由哪个节点产生？规则由哪棵树

产生？这些问题由图 9.33 Rules 按钮右边的数字决定。

（2）有约束的算法

在有约束的随机森林算法（Algorithm 标签中的 Conditional 选项）中（见图 9.35），Error、OOB ROC 两个按钮无效。图 9.36 是重要值权重图像。

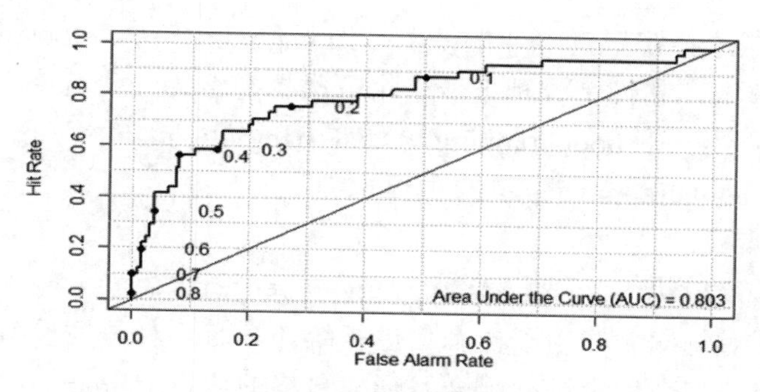

图 9.34　ROC 曲线

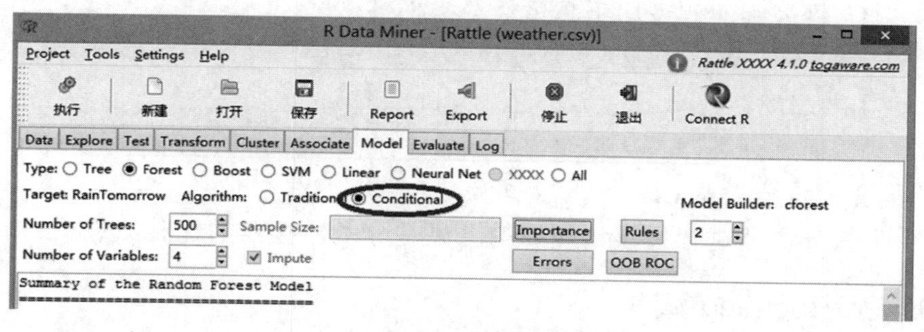

图 9.35　有约束的随机森林算法

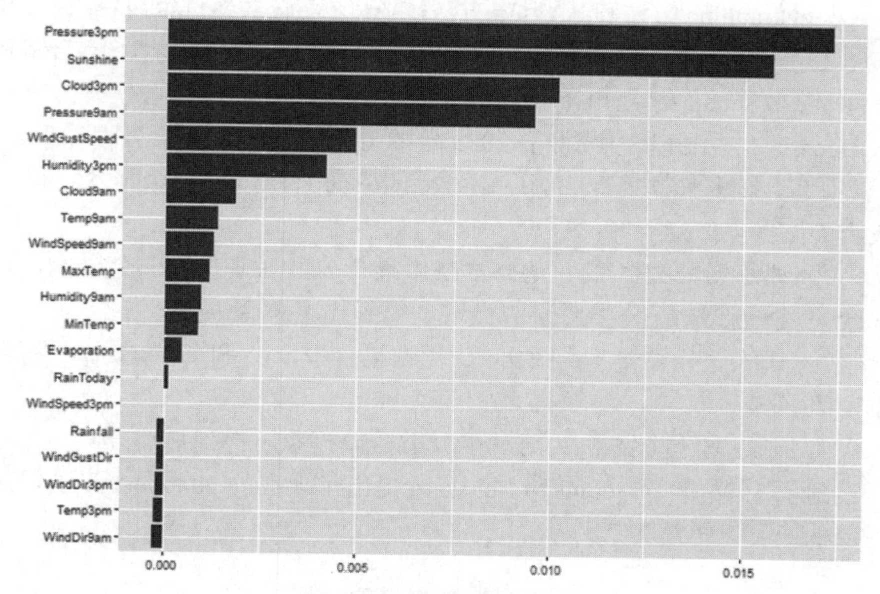

图 9.36　重要值权重图像

9.6 自适应选择决策树模型

9.6.1 背景

自适应选择模型包含一批模型，如 bagging 算法、Boosting 算法和 adaboost 算法，它们是一种把若干个分类器整合为一个分类器的方法。首先简要介绍一下 bootstrapping 方法和 bagging 方法。

（1）bootstrapping 方法的主要过程

主要步骤：

① 重复地从一个样本集合 D 中采样 n 个样本。

② 针对每次采样的子样本集进行统计学习，获得假设 Hi。

③ 将若干个假设进行组合，形成最终的假设 Hfinal。

④ 将最终的假设用于具体的分类任务。

（2）bagging 方法的主要过程

主要思路：

① 训练分类器。从整体样本集合中抽样 $n^* < N$ 个样本，针对抽样的集合训练分类器 Ci。

② 分类器进行投票，最终的结果是分类器投票的优胜结果。

9.6.2 Boosting 算法

bootstrapping 方法和 bagging 方法，都只是将分类器进行简单的组合，实际上，并没有发挥出分类器组合的威力来。直到 1989 年，Yoav Freund 与 Robert Schapire 提出了一种可行的将弱分类器组合为强分类器的方法 Boosting。并由此而获得了 2003 年的哥德尔奖，其主要过程如下。

① 从样本整体集合 D 中，不放回地随机抽样 $n_1 < n$ 个样本，得到集合 D_1。

② 训练弱分类器 C_1。从样本整体集合 D 中抽取 $n_2 < n$ 个样本，其中合并近一半被 C_1 分类错误的样本，得到样本集合 D_2。

③ 训练弱分类器 C_2。抽取 D 样本集合中，C_1 和 C_2 分类不一致样本，组成 D_3。

④ 训练弱分类器 C_3。用三个分类器做投票，得到最后分类结果。

到了 1995 年，Freund 和 Schapire 提出了现在的 adaboost 算法，其主要框架可以描述为：

① 循环迭代多次。

- ❑ 更新样本分布
- ❑ 寻找当前分布下的最优弱分类器
- ❑ 计算弱分类器误差率

② 聚合多次训练的弱分类器。

9.6.3 adaboost 算法

设输入的 n 个训练样本为$\{(x_1,y_1),(x_2,y_2),\cdots,(x_n,y_n)\}$,其中 x_i 是输入的训练样本，$y_i\in\{0,1\}$分别表示正样本和负样本，其中正样本数为 k，负样本数 m。$n=k+m$，具体步骤如下。

（1）初始化每个样本的权重 $w_i,i\in D(i)$。

（2）对每个 $t=1,\cdots,T$（T 为弱分类器的个数）做如下操作。

① 把权重归一化为一个概率分布：

$$w_{t,i}=\frac{w_{t,i}}{\sum_{j=1}^{n}w_{t,j}}$$

② 对每个特征 f，训练一个弱分类器 h_j 计算对应所有特征的弱分类器的加权错误率：

$$\varepsilon_j=\sum_{i=1}^{n}w_t(x_i)\left|h_j(x_i)\neq y_i\right|$$

③ 选取最佳的弱分类器 h_t（拥有最小错误率）：ε_t。

④ 按照这个最佳弱分类器，调整权重：

$$w_{t+1,i}=w_{t,i}\beta_t^{1-\varepsilon_i}$$

其中，$\varepsilon_i=0$表示被正确地分类，$\varepsilon_i=1$表示被错误地分类。

$$\beta_t=\frac{\varepsilon_t}{1-\varepsilon_t}$$

（3）最后的强分类器为：

$$h(x)=\begin{cases}1 & \sum_{t=1}^{T}\alpha_t h_t(x)\geqslant\frac{1}{2}\sum_{t=1}^{T}\alpha_t \\ 0 & \text{otherwise}\end{cases},\alpha_t=\log\frac{1}{\beta_t}$$

9.6.4 实验指导

（1）建模

传统的决策树模型是用 rpart 包创建，使用提升错误分类观测数据权重的 Boosting 方法（也称为自适应选择方法）创建决策树，需要加载 ada 包，图 9.37 和图 9.38 结果展示区内显示了对 weather 数据集建立的自适应选择决策树模型。

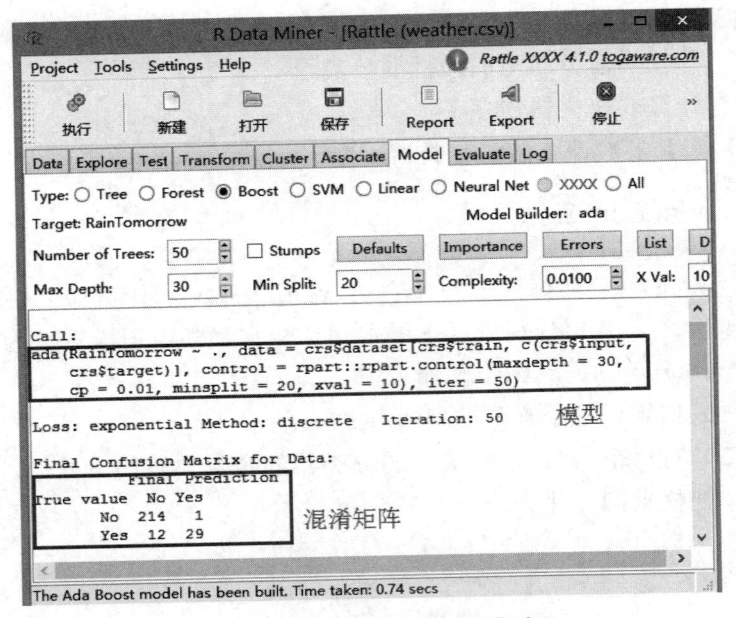

图 9.37　自适应选择决策树模型-1

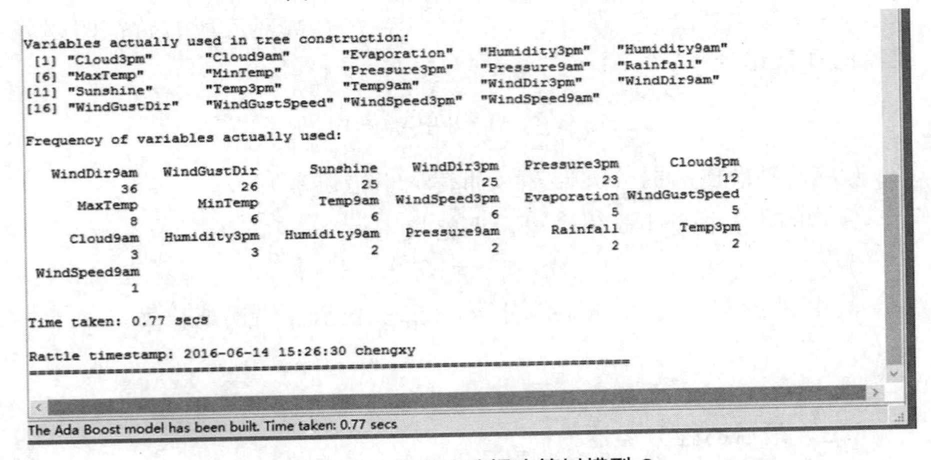

图 9.38　自适应选择决策树模型-2

该模型是根据 weather 数据集其余变量预测 RainTomorrow，ada 函数的 control 参数直接通过 rpart()调用，含义同 rpart()，参数 iter 表示树的数量。接下来的信息报告了建模使用的一些参数。

（2）性能评估

那些没有被抽取到的观测所组成的集合称为 Out-of-bag 样本，一般用 L\L(*k*)来表示，其中 L 表示训练样本集，L(*k*)表示随机抽取的 L 中 *k* 个样本集。Out-of-bag 误差反映的是估计泛化误差，本模型的误差为 0.066，应该是一个不错的结果。接下来显示的是 Kappa 统计量，Kappa

是评价一致性的测量值，Kappa>0，此时说明有意义。Kappa 越大，说明一致性越好。

混淆矩阵显示训练数据性能（见图 9.39），实际有 215 个观测数据标注 RainTomorrow=No，但有 1 个识别为 RainTomorrow=Yes（混淆矩阵第一行）。有 41 个观测数据标注 RainTomorrow=yes，但有 12 个识别为 RainTomorrow=No（混淆矩阵第二行）。

（3）训练误差曲线

一旦建好了 Boosting 模型，单击 Error 按钮显示训练误差曲线，如图 9.39 所示。

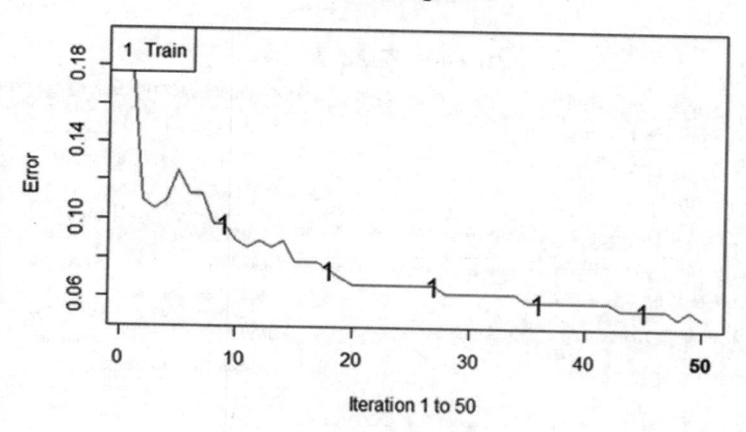

图 9.39 训练误差曲线

图 9.39 显示当决策树增加时，训练误差在减少。误差曲线的重要的特性是早期的错误率下降很快，然后变得平缓。我们根据误差曲线判断决策树数量，一般为 40 个左右。

（4）变量的重要性

单击 Impotance 按钮得到变量的排序，变量之间的距离分数与实际的分数更相关，如图 9.40 所示。

对每棵树都要计算变量重要性的度量值，图 9.40 计算的是变量重要性的平均度量值。

在前 5 个重要的变量中，我们注意到有两个分类变量（WindDir9am、WindDir3pm），因为变量的分数的计算存在对分量变量的偏见，所以对图 9.40 的变量重要性度量打了一个折扣。

单击 List 按钮是以列表的形式显示模型（见图 9.41）。

单击 Draw 按钮，显示模型的可视化结果（见图 9.42）。

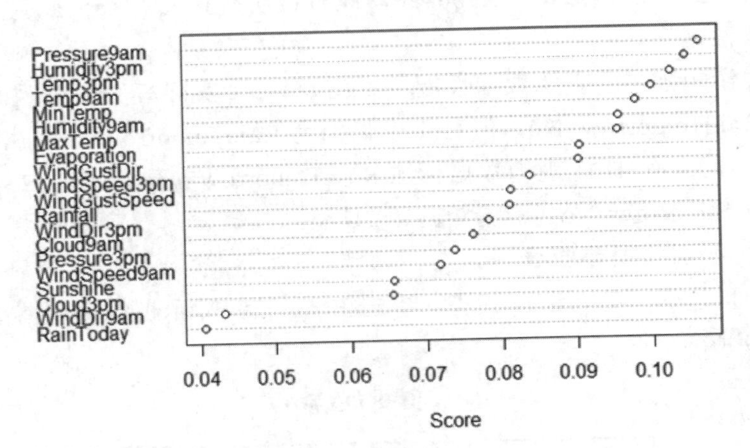

图 9.40 变量的重要性

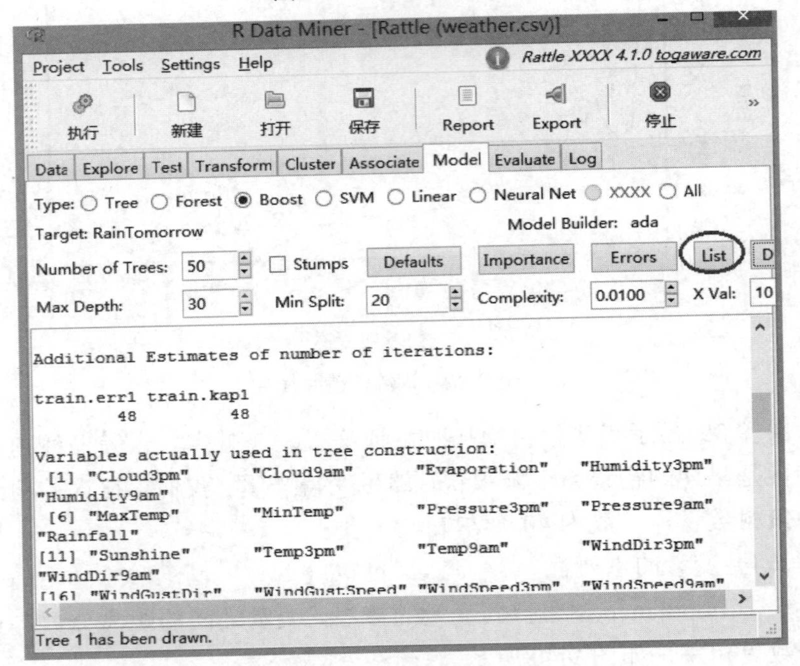

图 9.41 Boosting 模型列表形式

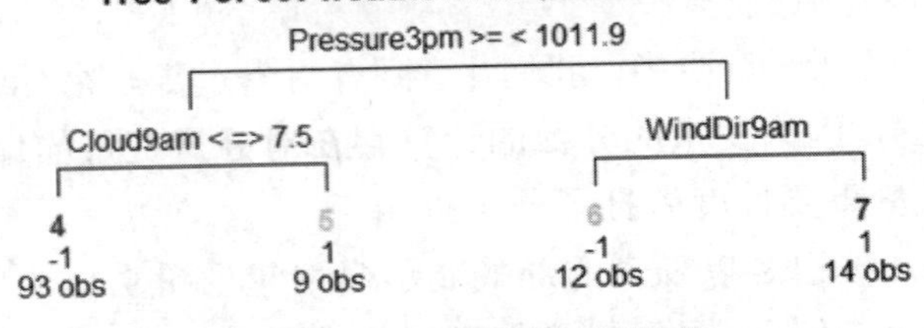

图 9.42 Boosting 模型可视化

（5）增加新的树

单击 Continue 按钮弹出如图 9.43 所示的信息框，允许通过标签 Number of Trees 进一步增加树到已有模型中，改进已有模型。

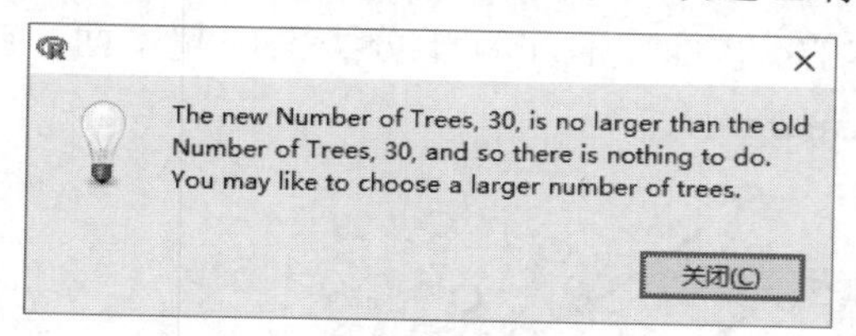

The new Number of Trees, 30, is no larger than the old
Number of Trees, 30, and so there is nothing to do.
You may like to choose a larger number of trees.
关闭(C)

图 9.43　增加树到已有模型信息提示

（6）小结

有许多实现 boosting 的 R 包，包括这里的 ada、caTools、gbm 和 mboost。2009 年 Tuszynski 在 caTools 包提供了 LogitBoost()函数，适用于更大的数据集。2010 年 Ridgeway 实现了更一般的 boosting 回归包 gbm，提供更广泛的 boosting 应用算法。2011 年 Hothorn 提供了另一个基于 Boosting 的建模包 mboost。

Boosting 算法使用其他模型作为构造器，如传统决策树构造器或神经网络，不需要特别好的模型构造器，可以建立多个分类模型。Boosting 基本理念是对每个变量相关一个权重，如果观测数据被错分，其权重将增加，否则权重减少，这样便可观测数据的权重上下波动。如果数据不充分或模型过于复杂，Boosting 可能失败，Boosting 对噪声很敏感。

9.7　SVM

9.7.1　背景

支持向量机（Support Vector Machine）是 Cortes 和 Vapnik 于 1995 年首先提出的，它在解决小样本、非线性及高维模式识别中表现出许多特有的优势，并能够推广应用到函数拟合等其他机器学习领域中。

传统的统计模式识别方法在进行机器学习时，强调经验风险最小化，而单纯的经验风险最小化会产生“过学习问题”，其推广能力较差。根据统计学习理论，学习机器的实际风险由经验风险值和置信范围值两部分组成。而基于经验风险最小化准则的学习方法只强调了训练样本的经验风险最小误差，没有最小化置信范围值，因此其推广能力较差。

9.7.2　SVM 算法

SVM 是从线性可分情况下的最优分类面发展而来的，基本思想可用图 9.45 来说明。对于一维空间中的点，二维空间中的直线，三维空间中的平面，以及高维空间中的超平面，图 9.44 中实心点和空心点代表两类样本，H 为它们之间的分类超平面，H_1、H_2 分别为过各类离分类面最近的样本的分类面，且平行于分类面的超平面，它们之间的距离叫作分类间隔（margin）。

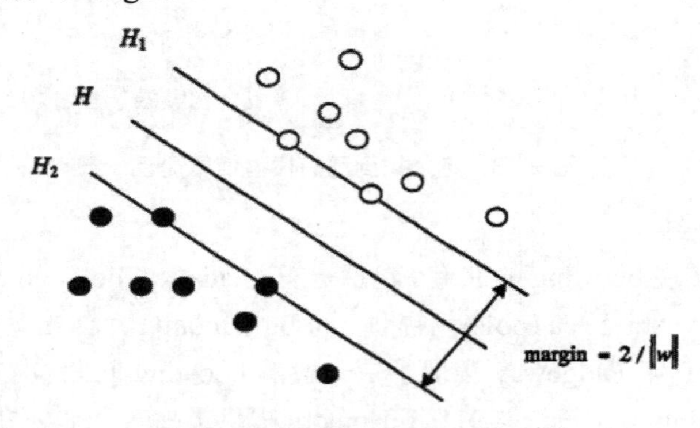

图 9.44 最优分类面示意图

最优分类面要求分类面不但能将两类正确分开，而且使分类间隔最大。将两类正确分开是为了保证训练错误率为 0，也就是经验风险最小。

设线性可分样本集为(x_i,y_i)，$i=1,\cdots,n$，$x\in R^d$，$y\in\{-1,1\}$是类别符号。d 维空间中，线性判别函数的一般形式为 $g(x)=wx+b$，分类线方程为 $w\cdot x+b=0$。将判别函数进行归一化，使两类所有样本都满足$|g(x)|=1$，也就是使离分类面最近的样本的$|g(x)|=1$，此时分类间隔等于 $2/|w|$，因此使间隔最大等价于使$|w|$最小。要求分类线对所有样本正确分类，就是要求它满足：

$$y_i[(w\cdot x)+b]-1\geqslant 0, i=1,2,\cdots,n \tag{9.4}$$

满足上述条件（式 9.4），并且使$\|w\|^2$最小的分类面就叫作最优分类面，过两类样本中离分类面最近的点且平行于最优分类面的超平面 H_1、H_2 上的训练样本点就称作支持向量（support vector），因为它们“支持”了最优分类面。

利用 Lagrange 优化方法可以把上述最优分类面问题转化为如下这种较简单的对偶问题，即在约束条件：

$$\sum_{i=1}^{n} y_i\alpha_i = 0 \tag{9.5a}$$

$$\alpha_i \geqslant 0, i=1,2,\cdots,n \tag{9.5b}$$

下面对 α_i 求解下列函数的最大值：

$$Q(\alpha)=\sum_{i=1}^{n}\alpha_i-\frac{1}{2}\sum_{i,j=1}^{n}\alpha_i\alpha_j y_i y_j(x_i x_j) \tag{9.6}$$

若 α^* 为最优解，则

$$w^*=\sum_{i=1}^{n}\alpha^* y\alpha_i \tag{9.7}$$

即最优分类面的权系数向量是训练样本向量的线性组合。

这是一个不等式约束下的二次函数极值问题，存在唯一解。解中将只有一部分（通常是很少一部分）α_{i} 不为零，这些不为零解所对应的样本就是支持向量。求解上述问题后得到的最优分类函数是：

$$f(x)=\mathrm{sgn}\{(w^*\cdot x)+b^*\}=\mathrm{sgn}\{\sum_{i=1}^{n}\alpha_i^* y_i(x_i\cdot x)+b^*\} \tag{9.8}$$

根据前面的分析，非支持向量对应的 α_i 均为 0，因此式（9.8）中的求和实际上只对支持向量进行。b^* 是分类阈值，可以由任意一个支持向量通过式（9.4）求得（只有支持向量才满足其中的等号条件），或通过两类中任意一对支持向量取中值求得。

从前面的分析可以看出，最优分类面是在线性可分的前提下讨论的，在线性不可分的情况下，就是某些训练样本不能满足式（9.4）的条件，因此可以在条件中增加一个松弛项参数 $\varepsilon_{\mathrm{i}}\geqslant 0$，变成：

$$y_i[(w\cdot x_i)+b]-1+\varepsilon_i\geqslant 0, i=1,2,\cdots,n \tag{9.9}$$

对于足够小的 $\varepsilon>0$，只要使

$$F_\sigma(\varepsilon)=\sum_{i=1}^{n}\varepsilon_i^\sigma \tag{9.10}$$

最小就可以使错分样本数最小。对应线性可分情况下的使分类间隔最大，在线性不可分情况下可引入约束：

$$\|w\|^2\leqslant c_k \tag{9.11}$$

在约束条件（式 9.9）和（式 9.11）下对（式 9.10）求极小，就得到了线性不可分情况下的最优分类面，称作广义最优分类面。为方便计算，取 $\varepsilon=1$。

为使计算进一步简化，广义最优分类面问题可以进一步演化成在条件（式 9.9）的约束条件下求下列函数的极小值：

$$\varphi(w,\varepsilon)=\frac{1}{2}(w,w)+C\left(\sum_{i=1}^{n}\varepsilon_i\right) \tag{9.12}$$

其中，C 为某个指定的常数，它实际上起控制对错分样本惩罚的程度的作用，实现在错分样本的比例与算法复杂度之间的折中。

求解这一优化问题的方法与求解最优分类面时的方法相同，都是转

化为一个二次函数极值问题，其结果与可分情况下得到的（式 9.5a）到（式 9.8）几乎完全相同，但是条件（式 9.5b）变为

$$0 \leqslant \alpha_{\mathrm{i}} \leqslant C, i=1,\cdots,n \tag{9.13}$$

9.7.3 实验指导

建模的操作方法描述如下。

使用 SVM 建模需要加载包 Kernlab，这个包提供了大量的核函数。使用不同的核建立 SVM 模型相当容易，只需要小的调整，模型性能就会相当精确，图 9.45 为使用构造器 ksvm 对 weather 数据集建模的结果。模型参数 C 表示惩罚值或代价，默认为 1。

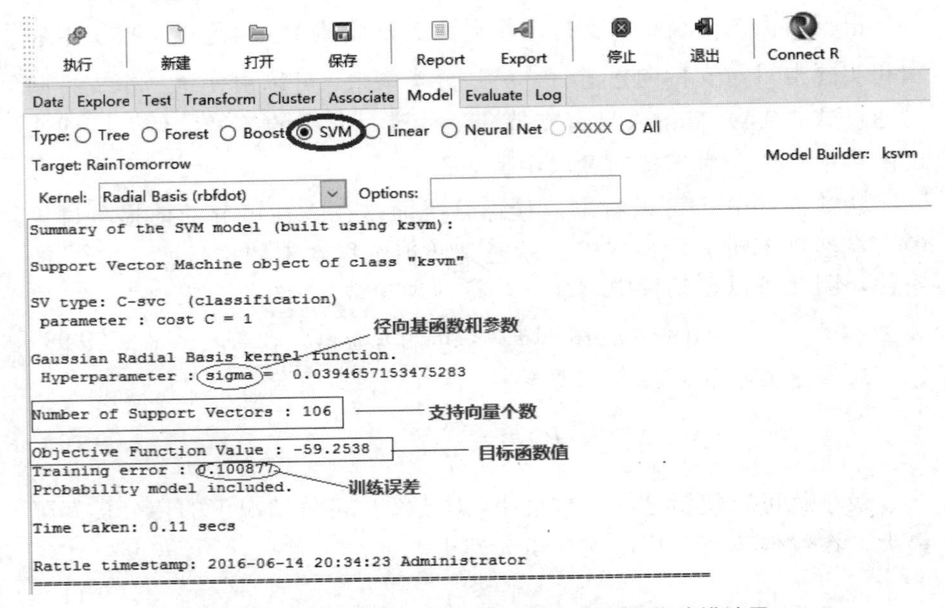

图 9.45　使用构造器 ksvm 对 weather 数据集建模结果

C-svc 表示使用 standard regularised support vector classification 算法，其中 C 为调节参数。另一个参数 sigma（径向基函数核）的评估是自动进行的。

9.8 线性回归模型

9.8.1 背景

回归分析（Regression Analysis）是研究变量之间作用关系的一种统计分析方法，其基本组成是一个（或一组）自变量与一个（或一组）

因变量。回归分析研究的目的是通过收集到的样本数据用一定的统计方法探讨自变量对因变量的影响关系，即原因对结果的影响程度。回归分析是指对具有高度相关关系的现象，根据其相关的形态，建立一个适当的数学模型（函数式），来近似地反映变量之间关系的统计分析方法。利用这种方法建立的数学模型称为回归方程，它实际上是相关现象之间不确定、不规则的数量关系的一般化。回归分析分类如图 9.46 所示。

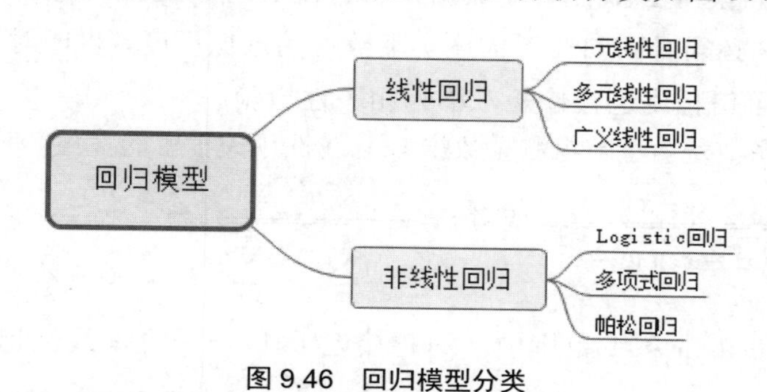

图 9.46 回归模型分类

9.8.2 一元线性回归方法

（1）确定回归模型

由于我们研究的是一元线性回归，因此其回归模型可表示为：$y=\beta_0+\beta_1 x+\varepsilon$。其中，$y$ 是因变量；x 是自变量；ε 是误差项；β_0 和 β_1 称为模型参数（回归系数）。

（2）求出回归系数

回归系数的求解，最常用的一种方法就是最小二乘法，基本原理是，根据实验观测得到的自变量 x 和因变量 y 之间的一组对应关系，找出一个给定类型的函数 $y=f(x)$，使得它所取的值 $f(x_1), f(x_2), \cdots, f(x_n)$ 与观测值 $y_1,y_2,\cdots,y_n$ 在某种尺度下最接近，即在各点处的偏差的平方和达到最小，即

$$\min\left(\sum_{i=1}^{n}(y_i-\hat{y}_i)^2\right)=\min\left(\sum_{i=1}^{n}(y_i-\hat{\beta}_0-\hat{\beta}_1 x_i)^2\right)$$

这种方法求得的 $\hat{\beta}_0$ 和 $\hat{\beta}_1$ 将使得拟合直线 $y=\hat{\beta}_0+\hat{\beta}_1 x$ 中的 y 和 x 之间的关系与实际数据的误差比其他任何直线都小。根据最小二乘法的要求，可以推导得到最小二乘法的计算公式：

$$\begin{cases}\hat{\beta}_1=\dfrac{n\sum\limits_{i=1}^{n}x_i y_i-\left(\sum\limits_{i=1}^{n}x_i\right)\left(\sum\limits_{i=1}^{n}y_i\right)}{n\sum\limits_{i=1}^{n}x_i^2-\left(\sum\limits_{i=1}^{n}x_i\right)^2}\\ \hat{\beta}_0=\overline{y}-\hat{\beta}_1\overline{x}\end{cases}$$

其中，$\overline{x}=\frac{1}{n}\sum_{i=1}^{n}x_i,\overline{y}=\frac{1}{n}\sum_{i=1}^{n}y_i$。

（3）相关性检验

对于若干组具体数据(x_i,y_i)都可算出回归系数$\hat{\beta}_0$和$\hat{\beta}_1$，从而得到回归方程。至于y和x之间是否真有如回归模型所描述的关系，或者说用所得的回归模型去拟合实际数据是否有足够好的近似，并没有得到检验。因此，必须对回归模型描述实际数据的近似程度，也即对所得的回归模型的可信程度进行检验，称为相关性检验。

相关系数是衡量一组测量数据x_i,y_i线性相关程度的参量，其定义为：

$$r=\frac{\overline{xy}-\overline{x}\,\overline{y}}{\sqrt{(\overline{x^2}-\overline{x}^2)(\overline{y^2}-\overline{y}^2)}} \text{或者} r=\frac{n\sum x_iy_i-\sum x_i\sum y_i}{\sqrt{[n\sum_{i=1}^{n}x_i^2-\sum_{i=1}^{n}x_i^2][n\sum_{i=1}^{n}y_i^2-\sum_{i=1}^{n}y_i^2]}}$$

r值在$0<|r|\leqslant 1$范围中。$|r|$越接近于1，x,y之间线性越好；r为正，直线斜率为正，称为正相关；r为负，直线斜率为负，称为负相关。$|r|$接近于0，则测量数据点分散或x_i,y_i之间为非线性。测量数据不论好坏都能求出$\hat{\beta}_0$和$\hat{\beta}_1$，所以我们必须有一种判断测量数据好坏的方法，用来判断什么样的测量数据不宜拟合，判断的方法是$|r|>r_0$时，测量数据是非线性的。r_0称为相关系数的阈值，与测量次数n有关，如表9.3所示。

表9.3　相关系数起码值 r_0

n	r_0	n	r_0	n	r_0
3	1.000	9	0.798	15	0.641
4	0.990	10	0.765	16	0.623
5	0.959	11	0.735	17	0.606
6	0.917	12	0.708	18	0.590
7	0.874	13	0.684	19	0.575
8	0.834	14	0.661	20	0.561

在进行一元线性回归之前应先求出r值，再与r_0比较，若$|r|<r_0$，则x和y具有线性关系，可求回归直线；否则反之。

9.8.3 实验指导

线性回归模型提供了两种策略：Logistic和Probit。图9.47显示了Logistic线性回归模型。图9.48显示了模型可视化结果。

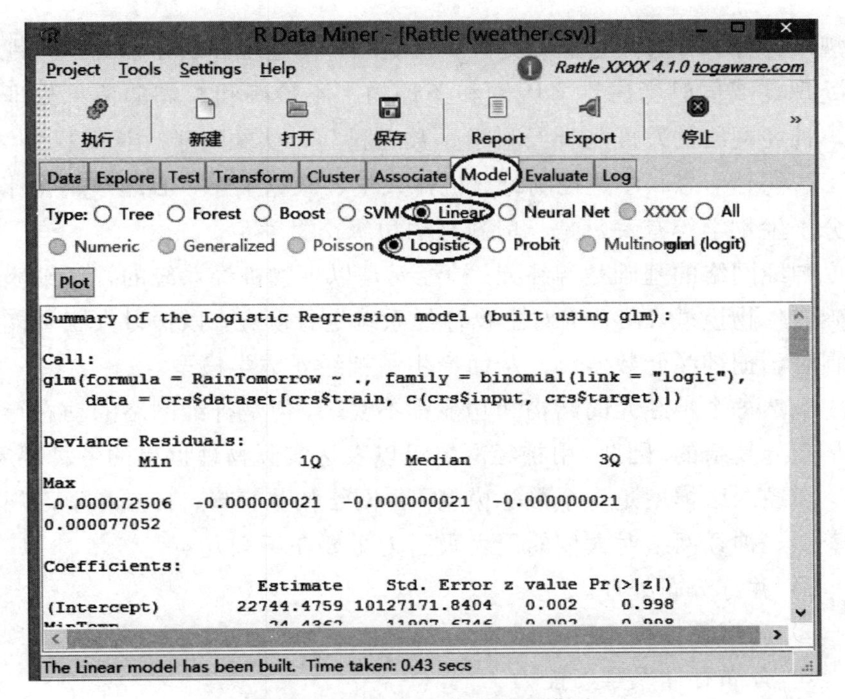

图 9.47　Logistic 线性回归模型

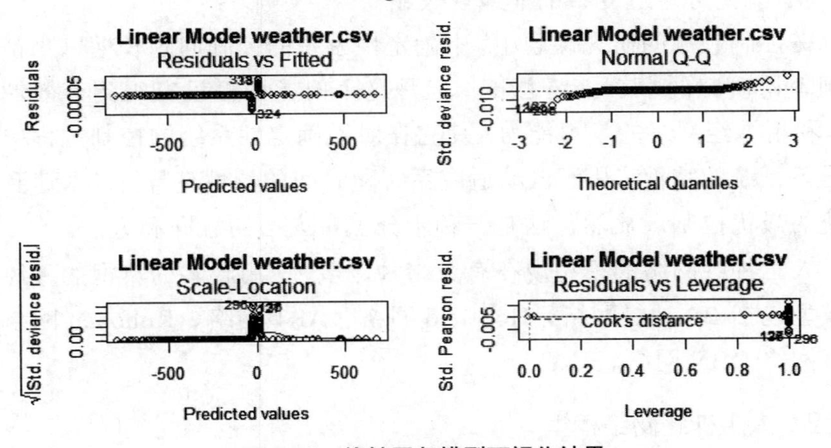

图 9.48　线性回归模型可视化结果

9.9　神经网络模型

9.9.1　背景

神经网络（Neural Networks，NN）是由大量的、简单的处理单元（称为神经元）互相连接而形成的复杂网络系统，它反映了人脑功能的许多基本特征，是一个高度复杂的非线性动力学习系统。神经网络具有大规模并行、分布式存储和处理、自组织、自适应和自学能力，特别适合处理需要同时考虑许多因素和条件的、不精确和模糊的信息处理问题。神经网络的发展与神经科学、数理科学、认知科学、计算机科学、人工智能、信息科学、控制论、机器人学、微电子学、心理学、光计算和分子生物学等有关，是一门新兴的边缘交叉学科。

神经网络的基础是神经元。神经元是以生物神经系统的神经细胞为基础的生物模型。在人们对生物神经系统进行研究，以探讨人工智能的机制时，把神经元数学化，从而产生了神经元数学模型。

虽然每个神经元的结构和功能都不复杂，但是神经网络的动态行为则是十分复杂的。因此，用神经网络可以表达实际物理世界的各种现象。

神经网络模型是一个数学模型，由网络拓扑、节点特点和学习规则来表示。神经网络对人们的巨大吸引力主要在下列几点。

① 并行分布处理。

② 高度鲁棒性和容错能力。

③ 分布存储及学习能力。

④ 能充分逼近复杂的非线性关系。

在控制领域的研究课题中，不确定性系统的控制问题长期以来都是控制理论研究的中心主题之一，但是这个问题一直没有得到有效的解决。利用神经网络的学习能力，使它在对不确定性系统的控制过程中自动学习系统的特性，从而自动适应系统随时间的特性变异，以求达到对系统的最优控制。显然，这是一种十分振奋人心的意向和方法。

人工神经网络的模型现在有数十种之多，应用较多的典型的神经网络模型包括 BP 神经网络、Hopfield 网络、ART 网络、Kohonen 网络和深度网络 DBN 网络。

9.9.2 人工神经网络模型

图 9.49 表示出了作为人工神经网络的基本单元的神经元模型，它有三个基本要素：

① 一组连接（对应于生物神经元的突触），连接强度由各连接上的权值表示，权值为正表示激活，为负表示抑制。

② 一个求和单元，用于求取各输入信号的加权和（线性组合）。

③ 一个非线性激活函数，起非线性映射作用并将神经元输出幅度限制在一定范围（一般限制在(0,1)或(-1,1)之间）。

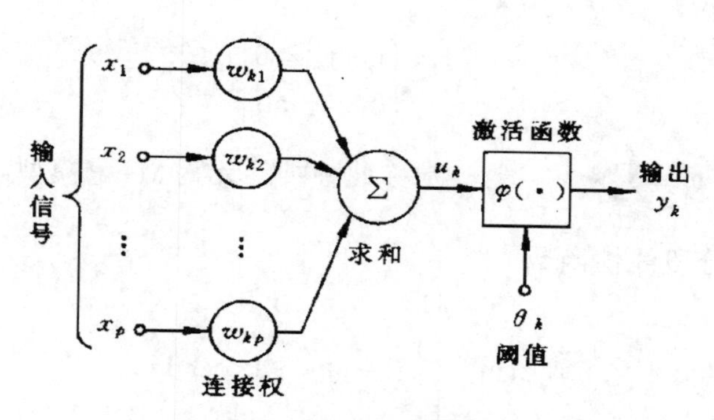

图 9.49 人工神经元模型

此外还有一个阈值 θ_k（或偏置 $b_k=-\theta_k$）。

以上功能可分别用数学式表达出来：

$$u_k=\sum_{j=1}^{p}w_{kj}x_j\ ,\quad v_k=u_k-\theta_k\ ,\quad y_k=\varphi(v_k)$$

其中，$x_1,x_2,\cdots,x_p$ 为输入信号，$w_{k1},w_{k2},\cdots,w_{kp}$ 为神经元 k 之权值，u_k 为线性组合结果，θ_k 为阈值，y_k 为神经元 k 的输出，$\varphi(\cdot)$ 为激活函数。

若把输入的维数增加一维，则可把阈值 θ_k 包括进去。例如：

$$v_k=\sum_{j=0}^{p}w_{kj}x_j\ ,\quad y_k=\varphi(u_k)$$

此处增加了一个新的连接，其输入为 $x_0=-1$（或 $+1$），权值为 $w_{k0}=\theta_k$（或 b_k），如图 9.50 所示。

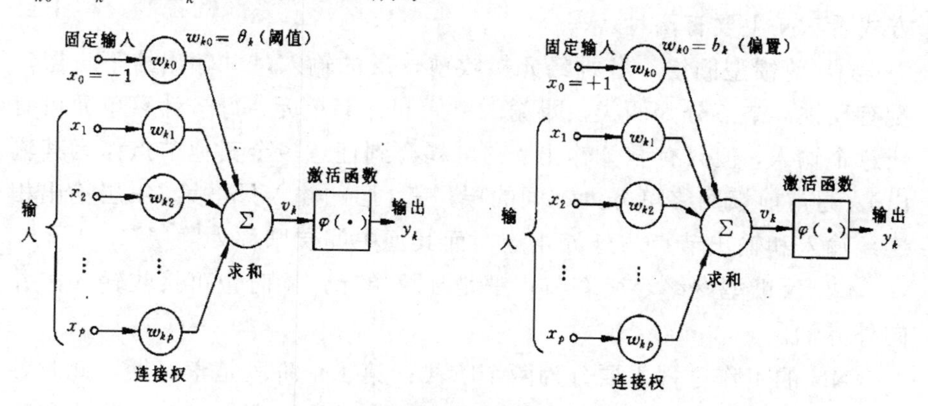

9.50 带偏置输入的神经元模型

激活函数 $\varphi(\cdot)$ 可以有以下几种。

（1）阈值函数

$$\varphi(v)=\begin{cases}1, & v\geqslant 0\\ 0, & v<0\end{cases}\tag{9.14}$$

即阶梯函数。这时相应的输出 y_k 为

$$y_k = \begin{cases} 1, & v_k \geqslant 0 \\ 0, & v_k < 0 \end{cases}$$

其中，$v_k = \sum_{j=1}^{p} w_{kj} x_j - \theta_k$，常称此种神经元为M－P模型。

（2）分段线性函数

$$\varphi(v) = \begin{cases} 1, & v \geqslant 1 \\ \frac{1}{2}(1+v), & -1 < v < 1 \\ 0, & v \leqslant -1 \end{cases} \quad (9.15)$$

分段函数类似于一个放大系数为1的非线性放大器，当工作于线性区时它是一个线性组合器，放大系数趋于无穷大时变成一个阈值单元。

（3）sigmoid函数

最常用的函数形式为

$$\varphi(v) = \frac{1}{1+\exp(-\alpha v)} \quad (9.16)$$

参数$\alpha > 0$可控制其斜率。另一种常用的是双曲正切函数：

$$\varphi(v) = \tanh\left(\frac{v}{2}\right) = \frac{1-\exp(-v)}{1+\exp(-v)} \quad (9.17)$$

这类函数具有平滑和渐近性，并保持单调性。

除单元特性外，网络的拓扑结构也是NN的一个重要特性，从连接方式看NN主要有两种。

① 前馈型网络。各神经元接收前一层的输入，并输出给下一层，没有反馈。结点分为两类，即输入单元和计算单元，每一计算单元可有任意个输入，但只有一个输出（它可耦合到任意多个其他节点作为其输出）。通常前馈网络可分为不同的层，第i层的输入只与第i-1层输出相连，输入和输出节点与外界相连，而其他中间层则称为隐层。

② 反馈型网络。所有节点都是计算单元，同时也可接收输入，并向外界输出。

NN的工作过程主要分为两个阶段：第1个阶段是学习期，此时各计算单元状态不变，各连线上的权值可通过学习来修改；第2阶段是工作期，此时各连接权值固定，计算单元状态变化，以达到某种稳定状态。

从作用效果看，前馈网络主要是函数映射，可用于模式识别和函数逼近。反馈网络按对能量函数的极小点的利用可分为两类：第1类是能量函数的所有极小点都起作用，这类主要用作各种联想存储器；第2类只利用全局极小点，它主要用于求解最优化问题。

9.9.3 实验指导

图 9.51 显示两个隐含层的神经网络模型。

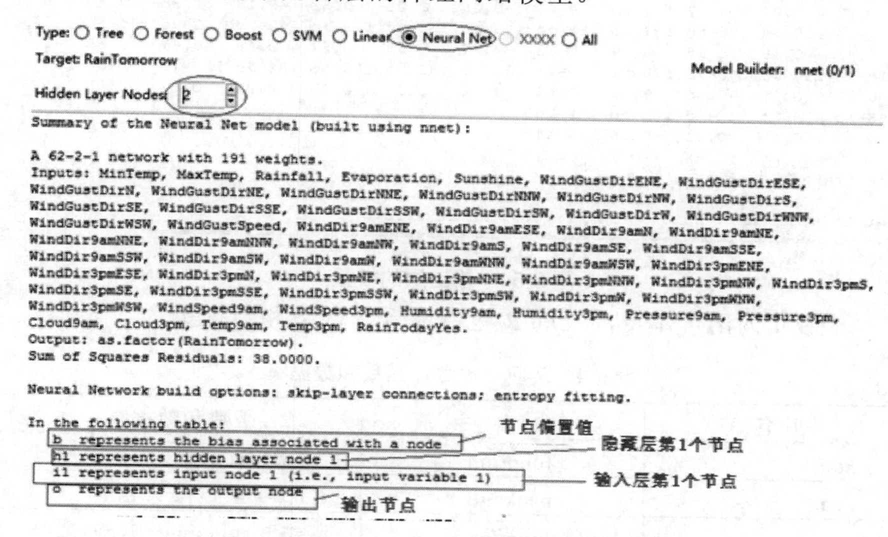

图 9.51　两个隐含层的神经网络模型

图 9.52、图 9.53、图 9.54 分别为第 1 个隐藏层的权重、第 2 个隐藏层的权重和输出层的权重。

```
Weights for node h1:
 b->h1  i1->h1  i2->h1  i3->h1  i4->h1  i5->h1  i6->h1  i7->h1  i8->h1  i9->h1
 -0.66    0.23    0.29   -0.31   -0.68   -0.36    0.27    0.23   -0.31   -0.18
i10->h1 i11->h1 i12->h1 i13->h1 i14->h1 i15->h1 i16->h1 i17->h1 i18->h1 i19->h1
  0.31   -0.02    0.29   -0.50    0.39    0.25   -0.16   -0.55   -0.52    0.25
i20->h1 i21->h1 i22->h1 i23->h1 i24->h1 i25->h1 i26->h1 i27->h1 i28->h1 i29->h1
 -0.65   -0.15   -0.03   -0.20    0.30   -0.16   -0.04    0.49    0.56    0.44
i30->h1 i31->h1 i32->h1 i33->h1 i34->h1 i35->h1 i36->h1 i37->h1 i38->h1 i39->h1
  0.41    0.51    0.38    0.22    0.47   -0.41    0.15   -0.22    0.46   -0.08
i40->h1 i41->h1 i42->h1 i43->h1 i44->h1 i45->h1 i46->h1 i47->h1 i48->h1 i49->h1
 -0.41    0.33   -0.54    0.56    0.59    0.64    0.13   -0.68   -0.51    0.55
i50->h1 i51->h1 i52->h1 i53->h1 i54->h1 i55->h1 i56->h1 i57->h1 i58->h1 i59->h1
  0.05    0.15    0.31   -0.15    0.24    0.02    0.33   -0.44   -0.47   -0.68
i60->h1 i61->h1 i62->h1
  0.07    0.30    0.35
```

图 9.52　第 1 个隐藏层的权重

```
Weights for node h2:
 b->h2  i1->h2  i2->h2  i3->h2  i4->h2  i5->h2  i6->h2  i7->h2  i8->h2  i9->h2
 -0.01    0.09    0.65   -0.36   -0.41   -0.56    0.50   -0.53   -0.19   -0.24
i10->h2 i11->h2 i12->h2 i13->h2 i14->h2 i15->h2 i16->h2 i17->h2 i18->h2 i19->h2
 -0.62    0.23   -0.47   -0.14   -0.28    0.33    0.44   -0.07   -0.08    0.51
i20->h2 i21->h2 i22->h2 i23->h2 i24->h2 i25->h2 i26->h2 i27->h2 i28->h2 i29->h2
 -0.17   -0.26    0.07   -0.01   -0.52    0.14   -0.18   -0.62    0.70   -0.04
i30->h2 i31->h2 i32->h2 i33->h2 i34->h2 i35->h2 i36->h2 i37->h2 i38->h2 i39->h2
 -0.37   -0.06   -0.07   -0.12    0.41    0.37    0.03   -0.19   -0.46    0.05
i40->h2 i41->h2 i42->h2 i43->h2 i44->h2 i45->h2 i46->h2 i47->h2 i48->h2 i49->h2
  0.29   -0.18   -0.51   -0.16    0.55    0.51   -0.57   -0.56   -0.02    0.09
i50->h2 i51->h2 i52->h2 i53->h2 i54->h2 i55->h2 i56->h2 i57->h2 i58->h2 i59->h2
  0.21    0.62    0.06    0.66    0.07   -0.39    0.08    0.50   -0.64    0.12
i60->h2 i61->h2 i62->h2
  0.45   -0.21   -0.54
```

图 9.53　第 2 个隐藏层的权重

```
Weights for node o:
  b->o  h1->o  h2->o  i1->o  i2->o  i3->o  i4->o  i5->o  i6->o  i7->o  i8->o  i9->o
 -0.44   0.08  -0.61   0.57   0.30   0.64   0.16  -0.42   0.51  -0.59  -0.23   0.31
i10->o i11->o i12->o i13->o i14->o i15->o i16->o i17->o i18->o i19->o i20->o i21->o
 -0.19   0.69  -0.37   0.26  -0.18  -0.16   0.53  -0.42  -0.65  -0.30  -0.49  -0.69
i22->o i23->o i24->o i25->o i26->o i27->o i28->o i29->o i30->o i31->o i32->o i33->o
  0.68   0.26   0.17  -0.22   0.23  -0.25   0.06  -0.52  -0.13   0.58   0.14   0.28
i34->o i35->o i36->o i37->o i38->o i39->o i40->o i41->o i42->o i43->o i44->o i45->o
  0.23   0.53   0.25   0.34  -0.02  -0.17   0.33   0.57   0.46   0.47   0.68  -0.44
i46->o i47->o i48->o i49->o i50->o i51->o i52->o i53->o i54->o i55->o i56->o i57->o
 -0.61   0.16  -0.65   0.20   0.55  -0.44   0.05   0.43  -0.24   0.63  -0.07  -0.59
i58->o i59->o i60->o i61->o i62->o
  0.50   0.35   0.31  -0.15   0.14

Time taken: 0.05 secs

Rattle timestamp: 2016-06-14 21:15:05 Administrator
======================================================================
```

图 9.54 输出层的权重

表 9.4 列出了本章涉及的 R 包、命令、函数和数据集。

表 9.4 R 包、命令、函数和数据集

R 包	命 令	函数和数据集
ada()	function	AdaBoost 建模
ada	package	AdaBoost 建模 R 包
agnes()	function	凝结（agglomerative）聚类
apriori()	function	关联规则挖掘模型构造器
arules	package	支持关联规则挖掘 R 包
caTools	package	LogitBoost()建模 R 包
cforest()	function	条件随机森林建模
cluster	package	聚类分析各种工具
ctree()	function	条件推理树建模
draw.tree()	command	增强的图形决策树
diana()	function	分裂（divisive）聚类
ewkm()	function	加权熵 K-Means
gbm	package	boosted 回归模型 R 包
grid()	command	给图添加网格
hclust()	function	层次聚类
inspect()	function	显示模型
kernlab	package	基于核的机器学习算法
ksvm()	function	SVM 模型构造器
kmeans()	function	K-Means
LogitBoost()	function	boosting 算法近似函数
mean	function	计算均值
maptree	package	决策树画图函数 draw.tree()
Party	package	条件推理树 R 包
path.rpart()	function	识别决策树路径

续表

R包	命 令	函数和数据集
plotcp()	command	复杂参数画图
predict()	function	把测试数据应用于模型
printcp()	command	显示复杂参数表
RWeka	package	Weka 接口
na.roughfix()	function	缺失值填充
randomForest()	function	随机森林模型
randomForest	package	随机森林 R 包
set.seed()	function	数字序列初始化种子
sigest()	function	核的 Sigma 估计
text()	command	添加标签到决策树图上
which()	function	索引向量的元素
WOW()	function	Weka 选择指导

习题

1. ________中的公式表达了“过原点的线性回归模型”。

   A. lm.sol<-lm(y~1+x)　　B. lm.sol<-lm(y~x)

   C. lm.sol<-lm(y~x-1)　　D. lm.sol<-lm(y~.)

2. 在线性回归模型的汇总结果中，图中的“***”表示________。

   A. 回归系数显著性检验通过

   B. 回归方程显著性检验通过

   C. 回归系数显著性检验不通过

   D. 回归方程显著性检验不通过

3. 在多元线性回归中，一般可以使用“逐步回归”的方法进行变量选择，在 R 语言中实现的函数是________。

   A. regression()　　B. step()

   C. summary()　　D. lm()

4. 分类算法与聚类算法的主要区别是________。

   A. 前者有学习集，后者没有

   B. 后者有测试集，前者没有

   C. 后者有学习集，前者没有

   D. 前者有测试集，后者没有

5. K-Means 算法是________。

   A. 聚类算法　　B. 回归算法

   C. 分类算法　　D. 主成分分析算法

6. 以下选项中________不属于 K-Means 算法的局限性。

A．不能处理非球形的簇

B．容易受到所选择的初始值影响

C．离群值可能造成较大干扰

D．不能处理不同尺寸，不同密度的簇

7．命令 iris.rp = rpart(Species~., data=iris, method="class")的作用是对鸢尾花数据集建立________。

A．线性判别模型　　B．神经网络判别模型

C．apriori 购物篮分析模型　　D．决策树判别模型

8．购物篮数据如表 9.5{I1,I2}的支持度是________。

A．9　　B．4

C．2　　D．6

表 9.5　问题与用表

TID	项 ID 的列表
T100	I1，I2，I5
T200	I2，I4
T300	I2.I3
T400	I1，I2，I4
T500	I1,I3
T600	I2，I3
T700	I1，I3
T800	I1，I2，I3，I5
T900	I1，I2，I3

9．按照不同标准，相关规则可以进行不同的分类，基于规则中数据的抽象层次可以分为________。

A．布尔型和数值型　　B．单层相关和多层相关

C．单维的和多维　　D．整型和浮点型

10．Apriori 算法用于挖掘________频繁项集的算法。

A．布尔相关规则　　B．多维相关规则

C．单精度相关规则　　D．多层相关规则

11．下面________算法不是自适应选择模型中包含一批模型？

A．bagging 算法　　B．Boosting 算法

C．adaboost 算法　　D．hessian 算法

12．使用 SVM 建模需要加载包哪种包？________。

A．Kernlab　　B．Mrenlab

C．Library　　D．Svmlib

13．下面________不属于神经网络对人们的具有的巨大吸引力？

A．并行分布处理　　B．高度鲁棒性和容错能力

C．充分逼近复杂的线性关系　　D．分布存储及学习能力。

14．增强的图形决策树的命令为？________。

A．path.rpart()　　B．draw.tree()

C．na.roughfix()　　D．ctree()

15．人工神经网络的模型现在有数十种之多，应用较多的典型的神经网络模型不包括________。

A．BP 神经网络　　B．Hopfield 网络

C．AMT 网络　　D．Kohonen 网络

16．C4.5 算法在 ID3 算法之上主要做出了哪些方面的改进？

17．简述随机森林模型的优缺点。

18．建立人工神经网络模型需要注意什么问题？

模型评估

建模固然重要，最重要的还是建模之后的模型评估，比如检验模型是否通过，这对于模型的应用非常重要。模型检验不通过，即不正确的模型有什么意义呢？简言之，模型评估的目标是评估模型的预测能力。通常，我们需要对多个模型进行评估，从而从众多的模型中最终确定一个最优的模型。

有关模型评估，Rattle 提供了混淆矩阵、风险矩阵、成本曲线和 Lift 曲线和 ROC 曲线等分数据集等方法。

图 10.1 显示了模型评估（Evaluate）选项卡界面。

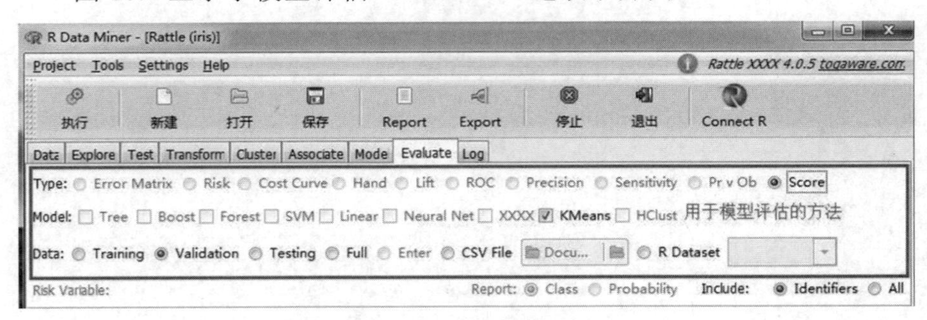

图 10.1　Evaluate 选项卡界面

① Type 标签：从混淆矩阵（Error Matrix）与打分（Score），每次只能选择一种类型。

② Model 标签：在 Type 标签下面是 Model 标签，在选择期望评估的模型之前，要完成建立相应模型，一次可以评估多个模型。

③ Data 标签：为了评估模型，需要确认选择评估的数据集，包括训练集、测试集、验证集和全集。

④ Risk Variable 标签：图 10.1 最后一行左边有一个 Risk Variable 标签。用来衡量每个观察数据对目标变量有多大风险。

⑤ Report 标签：图 10.1 最后一行的右侧有一个 Report 标签，只有在选择了 Score 类型时才生效（见图 10.2）。许多模型能够预测结果或特殊结果的概率。Report 标签包括选择是否包括所有变量或只包含判别变量。

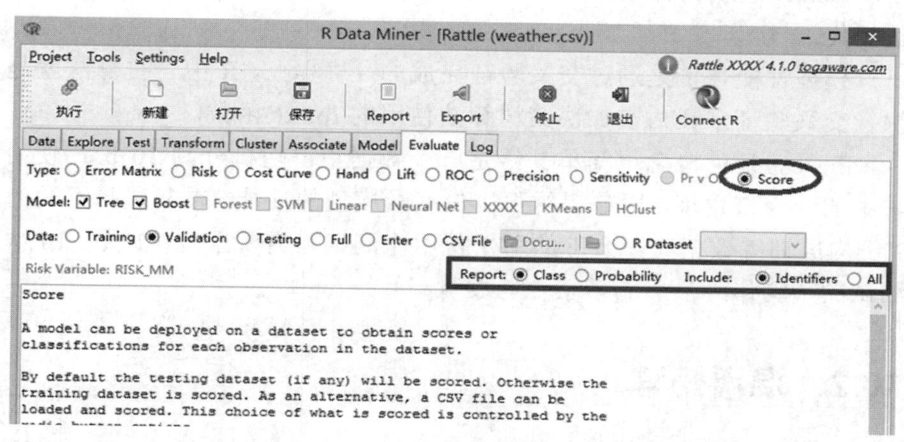

图 10.2　Score 类型模型对结果的评估报告

10.1　数据集

训练数据集是用于建模的，所以通常情况下，训练数据集的模型执行得很好。但这个结论并不能真的说明模型好，我们更希望知道模型对看不见的数据有怎样的表现。

为了回答这个问题，我们需要把模型应用到不可见数据上。这样做之后，将得到模型的总体错误率。简单的做法就是把观察数据按比例划分，对比模型结果和实际的结果的差异。

我们使用验证数据集测试模型的性能，同时微调模型。因此，建立一个决策树之后，我们要在验证数据集再次检查模型的性能。我们可能会改变一些用于构建决策树模型的参数调节选项。基于模型在验证数据集性能与旧模型对比，得到一个最终的性能模型的偏差估计。

测试数据集是一个在建模阶段没有使用的数据集。一旦根据验证数据集确定了“最好”的模型，那么就可在测试数据集上对模型进行性能评估。然后，在任何新的数据集上估计模型预期的性能。

Data 标签的第四个选项是使用全部集评估模型（联合训练、验证和测试数据集）。这种策略似乎只对玩具项目有用，而不能精确地评估模型的性能。

在 Data 标签中，作为数据源的另一个选项是通过输入提供选择。当打分（Score）选为评价的类型时才使用。在这种情况下，弹出一个窗口允许直接输入数据。

Data 标签数据源的最后两个选项一个是 CSV 文件，另一个是 R Dataset。它们允许数据从一个 CSV 文件加载到 R 中，作为模型评估数据集。

模型性能评价是通过交叉验证完成的。事实上，R 中一些算法就是执行交叉验证来评估，如决策树算法使用的 rpart()函数。

交叉验证的概念很简单。给定一个数据集，随机分割 10 份，使用其中的 9 份来建模，用最后的那 1 份度量模型的性能。重复选择不同的 9 份构成训练数据集，余下的那 1 份用作测试，需要重复 10 次，10 次测试的平均作为最后的模型性能度量。

10.2 混淆矩阵

10.2.1 二分类混淆矩阵

在过去几年里，开发了很多评估模型性能的度量标准。ROCR 包的函数 performance()收集了超过 30 个模型性能度量的摘要列表。想浏览这个列表，在 R 控制台执行以下脚本：

```
library(ROCR)
help(performance)
```

对于二分类，通常称一类为正例（阳性），另一类为反例（阴性）。

将评估模型应用于观测数据集与已知的实际结果（分类变量），模型将被用来预测每个观察数据的类别，然后比较预测结果与实际结果。

评价模型性能的指标有很多，首先定义混淆矩阵（见表 10.1）。

表 10.1　二分类混淆矩阵

实际＼预测	正　例	反　例	合　计
正例	真阳（TP）	假阴（FN）	实际正例数（TP+FN）
反例	假阳（FP）	真阴（TN）	实际反例数（FP+TN）
合计	预测正例数（TP+FP）	预测反例数（FN+TN）	总样本数 TP+FP+FN+TN

- TP（真阳性）表示阳性样本经过正确分类之后被判为阳性。
- TN（真阴性）表示阴性样本经过正确分类之后被判为阴性。
- FP（假阳性）表示阴性样本经过错误分类之后被判为阳性。
- FN（假阴性）表示阳性样本经过错误分类之后被判为阴性。

混淆矩阵是将每个观测数据的实际分类与预测类别进行比较。混淆矩阵的每一列代表了预测类别，每一列的总数表示预测为该类别的数据的数目；每一行代表了观测数据的真实归属类别，每一行的数据总数表示该类别的观测数据实例的数目。每一列中的数值表示真实数据被预测为该类的数目。

这些指标通常对区分误分类错误类型有用。例如，在weather数据集中，假阳性将预测明天会下雨，但事实上并非如此。结果是，我可能会带伞，但没有用到。

假阴性预测结果是明天没有雨，但实际下了，如果依据模型的预测，你不需要带雨伞，不幸的是遇到大雨，你被淋湿了。在这个例子中，假阴性比假阳性更重要。

是用假阴性还是用假阳性评估模型更能说明问题依赖于具体场景。在医疗应用中，假阳性（错误地把非癌症诊断为癌症）造成的损失比假阴性（把癌症诊断为非癌症）要小。不同的模型构造器用不同的方式处理假阳性和假阴性。例如，决策树模型给出一个权重与结果矩阵，以避免偏向某一类型的错误。

10.2.2 模型评价指标

基于混淆矩阵可以定义如下评价指标：

① 准确度（accuracy）：表示模型对真阳性和真阴性样本分类的正确性。

$$accuracy = \frac{TP + TN}{TP + TN + FP + FN}$$

② 灵敏度（sencitivity）：表示在分类为阳性的数据中算法对真阳性样本分类的准确度，灵敏度越大表示分类算法对真阳性样本分类越准确，即被正确预测的部分所占比例。

$$sencitivity = \frac{TP}{TP + FN}$$

③ 特异性（specificity）：特异性表示在分类为阴性的数据中算法对阴性样本分类的准确度，特异性越大表示分类算法对真阴性样本分类越准确。

$$specificity = \frac{TN}{TN + FP}$$

④ 错误率（error）：错误率是度量模型性能的最简单的指标。它是按照预测不正确的观测数据与实际的类的比例来计算的。

$$error = \frac{FN + FP}{TP + TN + FP + FN}$$

⑤ 误判率（mis-judgement）：是真阴性的数量与模型预测阴性的数量之比。

$$mis - judgement = \frac{FN}{TN + FN}$$

⑥ 召回率（recall）：也称为查全率，用来衡量模型可以识别的实际正例数。

10.2.3 多分类混淆矩阵

混淆矩阵可以推广到多分类情况。表 10.2 给出一个三分类混淆矩阵，样本数据总数为 150，每类 50 个样本。

表 10.2 三分类混淆矩阵

预测 实际	类 1	类 2	类 3
类 1	43	5	2
类 2	2	45	3
类 3	0	1	49

从表 10.2 可以看出，第 2 行第 2 列中的 43 表示有 43 个实际归属第 1 类的实例被预测为第 1 类，同理，第 3 行第 2 列的 2 表示有 2 个实际归属为第 2 类的实例被错误预测为第 1 类。每行之和为 50，表示 50 个样本，第 2 行说明类 1 的 50 个样本有 43 个分类正确，5 个错分为类 2，2 个错分为类 3。

10.3 风险图

10.3.1 风险图的作用

在决策中，个性、才智、胆识和经验等主观因素使不同的决策者对相同的益损问题（获取收益或避免损失）做出不同的反应；即使是同一决策者，由于时间和条件等客观因素不同，对相同的益损问题也会有不同的反应。决策者这种对于益损问题的独特感受和取舍，称之为“效用”。

效用曲线就是用来反映决策后果的益损值对决策者的效用（即益损值与效用值）之间的关系曲线。通常以益损值为横坐标，以效用值为纵坐标，把决策者对风险态度的变化在此坐标系中描点而拟合成一条曲线，称为风险图。风险图也称为累计增益图（cumulative gain chart），提供另外一种度量二分类模型的视角。

10.3.2 实验指导

选择 Type 标签 Risk 选项，单击“执行”按钮，如图 10.3 所示。在结果展示区解释风险图，如图 10.4 所示。

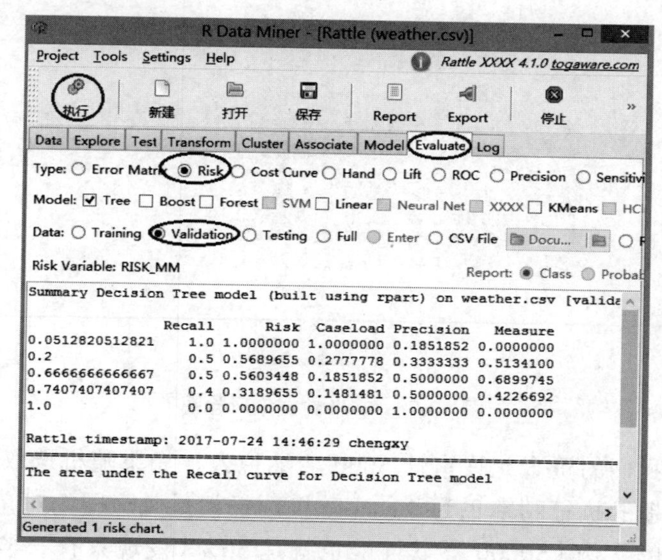

图 10.3 风险图解释

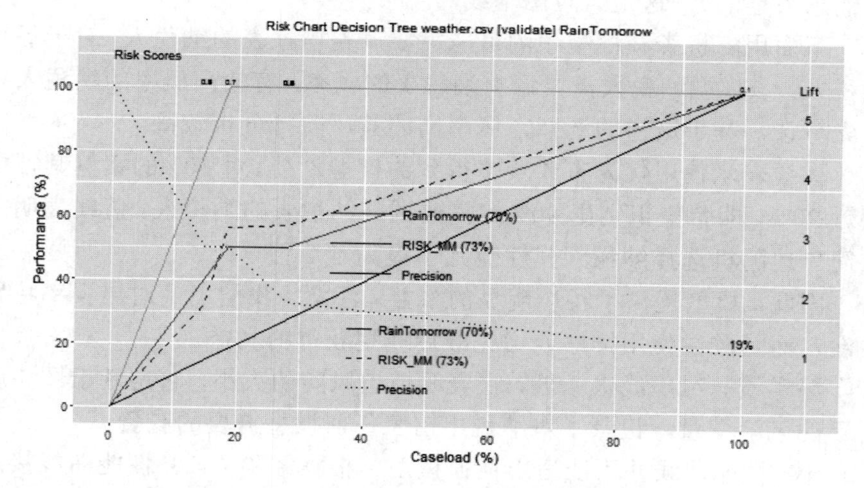

图 10.4 Weather 数据集风险图

可以对 Audit 数据集建立一个随机森林模型（见图 10.5）。Audit 数据集包括已经审计的纳税人和审计的结果：No 或 Yes。正例结果表明要求纳税人修改纳税申报表，因为数据不准确。反例结果表明纳税申报表不需要调整。对于每次调整，还要记录其金额（如风险变量）。为了阅读这个风险图，我们将选择一个特殊的点，并考虑审计纳税人的特定场景。正常情况下每年要审计 100000 名纳税人。其中，只有 24000 人需要调整他们的纳税申报表，即感兴趣的执行利率为 23%。

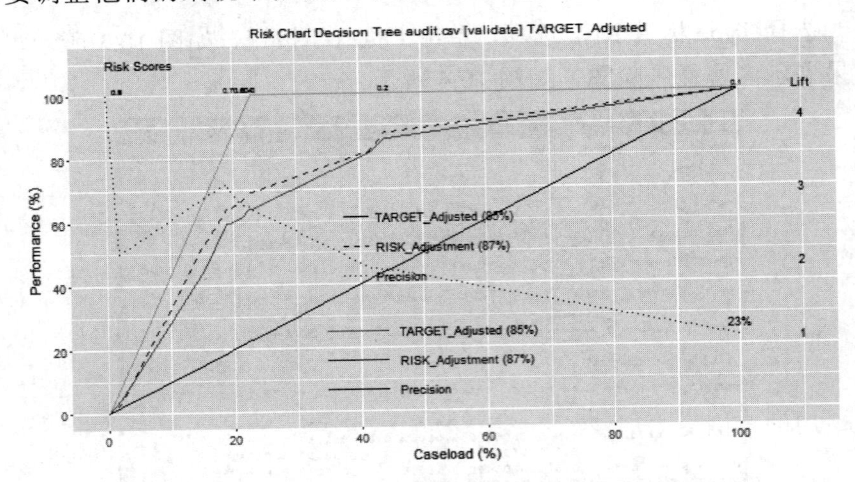

图 10.5　Audit 数据集风险图

假设我们的资金允许审计 5000 名纳税人，如果随机选取 50%，则希望感兴趣的执行利率也为 50%。随机选择就是风险图的对角线，随机加载 50%的案例（50000），其性能也就是 50%（发现只有一半的案例是我们感兴趣的），这是风险图基线。

下面用随机森林模型预测可能需要调整申报表的纳税人，对于每个纳税人，该模型纳税人需要调整纳税表的概率，有较高概率的纳税人要优先审计，基于这样的选择，概率高的其风险打分也较高。

虚线表示使用优先审计策略得到的模型性能。对 50%的案例其性能接近 90%，即希望识别出 90%的需要调整纳税表的纳税人。蓝线表明如果简单地随机选择纳税人其性能几乎提高了 2 倍。

因此，模型提供了相当明显的效益。注意，我们不是对错误率特别关注，而是关注使用排序或优先级后模型获得的利益。

深实线与绿虚线很接近，它表明模型风险的大小，它是基于图 10.4 所示的风险变量，记录了对纳税申请表任何调整需要的花费。

risk 性能曲线并不能适用任何模型。根据经验，risk 性能曲线接近 Target 性能曲线或位于 Target 性能曲线之上。如果是后者，在过程的早期，模型是偶尔能识别到高风险的案例，这是有用的结果。

10.4　ROC 曲线

10.4.1　什么是 ROC 曲线

受试者工作特征曲线（receiver operating characteristic curve，简称 ROC 曲线），又称为敏感曲线。得此名的原因在于曲线上各点反映着相同的敏感性，它们都是对同一信号刺激的反应，只不过是在几种不同的判定标准下所得的结果而已。

ROC 曲线是根据一系列不同的二分类方式（分界值或决定阈），以真阳性率（敏感度=TP/(TP+FN)）为纵坐标，假阳性率（1-特异度）为横坐标绘制的曲线。传统的诊断试验评价方法有一个共同的特点，就是必须将试验结果分为两类，再进行统计分析。ROC 曲线的评价方法与传统的评价方法不同，无须此限制，而是根据实际情况，允许有中间状态，可以把试验结果划分为多个有序分类，如正常、大致正常、可疑、大致异常和异常五个等级，再进行统计分析。因此，ROC 曲线评价方法适用的范围更为广泛。

10.4.2　ROC 曲线作用

ROC 曲线的主要作用如下所述。

① ROC 曲线能很容易判断边界值分类能力。

② 选择最佳的诊断界限值。ROC 曲线越靠近左上角，试验的准确性就越高。最靠近左上角的 ROC 曲线的点是错误最少的最好阈值，其假阳性和假阴性的总数最少。

③ 两种或两种以上不同诊断试验对疾病识别能力的比较。在对同一种疾病的两种或两种以上诊断方法进行比较时，可将各试验的 ROC 曲线绘制到同一坐标中，以直观地鉴别优劣，靠近左上角的 ROC 曲线所代表的受试者工作最准确。亦可通过分别计算各个试验的 ROC 曲线下的面积（AUC）进行比较，哪种试验的 AUC 最大，则哪种试验的诊断价值最佳。

10.4.3　实验指导

画 ROC 曲线需要加载 ROCR 包。具体结果如图 10.6、图 10.7、图 10.8 所示。

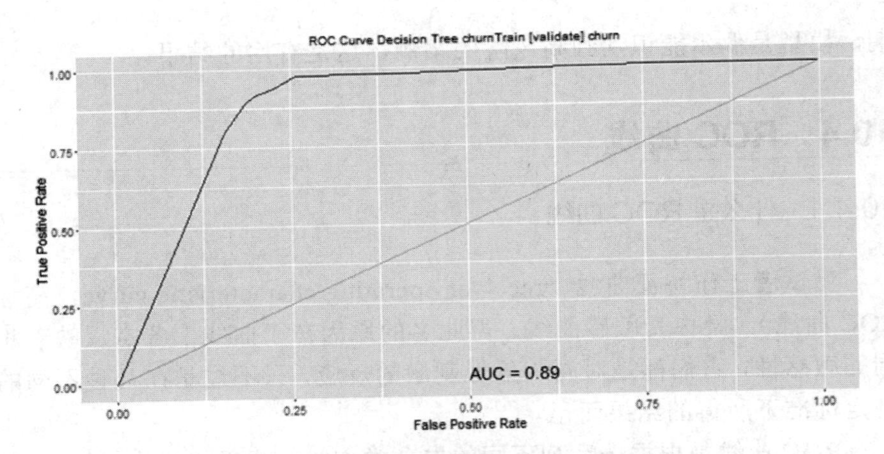

图 10.6 Audit 数据集决策树模型 ROC 曲线

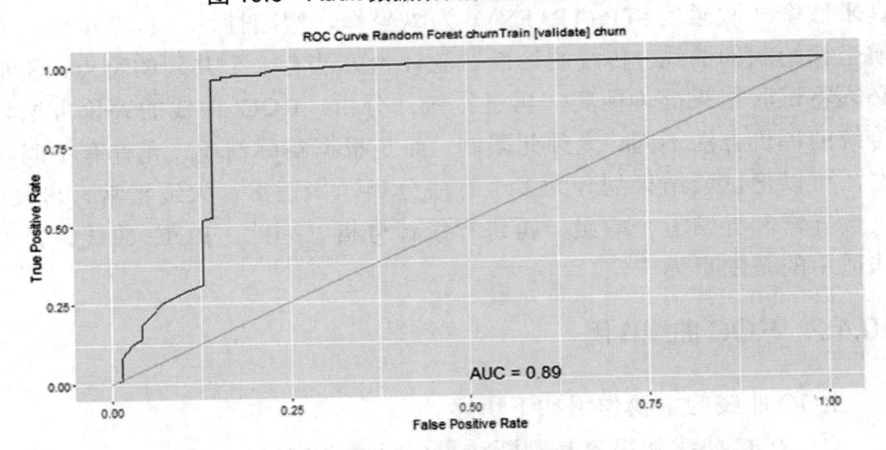

图 10.7 Audit 数据集随机森林模型 ROC 曲线

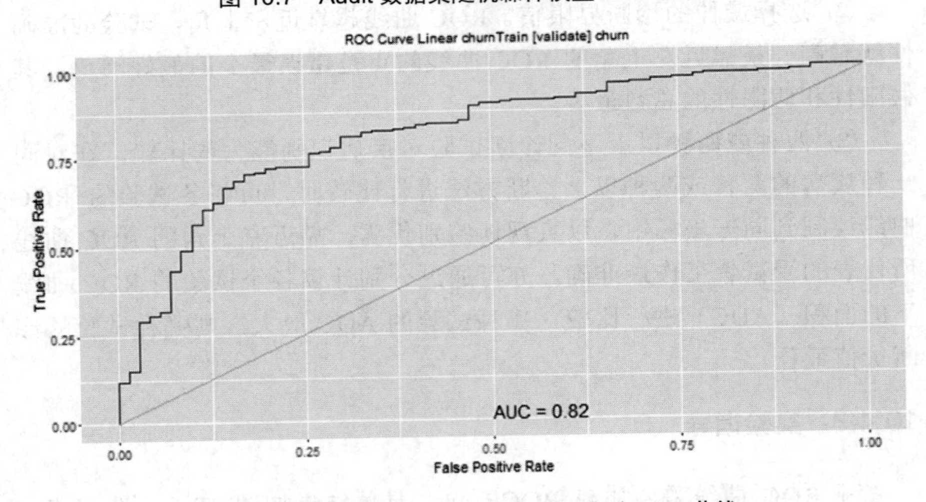

图 10.8 Audit 数据集 Logistic 回归模型 ROC 曲线

结果显示，三个模型的优劣顺序：随机森林、决策树和 Logistic 回归。

习题

1．FP 表达的含义是________。

A．表示阳性样本经过正确分类之后被判为阳性

B．表示阴性样本经过正确分类之后被判为阴性

C．表示阴性样本经过错误分类之后被判为阳性

D．表示阳性样本经过错误分类之后被判为阴性

2．ROC 曲线又称作________。

A．敏感曲线　　B．成本曲线

C．Lift 曲线　　D．特异性曲线

3．模型评估常用到得方法有混淆矩阵、风险矩阵、成本曲线、Lift 曲线、ROC 曲线和________等方法。

4．p-value 常用到的标签：________、________、________、________和________等。

5．模型评估的度量参数有度量，准确率、识别率，错误率、误分类率，敏感度、真正例率、________、特效型、真负例率，精度（precision），F 分数，Fb、其中 b 是非负实数

6．混淆矩阵评价有 6 个指标分别为________。

7．分别用公式表达准确度，灵敏度，特异性，错误率，误判率，并解释其含义。

8．简述 ROC 曲线的作用。

9．简述风险图即累计增益图的作用。

10．通过图 10.9 的 weather 数据集风险图，可以读出什么信息？

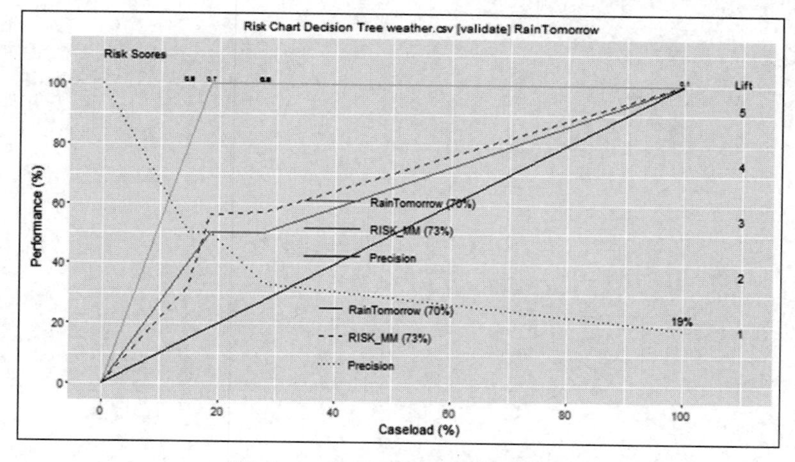

图 10.9 weather 数据集风险图

应用篇

人靠衣装马靠鞍，数据也要包装。没有数据分析报告，价值如何体现？数据分析师工作的最重要一环就是写出有情报价值的数据分析报告。直接将数据罗列到 PPT 或 Word 中，不仅看上去不美观，而且也会影响报告的可读性，使一份数据分析报告成为简单的数据展示。数据分析报告的写作除遵守各公司统一规范原则外，还有一些基本要求：讲故事、针对场合、审美观。本篇提供两个案例，探讨写出一份具有情报价值的数据分析报告的一些技巧。

第 11 章 影响大学平均录取分数线因素分析

11.1 背景与目标

如何去选择一所适合自己的大学，是每个考生一生中最重要的事，也是每个考生最头疼的问题。而分数线，地区，类型，是否是 985、211 院校等都是考生选择高校的参考因素。

分析的目标：建立回归模型，试图找出影响高校录取平均分数线的因素，预测没有录取平均分数的院校的录取平均分数线，为考生选择高校提供资料支持。

11.2 数据说明

我们搜集了 1169 条官方的高校信息，变量说明如表 11.1 所示，部分数据如图 11.1 所示。

表 11.1 变量说明

变量类型		变量名	取值范围	备注
自变量		2015 年平均分数线	397~694	连续变量
因变量	字符串	大学名称	北京大学等	分类变量
	字符串	所在地	南昌、镇江、西安等	

续表

变量类型		变量名	取值范围	备注
因变量	字符串	隶属	江西省教育厅等	
	整数	院士	0~70	单位：位
	整数	硕士点	0~345	单位：个
	字符串	类型	综合、语言、政法、师范和工科等	分类变量
	整数	重点学科	0~81	单位：个
	整数	博士点	0~283	单位：个
	字符串	地址		
	因子	是否985	是，否	
	因子	平均线		2015年平均线
	因子	是否211	是，否	
	因子	搜自主招生	是，否	

	A	B	C	D	E	F	G	H	I	J	K	L	M
1	大学名称	所在地	隶属	院士	硕士点	类型	重点学科	博士点	地址	平均线	是否985	是否211	是否自主招生
2	南昌工程学	南昌	江西省教育	0	0	工科	4	0	江西省南	397	否	否	否
3	江苏科技大	镇江	江苏省教育	0	60	工科	1	8	江苏省镇	410	否	否	否
4	山西传媒学	太原	山西省教育	0	0	综合	0	0	山西太原	412	否	否	否
5	江西科技学	无	江西省教育	0	0	综合	0	0	江西省南	420	否	否	否
6	西安航空学	无	陕西省教育	0	0	工科	0	0	陕西省西	447	否	否	否
7	西安科技大	西安	陕西省教育	0	0	工科	0	0	陕西省西	460.5	否	否	否
8	中国医科大	沈阳	辽宁省教育	12	61	医药	34	52	辽宁省沈	582	否	否	是
9	南京邮电大	南京	江苏省教育	1	44	工科	4	17	江苏省南	545	否	否	是
10	电子科技大	成都	四川省教育	0	0	工科	0	0	四川省成	466	否	否	否
11	同济大学浙	嘉兴	浙江省教育	0	0	综合	0	0	浙江省嘉	467	否	否	否
12	三峡大学科	宜昌	湖北省教育	0	0	工科	0	0	湖北省宜	467	否	否	否
13	哈尔滨华德	无	黑龙江省教	0	0	工科	0	0	哈尔滨市	467	否	否	否
14	成都东软学	无	四川省教育	0	0	工科	0	0	四川省成	467	否	否	否
15	长春科技学	长春	吉林省教育	0	0	农业	0	0	吉林省长	468	否	否	否
16	东华理工大	南昌	江西省教育	0	0	工科	0	0	江西省抚	468	否	否	否
17	昆明理工大	昆明	云南省教育	0	0	工科	0	0	云南省昆	468	否	否	否
18	安徽财经大	蚌埠	安徽省教育	0	0	财经	0	0	安徽省蚌	469	否	否	否
19	石家庄铁道	石家庄	河北省教育	0	0	工科	0	0	石家庄市	469	否	否	否
20	长沙理工大	长沙	湖南省教育	0	0	工科	0	0	湖南省长	469	否	否	否
21	厦门大学嘉	厦门	福建省教育	0	0	综合	0	0	福建省招	470	否	否	否
22	青岛农业大	莱阳	山东省教育	0	0	综合	0	0	山东省莱	470	否	否	否
23	济南大学泉	济南	山东省教育	0	0	综合	0	0	山东省济	470	否	否	否
24	南京邮电大	南京	江苏省教育	0	0	综合	0	0	南京市新	470	否	否	否

图 11.1　部分数据示意

（1）数据集构造

没有录取平均分数的院校有 736 所，作为测试集 test，余下的 433 个样本作为训练集 train。

（2）平均线概况

```
#平均线转换为数值型
train$平均线<-as.numeric(as.character(train$平均线))
#查看平均线情况
summary(train$平均线)
Min.    1st Qu.   Median    Mean    3rd Qu.   Max.
397.0   501.0     516.0     533.6   573.0     694.0
```

可知，最低平均线 397 分，最高平均线 694 分，平均平均线 533 分。

```
#各录取平均线院校数量
t1<-as.data.frame(table(train$平均线))
plot(t1)
```

输出的统计图如图 11.2 所示。

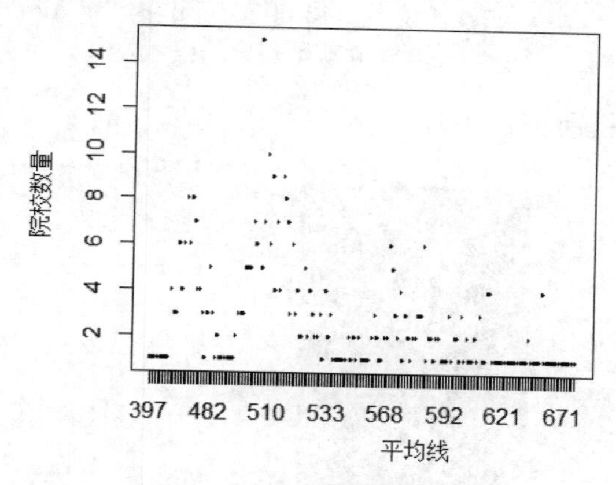

图 11.2　院校录取平均线

从图中可以看出平均线在 480～510 分录取的院校最多。

（3）院校分布概况

院校分布如图 11.3 所示。

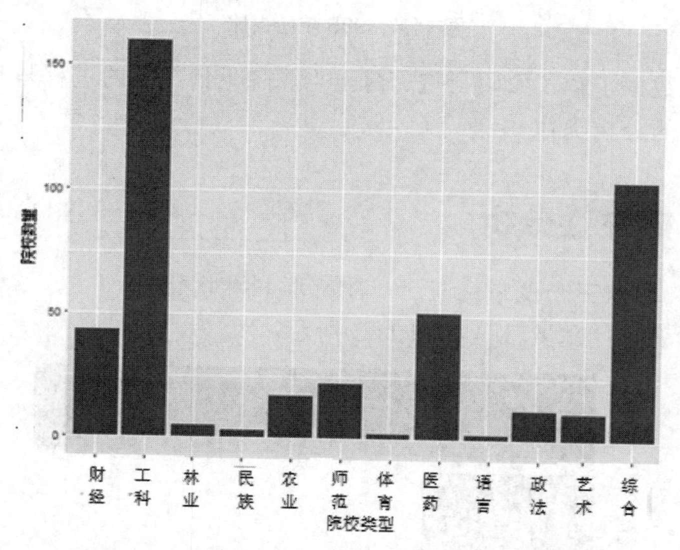

图 11.3　院校类型与院校数量

985 院校分布如图 11.4 所示。

也可通过 summary 函数，了解院校分布：

```
summary(train[c("是否 985","是否 211","所在地")])
是否 985   是否 211          所在地
```

```
否:394    否:331      北京市 : 47
是: 39    是:102      南京   : 23
                      无     : 22
                      西安   : 18
                      天津市 : 15
                      上海市 : 13
                      (Other) :295
```

有 22 所院校所在地不详。

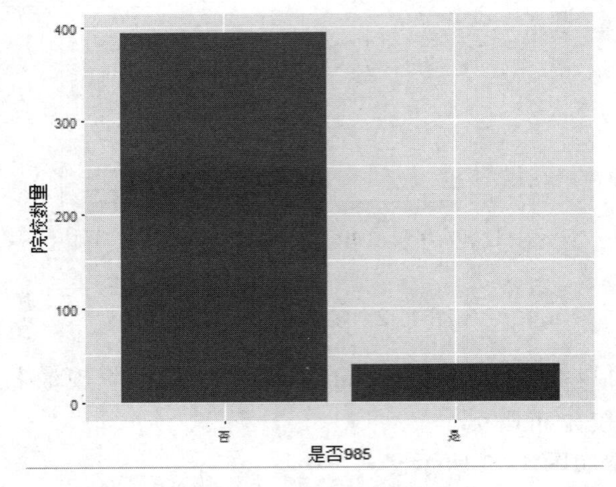

图 11.4　985 院校占比

其他数据了解（如硕士点、博士点、院士情况）的过程与平均分和院校数量的分析类似。

11.3　描述性分析

（1）选取三个变量：院士、重点学科和博士点。

分析变量的重要性，如图 11.5 所示。

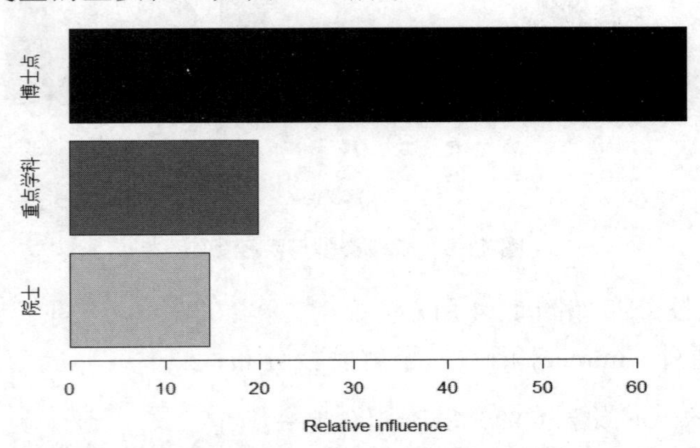

图 11.5　博士点、重点学科、院士占比

利用广义线性回归函数 lm 进行预测，核心代码如下。

```
#将学校按照 985,211 进行分类，再预测
x985<-df1[which(df1$是否 985=='是'),]                    #获取 985 信息
cc<-x985[which(x985$ 是否 211=="是"),]                    #获取 211 信息
c1<-cc[which(cc$平均线=='无'),]                           #获取无平均线记录
c<-cc                                                      #临时存储 211 信息
c$平均线<-as.numeric(as.character(c$平均线))             #类型转换
summary(c$平均线)                                          #211 信息信息描述
c2<-cc[which(cc$平均线!='无'),]                           #211 有录取平均线的学校
c3<-cc[which(cc$平均线=='无'),]                           #211 无录取平均线的学校
c2<-c2[,-c(1,3,9,11,12)]                          #投影表 11.2 第 1、3、9、11、12 列
c2$所在地<-as.numeric(c2$所在地)                         #类型转换
c2$类型<-as.numeric(c2$类型)                             #类型转换
c2$是否自主招生<-as.numeric(c2$是否自主招生)             #类型转换
c2$平均线<-as.numeric(as.character(c2$平均线))           #类型转换
fit<-lm(平均线~ 所在地+院士+硕士点+类型+重点学科+博士点,data=c2)  #建立
线性回归模型
summary.lm(fit)    #查看模型参数
#删除不重要的因素，再次拟合
fit<-lm(平均线~ 硕士点+类型+博士点,data=c2)
par(mfrow=c(2,2))
plot(fit)
summary.lm(fit)
#211 无录取平均线的学校进行录取线预测
c3<-c3[,c(2,4,5,6,7,8,13)]                                #整理数据
c3$所在地<-as.numeric(c3$所在地)                         #类型转换
c3$类型<-as.numeric(c3$类型)                             #类型转换
c3$是否自主招生<-as.numeric(c3$是否自主招生)
t<-predict(fit,c3)                                         #预测
summary(t)                                                 #查看预测结果
#对既不是 985 又不是 211 的进行预测
xx<-df1[which(df1$是否 211=='否'&df1$是否 985=='否'),]
b<-xx
b1<-b[which(b$平均线!='无'),]
b2<-b[which(b$平均线=='无'),]
b1<-b1[,-c(1,9,11,12)]
b1$所在地<-as.numeric(b1$所在地)                         #类型转换
b1$隶属<-as.numeric(b1$隶属)                             #类型转换
b1$类型<-as.numeric(b1$类型)                             #类型转换
b1$是否自主招生<-as.numeric(b1$是否自主招生)             #类型转换
b1$平均线<-as.numeric(as.character(b1$平均线))           #类型转换
fit<-lm(平均线~ 所在地+隶属+院士+硕士点+类型+重点学科+博士点+是否自主招
生,data=b1)                                                #建立线性回归模型
summary.lm(fit)                                            #查看模型参数
```

```
par(mfrow=c(2,2))
plot(fit)
b2<-b2[,c(2,3,4,5,6,7,8,13)]                          #准备数据
b2$所在地<-as.numeric(b2$所在地)                      #类型转换
b2$隶属<-as.numeric(b2$隶属)                          #类型转换
b2$类型<-as.numeric(b2$类型)                          #类型转换
b2$是否自主招生<-as.numeric(b2$是否自主招生)          #类型转换
t<-predict(fit,b2)                                    #预测
summary(t)                                            #查看预测结果
```

结果表明，博士点的数量越多，平均线越高。

测试结果如下。

	大学名称	院士	博士点	重点学科	平均线	pred
1	南昌工程学院	0	0	4	397	505.4176
2	江苏科技大学	0	8	1	410	526.1169
3	山西传媒学院	0	0	0	412	496.9730
4	江西科技学院	0	0	0	420	496.9730
5	西安航空学院	0	0	0	447	496.9730
6	西安科技大学高新学院	0	0	0	460.5	496.9730

预测的部分结果如下。

head(testdata)

	大学名称	院士	博士点	重点学科	平均线	pred
38	青岛大学	3	35	2	无	561.9074
40	江西师范大学	10	29	8	无	603.6797
41	河南农业大学	14	29	3	无	593.8290
42	汕头大学	1	26	1	无	515.5570
43	上海师范大学	5	24	2	无	560.4146
46	广州大学	2	20	5	无	558.2493

（2）选取 5 个变量：博士点、重点学科、是否自主招生、所在地和类型。

测试结果如下。

	大学名称	是否自主招生	博士点	重点学科	所在地	类型	平均线	pred
1	南昌工程学院	1	0	4	146	2	397	492.9652
2	江苏科技大学	1	8	1	282	2	410	504.4005
3	山西传媒学院	1	0	0	194	12	412	478.049
4	江西科技学院	1	0	0	217	12	420	499.386
5	西安航空学院	1	0	0	217	2	447	485.8576
6	西安科技大学高新学院	1	0	0	225	2	460.5	484.857

预测结果（部分）：

	大学名称	是否自主招生	博士点	重点学科	所在地	类型	平均线	pred
38	青岛大学	1	35	2	166	12	无	548.4170
40	江西师范大学	1	29	8	146	6	无	543.0225
41	河南农业大学	1	29	3	283	5	无	559.4254
42	汕头大学	1	26	1	175	12	无	525.7786
43	上海师范大学	1	24	2	178	6	无	542.6536
46	广州大学	1	20	5	59	12	无	569.9920

模型评估

从图 11.6 中可看出最佳迭代次数为 597。

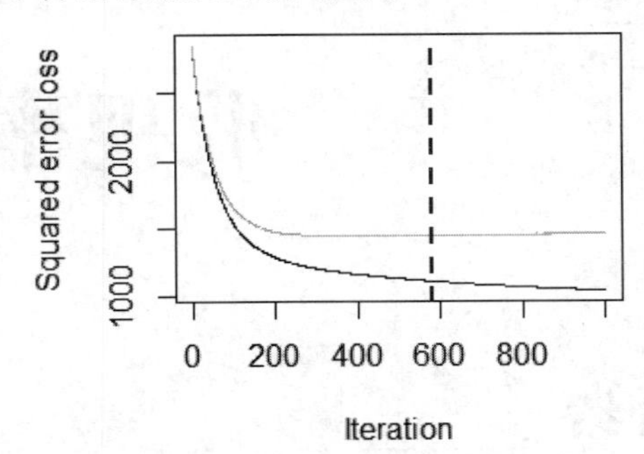

图 11.6　录取平均线预测误差

11.4　总结与建议

预测的自变量和因变量需要是数值型，但给定的数据大多数变量都是非数值型，所以使用预测模型进行了大量类型转换工作。设想用分类模型解决本例，应当会更自然，因为时间关系没有尝试。

从结果可以看出，明显 5 个变量的测试结果比 3 个变量的测试结果要好，本实验没有考虑特征优化。

第 12 章

收视率分析

12.1 背景介绍

收视率，指在某个时段收看某个电视节目的目标观众人数占总目标人群的比重，以百分比表示。现在一般由第三方数据调研公司，通过电话、问卷调查、机顶盒或其他方式抽样调查来得到收视率。节目平均收视率：观众平均每分钟收看该节目的百分比。收视总人口：该节目播出时间内曾经观看的人数（不重复计算）。所以有时会出现收视率较低，收视人口较高的状况，但排名仍以收视率为准，通常都是 1.8%、0.9%，即全国 100 个人中有几个人在看。

作为“注意力经济”时代的重要量化指标，收视率是深入分析电视收视市场的科学基础；是节目制作、编排及调整的重要参考；是节目评估的主要指标；是制订与评估媒介计划，提高广告投放效益的有力工具。

虽然收视率本身只是简单的数字，但是在看似简单的数字背后却是一系列科学的基础研究、抽样、建立固定样组、测量、统计和数据处理的复杂过程。

12.2 数据说明

本案例选取了 2015 年东方卫视、浙江卫视、江苏卫视和湖南卫视的综艺节目相关数据，数据具体情况如表 12.1 所示。

表12.1 综艺节目数据变量说明

变量名	详细说明	取值范围
收视率是否破一	定性变量 共2个水平	1——收视率破一 0——收视率没有破一
收视率	定量变量	取值范围：0.23%～3.763%
播出平台	定性变量 共4个水平	浙江卫视、湖南卫视、东方卫视、江苏卫视
开播时间	定性变量 共5个水平	一季度、二季度、三季度、四季度、周播
开播具体时间	定性变量 共8个变量	周一、周二、周三、周四、周五、周六、周日、其他
播出模式	定性变量 共2个水平	季播、非季播
所占市场份额	定性变量	取值范围：1.002%～16.007%
百度搜索指数	定性变量	取值范围：23～890401
播出时段	定性变量 共6个水平	晚五点、晚八点、晚九点、晚十点、晚十一点、晚十二点
类型	定性变量 共9个水平	访谈类、户外竞技类、花絮类、婚姻速配类、明星对抗类、脱口秀类、问答类、选秀/真人秀类
原创版权来源	定性变量 共3个水平	中国、韩国、其他
每集长度	单位：分钟	取值范围：10～110分钟

12.3 描述性分析

（1）收视率说明

执行如下代码可得到如图12.1所示统计图。

```
ssl <- read.csv("data.csv",header=T)
summary(ssl)
#设置变量水平顺序
ssl$播出平台=factor(ssl$播出平台,levels=c("东方卫视","浙江卫视","江苏卫视",
"湖南卫视"))
ssl$开播时间=factor(ssl$开播时间,levels=c("一季度","二季度","三季度","四季度", "
周播"))
ssl$播出时段=factor(ssl$播出时段,levels=c("晚五点","晚八点","晚九点","晚十点", "
晚十一点","晚十二点"))
ssl$类型=factor(ssl$类型,levels = c("选秀/真人秀类","户外竞技类","花絮类","明星
对抗类","访谈类","脱口秀类","问答类","婚姻速配类","其他"))
ssl$原创版权来源=factor(ssl$原创版权来源,levels = c("中国","韩国","其他"))
hist(ssl$收视率,main="",xlab="收视率",ylab="频数",col="lightblue")
```

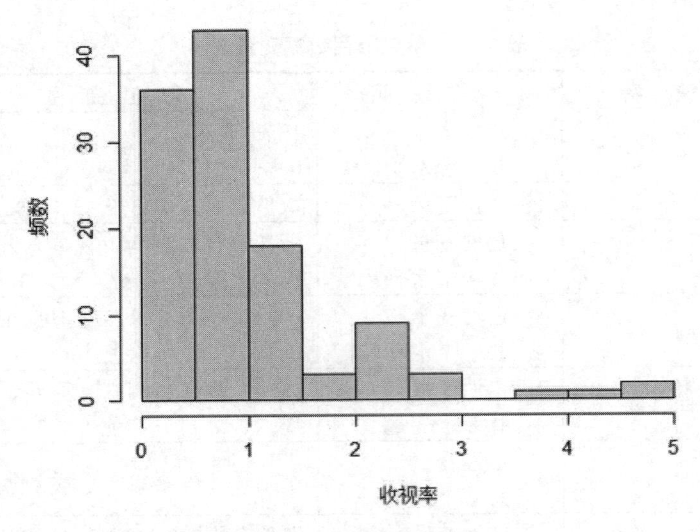

图 12.1　收视率直方图

从图 12.1 中可以看出，大多数综艺节目的收视率集中在 0.5%～1.5%。收视率最低为 0.23%，是东方卫视的《子午线》。由于这档节目过于惨淡，以至于目前东方卫视已经将其下架。收视率最高的是浙江卫视的《中国好声音》（第四季），收视率有 4.87%之高。

（2）播放平台对破一的影响

破一指收视率大于 1%。执行如下代码，得到如图 12.2 所示的统计图。

```
temp<-table(ssl$是否破一,ssl$播出平台)
barplot(temp,xlab="播出平台",ylab = "频数",col = c("lightblue","wheat"))
legend(3.5,35,c("未破一","破一"),fill=c("lightblue","wheat"))
```

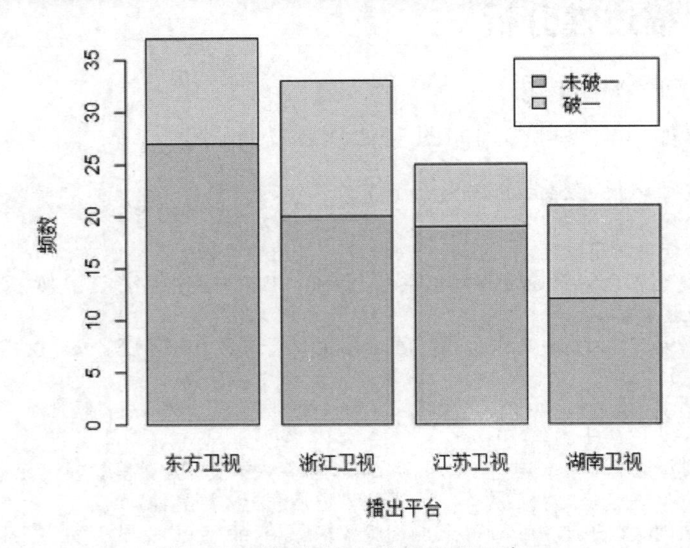

图 12.2　播放平台与收视率是否破一

下面再来看看不同播放平台对节目是否破一的影响。从堆积柱状图中可以很清楚地看到不同卫视的破一节目数量呈现很大的差别，其中浙江卫视破一节目最多，其次是湖南卫视，而江苏卫视为最少。但是不同卫视的综艺节目数量是不同的，所以来看下各自破一的比例。湖南卫视破一率为 42.86%，排到了第 1 位，其次是浙江卫视 39.39%，而江苏卫视 24.00%排到了最后 1 位。

（3）播出模式对破一的影响

执行如下代码，得到图 12.3 所示统计图。

```
temp<-table(ssl$是否破一,ssl$播出模式)                                    #生成交叉表
barplot(temp,xlab="播出模式",ylab = "频数",beside=T,
        col = c("lightblue","wheat"))                                        #设置条形图参数
legend(1,50,c("未破一","破一"),fill=c("lightblue","wheat"))  #设置图例参数
```

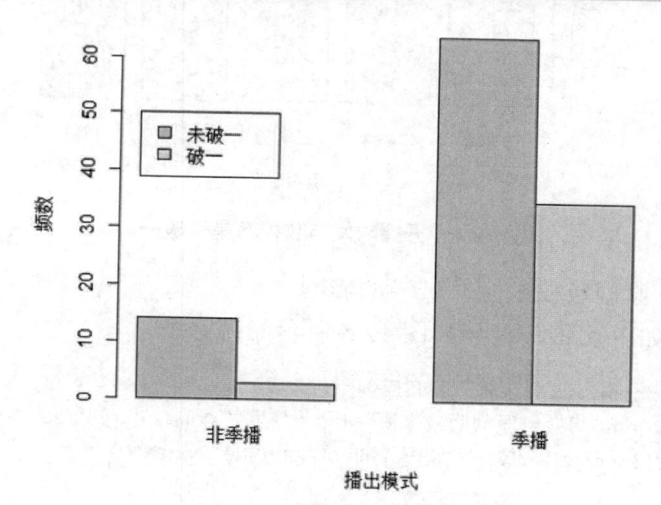

图 12.3 播出模式与收视率是否破一

从图 12.3 可以看出，季播的综艺节目不仅破一数量远远高于非季播节目，季播的综艺节目破一率更是明显高于非季播。季播节目一般节目播出反馈很好，形成其忠实的观看人群，该人群会对此节目持续关注，所以播放时更可能会破一。这也是各大卫视主打季播综艺节目的原因之一。

（4）开播时间对破一的影响

执行如下代码，得到图 12.4 所示统计图。

```
temp<-table(ssl$是否破一,ssl$开播时间)
barplot(temp,xlab="开播时间",ylab = "频数",col = c("lightblue","wheat"))
legend(4,35,c("未破一","破一"),fill=c("lightblue","wheat"))
```

从图 12.4 可以看出不同开播时间的破一率存在着明显的差异，其中第三季度的破一率最高。不仅与第三季播放很多的热门综艺，如《中国好声音》《奔跑吧兄弟》有关，也与第三季度正值暑期有一定的关联。综艺节目本身就更受年轻群体（学生占据很大比重）的追捧，暑期他们有更多的时间观看，所以提高了相应的收视率。

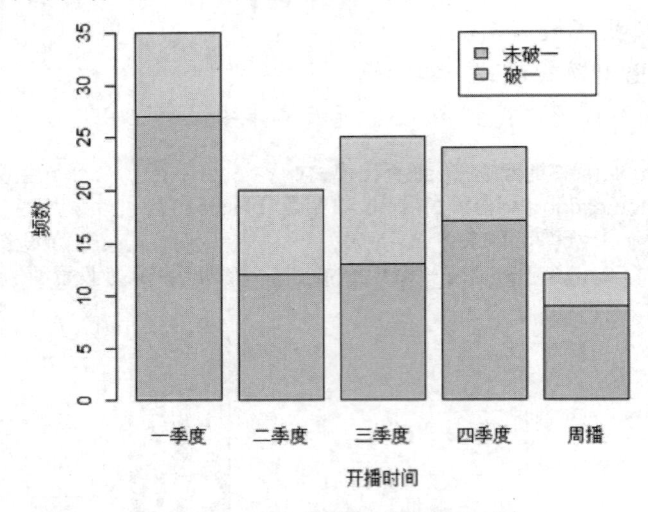

图 12.4 开播时间与收视率是否破一

（5）原创版权来源对破一的影响

执行如下代码，得到如图 12.5 所示的统计图。

```
temp<-table(ssl$是否破一,ssl$原创版权来源)
barplot(temp,xlab="原创版权来源",ylab = "频数",col = c("lightblue","wheat"))
legend(2.5,60,c("未破一","破一"),fill=c("lightblue","wheat"))
```

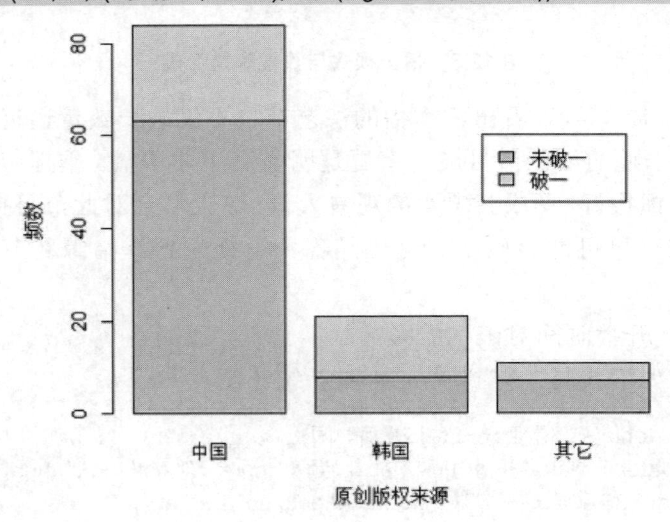

图 12.5 原创版权来源与收视率是否破一

可以很明显地看出，原创版权来自于韩国的综艺收视率破一率最高。而中国本土的综艺节目虽然数量很大，但是破一率确实排在了最后一名。探其缘由发现，购买其他国家综艺版权在国内展开同类节目的前提是，此节目在国外已经发展得很成熟，在国内有很好的市场前景，所以使得节目破一的可能性很大，比如很火热的《爸爸去哪儿》《奔跑吧兄弟》就是来源于韩国的《爸爸！我们去哪儿》《Running Man》。

（6）播出时间对破一的影响

执行如下代码，得到图 12.6 所示的统计图。

```
temp<-table(ssl$是否破一,ssl$播出时段)
barplot(temp,xlab="播出时段",ylab = "频数",col = c("lightblue","wheat"))
legend(5.5,40,c("未破一","破一"),fill=c("lightblue","wheat"))
```

从堆积柱状图（见图 12.6）中可以明显地看出晚上十一点的破一率最高，6 档节目 5 个破一！其次是八九点的黄金时间，这个时间段正好是放松、休息和娱乐的时间。而下午五点只有 1 档综艺节目（《娱乐星天地》），并没有破一。原因可想而知，这个时间点喜欢看综艺的小伙伴们还没有下班和放学呢。晚上十二点的六档节目也无一夺得破一宝冠，毕竟熬夜看综艺的夜猫子还是比较少。

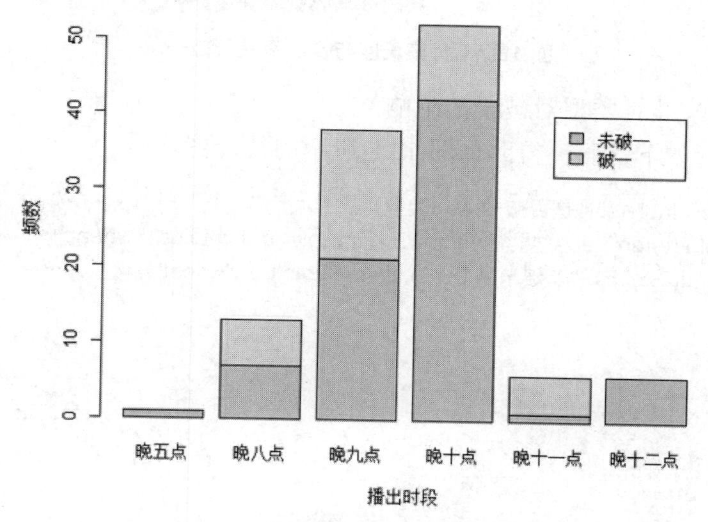

图 12.6　播出时段与收视率是否破一

（7）每集长度对破一的影响

每集长度对破一的影响如图 12.7 所示。

从箱线图可以看出，综艺季每集时间长度越长，其收视破一率越高。一般时间长度集中在 90 分钟的居多，但是有 7 个节目的播放时间为 20 分钟以下的极端值，查询原始数据，发现分别为《跑男来了》(1)、《跑男来了》(2)、《跑男来了》(3)、《我爱挑战》、《笑傲江湖 2 前传》、《极限挑战前传》、《女神新装前传》。这些都是收视率很高的综艺节目《奔跑吧兄弟》《无限挑战》《女神新装》播放前或播放后的衍生节目，一般观众在对节目意犹未尽的情况下也倾向于把衍生节目观看了，所以它们的收视率也被带动了起来。

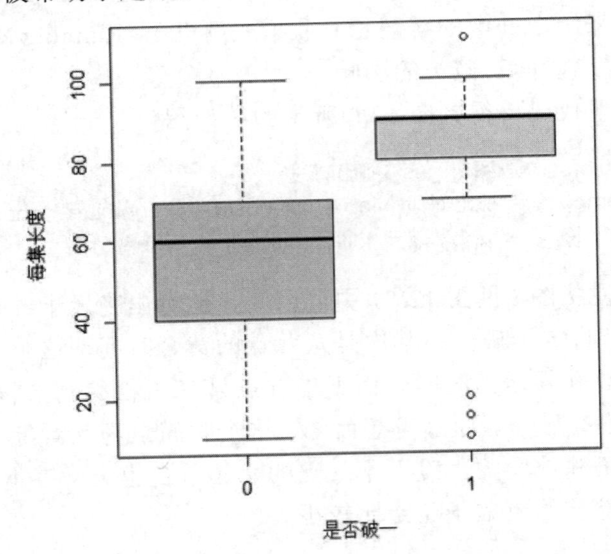

图 12.7　每集长度与收视率是否破一

（8）节目类型对破一的影响

执行如下代码，得到如图 12.8 所示的统计图。

```
temp<-table(ssl$是否破一,ssl$类型)
barplot(temp,xlab="类型",ylab = "频数", col = c("lightblue","wheat"))
legend(8.5,25,c("未破一","破一"),fill=c("lightblue","wheat"))
```

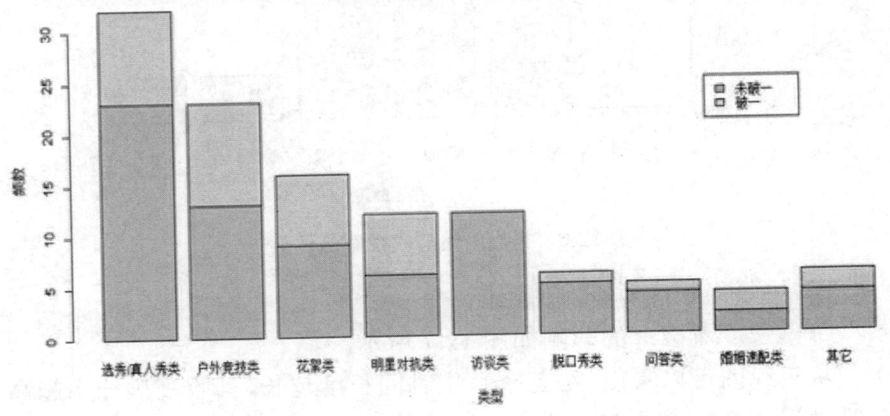

图 12.8　节目类型与收视率是否破一

通过看不同节目类型是否破一的堆积柱状图，可以发现，户外竞技类、明星对抗类、婚姻速配类综艺节目破一率较高（如《爸爸去哪儿》《非诚勿扰》），其次是选秀/真人秀类节目（如《中国梦想秀》），而访谈类节目（如《不能说的秘密》）破一率最低，看来观众们对访谈类节目的兴趣还是较小的。

12.4 总结与建议

看了这么多的因素，综艺节目是否能破一在观众眼里已经有了一个大概的轮廓——第三季度晚上 8、9、11 点季播的户外竞技类、明星对抗类和婚姻速配类综艺节目破一的可能性更大。以后就在这个时间段看这些类型的综艺节目。

本章只是研究 2015 年该 4 家卫视的综艺节目情况，存在很大的不足。

本案例分析的指标比较简单，利用描述性分析方法就可完成。如果指标过于复杂，就需要增加数据建模部分。

进阶篇

R 语言的不足是处理大数据的性能低下。本篇介绍提高 R 语言的大数据处理性能的一些关键技术，包括 RHadoop 和 SparkR。

RHadoop

RHadoop 是运行 R 语言的 Hadoop 分布式计算平台的简称，该平台由 RevolutionAnalytics 公司开发，并将代码开源到 github 社区上面。有了 RHadoop 可以让广大的 R 语言爱好者，有更强大的工具处理大数据。

R 的 3 个包 rmr、rhdfs 和 rhbase（分别是对应 Hadoop 系统架构中的 MapReduce、HDFS 和 HBase）实现 R 对 Hadoop 各个组件的调用，从而将 R 与 Hadoop 平台结合，充分整合了 R 和 Hadoop 各自的优势。将 R 丰富的算法模型赋予分布式并行计算能力。

13.1 认识 RHadoop

Hadoop 家族的强大之处在于对大数据的处理，让原来的不可能（TB、PB 数据量计算）成为可能。所以 Hadoop 重点是海量数据分析。

R 语言的强大之处在于统计分析。在没有 Hadoop 之前，我们对于大数据的处理过程是数据抽样，假设检验，做回归。

可以看出，两种技术放在一起，刚好是取长补短。

模拟场景：对 1PB 的新闻网站访问日志做分析，预测未来流量变化。

第 1 步：用 R 语言，通过分析少量数据，对业务目标进行回归建模，并定义指标。

第 2 步：用 Hadoop 从海量日志数据中，提取指标数据。

第 3 步：用 R 语言模型，对指标数据进行测试和调优。

第 4 步：用 Hadoop 分布式算法，重写 R 语言的模型，部署上线。

在这个场景中，R 和 Hadoop 分别都起着非常重要的作用。以计算机开发人员的思路，所有事情都用 Hadoop 去做，没有数据建模和证明，预测的结果一定是有问题的。以统计人员的思路，所有的事情都用 R 去做，以抽样方式，得到的预测结果也一定是有问题的。

所以二者结合是产业界的必然导向，也是产业界和学术界的交集。

13.2 RHadoop 安装

13.2.1 依赖包安装

（1）下载依赖包

下载地址为 https://github.com/RevolutionAnalytics/RHadoop/wiki/Downloads。

```
rmr-2.1.0
rhdfs-1.0.5
rhbase-1.1
```

复制到/root/R 目录。

```
~/R# pwd
/root/R~
/R#
lsrhbase_1.1.tar.gz   rhdfs_1.0.5.tar.gz   rmr2_2.1.0.tar.gz
```

（2）安装 rJava 库

在配置好了 JDK 1.6 的环境后，运行 R CMD javareconf 命令，R 的程序从系统变量中会读取 Java 配置。然后打开 R 程序通过 install.packages 的方式安装 rJava。

（3）安装依赖库

在命令行执行：

```
~ R CMD javareconf
~ R
```

启动 R 程序

```
install.packages("rJava")
install.packages("reshape2")
install.packages("Rcpp")
install.packages("iterators")
install.packages("itertools")
```

```
install.packages("digest")
install.packages("RJSONIO")
install.packages("functional")
```

（4）安装 rhdfs 库

在环境变量中增加 HADOOP_CMD 和 HADOOP_STREAMING 两个变量：

```
~ vi /etc/environment
HADOOP_CMD=/root/hadoop/hadoop-1.0.3/bin/Hadoop
HADOOP_STREAMING=/root/hadoop/hadoop-1.0.3/contrib/streaming/
hadoop-streaming-1.0.3
.jar./etc/environment
```

（5）安装 rmr 库

```
~ R CMD INSTALL rmr2_2.1.0.tar.gz
```

（6）安装 rhbase 库

安装完成 HBase 后，还需要安装 Thrift，因为 rhbase 是通过 Thrift 调用 HBase 的。

Thrift 是需要本地编译的，官方没有提供二进制安装包，首先下载 thrift-0.8.0。

在 Thrift 解压目录输入./configure，会列出 Thrift 在当前机器所支持的语言环境，如果只是为了使用 rhbase；默认配置就可以了。

为了支持 PHP、Python 和 C++，需要在系统中装一些额外的类库。可以根据自己的要求，设置 Thrift 的编译参数。

编译并安装 Thrift，然后启动 HBase 的 ThriftServer 服务。

最后，安装 rhbase。

代码部分如下所示。

下载 thrift：

```
~ wget http://archive.apache.org/dist/thrift/0.8.0/thrift-0.8.0. tar.gz
~ tar xvf thrift-0.8.0.tar.gz
~ cd thrift-0.8.0/
```

下载 PHP 支持类库（可选）：

```
~ sudo apt-get install php-cli
```

下载 C++支持类库（可选）：

```
~ sudo apt-get install libboost-dev libboost-test-dev libboost -program-options-dev libevent-dev automake libtool flex bison pkg-config g++ libssl-dev
```

生成编译的配置参数：

```
~ ./configure
thrift 0.8.0
Building code generators ..... :
Building C++ Library ......... : yes
Building C (GLib) Library .... : no
Building Java Library ........ : no
Building C# Library .......... : no
Building Python Library ...... : yes
Building Ruby Library ........ : no
Building Haskell Library ..... : no
Building Perl Library ........ : no
Building PHP Library ......... : yes
Building Erlang Library ...... : no
Building Go Library .......... : no
Building TZlibTransport ...... : yes
Building TNonblockingServer .. : yes
Using Python ................. : /usr/bin/python
Using php-config ............. : /usr/bin/php-config
```

编译和安装：

```
~ make
~ make install
```

查看 thrift 版本：

```
~ thrift -version
Thrift version 0.8.0
```

启动 HBase 的 Thrift Server：

```
~ /hbase-0.94.2/bin/hbase-daemon.sh start thrift
~ jps
    12041 HMaster
    12209 HRegionServer
    13222 ThriftServer
    31734 TaskTracker
    31343 DataNode
    31499 SecondaryNameNode
    13328 Jps
    31596 JobTracker
    11916 HQuorumPeer
    31216 NameNode
```

安装 rhbase：

```
~ R CMD INSTALL rhbase_1.1.1.tar.gz
```

（7）查看安装的类库

一般 R 的类库目录是/usr/lib/R/site-library 或者/usr/local/lib/R/site-library，用户也可以使用 whereis R 的命令查询自己计算机上 R 类库的安装位置。

```
~ ls /disk1/system/usr/local/lib/R/site-library/digest functional iterators itertools
plyr Rcpp reshape2 rhdfs rJava RJSONIO rmr2 stringr
```

13.2.2 RHadoop 的特点

RHadoop 是将 R 的强大统计分析能力和 hadoop 的大数据处理能力相结合，可由以下几项功能组成。

① R 内置多种统计学及数据分析功能。

② R 的另一强项是绘图功能。

③ Hadoop 分布式文件系统，高吞吐量的数据级别达到 TB、PB 甚至 EB。

④ MapReduce 高效并行计算。

13.3 综合练习

安装好 RHadoop 后，就可以使用 R 尝试一些 Hadoop 的操作了。

（1）查看 Hadoop 目录

```
~ hadoop fs -ls /user
Found 4 items
drwxr-xr-x    - root supergroup       0 2013-02-01 12:15 /user/ conan
drwxr-xr-x    - root supergroup       0 2013-03-06 17:24 /user/hdfs
drwxr-xr-x    - root supergroup       0 2013-02-26 16:51 /user/hive
drwxr-xr-x    - root supergroup       0 2013-03-06 17:21 /user/root
```

（2）查看 hadoop 数据文件

```
~ hadoop fs -cat /user/hdfs/o_same_school/part-m-00000
```

（3）启动 R 程序

```
library(rmr2)
```

（4）执行 rmr2 任务

```
small.ints = to.dfs(1:10)

mapreduce(input = small.ints, map = function(k, v) cbind(v, v^2))
```

（5）wordcount 执行 rmr2 任务

```
input<- '/user/hdfs/o_same_school/part-m-00000'
wordcount = function(input, output = NULL, pattern = " "){
    wc.map = function(., lines) {
            keyval(unlist( strsplit( x = lines,split = pattern)),1)
    }
    wc.reduce =function(word, counts ) {
            keyval(word, sum(counts))
    }

    mapreduce(input = input ,output = output, input.format = "text",
        map = wc.map, reduce = wc.reduce,combine = T)
}

wordcount(input)

$val
 [1] 1 2 1 2 1 1 1 4 1 1 2 1 1 1 1 2 1 1 2 1 1 1 1 1 1 1 1 1 1 1 1 1 1 1 1 1 1 1
[39] 1 1 1 1 1 1 1 1 1 1 1 1 1 1 1 1 1 1
```

习题

1．下面_________程序负责 HDFS 数据存储。

A．NameNode　　B．Jobtracker

C．Datanode　　D．secondaryNameNode

2．Hadoop 的作者是_________。

A．Martion Fowler　　B．Kent Beck　　C．Doug Cutting

3．Rhadoop 将 R 的强大________能力和 hadoop 的_______相结合。

4．通过 R 的三个包_________、_________、_________，实现 R 对 Hadoop 各个组件的调用。

5．Hadoop 主要用来_________，R 语言完成_________算法。

6．简述 R 语言的强大之处。

7．Mahout 是基于 Hadoop 的_________和_________的算法框架。

8．Hadoop 家族的强大之处，在于对_________的处理，让原来的不可能（TB，PB 数据量计算）成为可能。

9．简述 Mahout 和 R 语言的区别。

10．简述 Rhadoop 的四个组成功能。

11．简述 Hadoop 的特点及优势。

12．简述 R 与 Hadoop 结合一般步骤。

13．R 的三个包 rmr、rhdfs、rhbase 分别对应 Hadoop 系统架构中的哪个部分？

14．对应 MapReduce 的 R 包的名称。

15．对应 HDFS 的 R 包的名称。

SparkR

大数据时代的海量数据处理对 R 语言构成了巨大的挑战。为了能够使用 R 语言分析大规模分布式的数据。SparkR 提供了轻量级的方式，使得可以在 R 语言中使用 Apache Spark。在 Spark 1.4 中，SparkR 实现了分布式的数据框架，支持 SQL 查询、过滤以及聚合的操作，可以操作大规模的 TB 级别的数据集，很好地解决了 R 语言的短板，提高了大数据分布式存储、处理及水平扩展能力。

14.1 认识 SparkR

14.1.1 安装 SparkR

（1）安装依赖包

```
install.packages("rJava")
yum install libcurl
yum install libcurl-devel install.packages("RCurl")
install.packages("devtools")
```

服务器需要安装 maven 服务（参照：http://blog.csdn.net/zdnlp/article/details/7457596）

（2）安装 SparkR 包

```
library(devtools)
install_github("amplab-extras/SparkR-pkg", subdir="pkg")
USE_YARN=1 SPARK_YARN_VERSION=2.4.0 SPARK_HADOOP_VERSION
```

```
=2.4.0 USE_MAVEN=1./install-dev.sh
```

注意：

```
USE_YARN=1
SPARK_YARN_VERSION=2.4.0 SPARK_HADOOP_VERSION=2.4.0 USE_
MAVEN=1
```

执行 install 命令之前，这里必须设置成 Hadoop 环境对应的版本和 Yarn 对应的版本，否则用 Spark 与 Hadoop HDFS 数据通信会提示 Hadoop 连接器版本不匹配。

（3）Linux 下加载 R 包

```
install.packages('Cairo', dependencies=TRUE,repos='http://cran. rstudio.com/')
```

14.1.2　在 R 或 Rstudio 中调用 SparkR

（1）在 R 中启动 SparkR 的命令

```
sc <- sparkR.init("local")
```

或

```
sc <- sparkR.init(master="Spark://172.26.40.74:7077")
sqlContext <- sparkRSQL.init(sc)
```

（2）在 spark 中启动 SparkR 的命令

```
bin/sparkR --master yarn
bin/sparkR --172.26.40.75 local[2]
bin/sparkR  --master  spark://172.26.40.74:7077  --executor-memory  8g  --total-
+executor-cores 45 --conf spark.ui.port=54089
```

（3）举例——单词计数

```
library(SparkR)
sc<-sparkR.init(master="local","RwordCount")  lines<- textFile(sc,"hdfs://XXXIP
): +8020/test/log.txt")
words <-flatMap(lines,function(line){strsplit(line,",")[[1]]})
count(words)
```

14.2　SparkDataFrame

SparkR 的核心是 SparkDataFrames，是基于 Spark 的分布式数据框架。在概念上和关系型数据库中的表类似，或者和 R 语言中的 Data Frame 类似。

SparkDataFrame 可以完成以下操作。

① 数据缓存控制：cache()、persist()、unpersist()。

② 数据保存：saveAsTextFile()、saveAsObjectFile()。

③ 常用的数据转换操作：如 map()、flatMap()、mapPartitions()等。

④ 数据分组、聚合操作：如 partitionBy()、groupByKey()、reduceByKey()等。

⑤ join 操作：如 join()、fullOuterJoin()、leftOuterJoin()等。

⑥ 排序操作：如 sortBy()、sortByKey()、top()等。

⑦ Zip 操作：如 zip()、zipWithIndex()、zipWithUniqueId()。

⑧ 重分区操作：如 coalesce()、repartition()。

总体上看，SparkR 程序和 Spark 程序结构很相似。程序简洁易懂。毫无疑问，这将大幅度地降低大数据统计分析使用门槛。

借助 Spark 内存计算，支持多种计算模型的优势，高效地进行分布式数据计算和分析，解决大规模数据集带来的挑战。SparkR 必将成为大数据时代数据分析统计的又一门新利器。

14.3 SparkR 支持的机器学习算法

- spark.glm 或 glm：广义线性模型；
- spark.survreg：加速失效时间（AFT）生存回归模型；
- spark.naiveBayes：朴素 Beyes 模型；
- spark.kmeans：K-均值聚类模型；
- spark.logit：Logistic 回归模型；
- spark.isoreg：Isotonic 回归模型；
- spark.gaussianMixture：混合高斯模型；
- spark.lda：Latent Dirichlet Allocation（LDA）模型；
- spark.mlp：多层感知模型；
- spark.gbt：梯度提升度模型；
- spark.randomForest：随机森林模型。SparkR 使用 MLlib 训练模型。用户可以调用 summary 输出拟合模型，在新数据上做出预测，write.ml/read.ml 用于存储/加载拟合模型。SparkR 支持 R 的公式，包括“~”“.”“:”“+”“-”。

14.4 综合练习

14.4.1 创建数据框

创建数据框的最简单的方法是将本地 R 数据框转换为 SparkDataFrames。我们可以使用 as.DataFrame 或者 createDataFrame 以及通过在本地的 R 数据框来创建一个 SparkDataFrames。例如，以下代码就是用 R 的数据集创建一个 SparkDataFrames。

```
>df <- as.DataFrame(faithful)
# Displays the first part of the SparkDataFrame
>head(df)
##   eruptions waiting
##1       3.600        79
##2       1.800        54
##3       3.333        74
```

通过 SparkDataFrames 接口，SparkR 支持操作多种数据源。具体操作见参考文献。

14.4.2 SparkDataFrame 基本操作

SparkDataFrame 支持一些功能做结构化数据处理。在这里，有一些基本的例子和一个完整的列表，这些能够在 API 文档中找到。

（1）选择行和列

```
# Create the SparkDataFrame
df <- as.DataFrame(faithful)
# Get basic information about the SparkDataFrame
Df
SparkDataFrame[eruptions:double, waiting:double]
Select only the "eruptions" columnhead(select(df, df$eruptions))
     eruptions
1       3.600
2       1.800
3       3.333
# You can also pass in column name as strings
head(select(df, "eruptions"))
# Filter the SparkDataFrame to only retain rows with wait times shorter than 50
mins
head(filter(df, df$waiting < 50))
      eruptions   waiting
1       1.750        47
2       1.750        47
3       1.867        48
```

（2）分组、聚合

SparkR 数据框支持一些常用功能将分组后的数据聚合。例如，可以计算数据集的等待时间直方图，如下所示。

```
# We use the `n` operator to count the number of times each waiting time
appears
head(summarize(groupBy(df, df$waiting), count = n(df$waiting)))
```

```
   waiting  count
1     70      4
2     67      1
3     69      2
# We can also sort the output from the aggregation to get the most common
waiting times
waiting_counts <- summarize(groupBy(df, df$waiting), count = n(df$waiting)) >
head(arrange(waiting_counts, desc(waiting_counts$count)))
   waiting  count
1     78     15
2     83     14
3     81     13
```

（3）在列上操作

SparkR 还提供了一些功能，可以直接应用于列的数据处理和聚合。下面的例子显示了基本的算术函数的使用。

```
# Convert waiting time from hours to seconds.
# Note that we can assign this to a new column in the same SparkDataFrame
df$waiting_secs <- df$waiting * 60
head(df)
   Eruptions  waiting  waiting_secs
1    3.600      79        4740
2    1.800      54        3240
3    3.333      74        4440
```

（4）应用用户定义函数

SparkR 支持用户定义函数：

在大型数据集上使用 dapply 或 dapplyCollect。

① dapply

函数被应用到 SparkData Frames 的每个分区。

```
# Convert waiting time from hours to seconds.
# Note that we can apply UDF to DataFrame.
>schema <- structType(structField("eruptions", "double"),
                      structField("waiting", "double"),
                      structField("waiting_secs", "double"))
>df1 <- dapply(df, function(x) { x <- cbind(x, x$waiting * 60) }, schema)head
(collect(df1))
   eruptions  waiting  waiting_secs
1    3.600      79        4740
2    1.800      54        3240
3    3.333      74        4440
4    2.283      62        3720
5    4.533      85        5100
6    2.883      55        3300
```

② dapplyCollect

该函数的输出应该是一个数据框。注意，如果 UDF 的输出运行在所有的分区，不能被拉到驱动和适合驱动内存，那么 dapplyCollect 就会失败。

```
# Convert waiting time from hours to seconds.
# Note that we can apply UDF to DataFrame and return a R's data.frame
ldf <- dapplyCollect(
           df,
           function(x) {
              x <- cbind(x, "waiting_secs" = x$waiting * 60)
           })
head(ldf, 3)
    eruptions  waiting   waiting_secs
1      3.600      79        4740
2      1.800      54        3240
3      3.333      74        4440
```

14.4.3 从 Spark 上运行 SQL 查询

SparkDataFrame 可以注册为 Spark SQL 的临时视图，允许你在数据上运行 SQL 查询。Sql 函数能使得应用运行 SQL 查询语句和作为 SparkDataFrame 返回结果。

```
# Load a JSON file
people <- read.df("./examples/src/main/resources/people.json", "json")
# Register this SparkDataFrame as a temporary view.
createOrReplaceTempView(people, "people")
# SQL statements can be run by using the sql method
teenagers <- sql("SELECT name FROM people WHERE age >= 13 AND age <=
19")
head(teenagers)
    name
 1 Justin
```

14.4.4 SparkR 操作 hdfs 上的文件

① 上传文件，并查看：

```
hdfs.init()
hdfs.put("/opt/bin/jar/people.json","hdfs://nameservice1/tmp/resources/people2.j
son")
hdfs.cat("hdfs://nameservice1/tmp/resources/people.json")
```

② SparkR 操作该文件，找出年龄大于 30 的人：

```
sqlContext <- sparkRSQL.init(sc)
path <- file.path("hdfs://nameservice1/tmp/resources/people2. json")
peopleDF <- jsonFile(sqlContext, path)
printSchema(peopleDF)
registerTempTable(peopleDF, "people")
teenagers <- sql(sqlContext, "SELECT name FROM people WHERE age > 30")
teenagersLocalDF <- collect(teenagers)
print(teenagersLocalDF)
sparkR.stop()
```

③ 返回结果：

```
    name
1  Michael
```

④ 最后需要关闭 sparkR.stop()。

14.4.5 通过 SparkR 操作 spark-sql 以 hive 的表为对象

操作代码如下：

```
hqlContext <- sparkRHive.init(sc)
showDF(sql(hqlContext, "show databases"))
showDF(sql(hqlContext, "select * from ods.tracklog where day='20150815' limit
15"))
result <- sql(hqlContext, "select count(*) from ods.tracklog where day=
'20150815' limit 15")
resultDF <- collect(result)
print(resultDF)    #作为变量的返回
          _co
  1  11788490
sparkR.stop()    #关闭 sparkR
```

返回结果：

```
show databases
result
  default
      dml
      dms
      ods
        st
    stage
```

习题

1．SparkR 的核心是________，是一个基于 Spark 的分布式数据框架。

A．SparkDataFrames　　B．SparkData

C．DataFrames　　D．Spark SQL

2．SparkR 加载数据的来源________。

A．本地数据框　　B．数据库

C．Hive 表　　D．大型数据集

3．在 Spark 1.4 中，SparkR 实现了分布式的 data frame，支持类似________、________以及________的操作。

4．SparkR 使用________训练模型。用户可以调用________输出拟合模型，在新数据上做出预测，________用于存储/加载拟合模型。

5．一个 SparkDataFrame 还可以注册为________的临时视图，允许你在数据上运行 SQL 查询。

6．在 SparkR 中，在大型数据集上使用________或________运行一个给定的函数 dapply。

7．简述 SparkDataFrames 的特点。

8．简要叙述 SparkDataFrames 可以完成的基本操作。

9．叙述 SparkR 支持的机器学习算法。

10．简述安装 SparkR 的主要步骤。

11．在 R 中启动 SparkR 的命令？

12．在 spark 中启动 SparkR 的命令？

13．SparkDataFrames 具有哪些特点？

14．叙述 SparkDataFrames 查询优化过程。

15．列举三种以上 SparkR 支持的机器学习算法。

参 考 文 献

[1] 韩宝国，张良均．R 语言生物数据分析实战[M]．北京：人民邮电出版社，2018.

[2] 张良均．R 语言数据分析与数据挖掘实战[M]．北京：机械工业出版社，2016.

[3] [葡]Luis Torgo 数据挖掘与 R 语言[M]．李洪成，陈道轮，吴立明，译．北京：机械工业出版社，2012.

[4] 游皓麟．R 语言预测实战[M]．北京：电子工业出版社，2016.

[5] Winston Cbang．R 数据可视化手册[M]．肖楠，译．北京：人民邮电出版社，2015.

[6] 黄文，王正林．数据挖掘：R 语言实战[M]．北京：电子工业出版社，2014.

[7] Douglas C, Montgomery E A. Peck G. Geoffrey V．线性回归分析导论[M]．5 版．王辰勇，译．北京：机械工业出版社，2015.

[8] 里斯．数学统计和数据分析[M]．田金方，译．北京：机械工业出版社，2011.

[9] 薛毅，陈立萍．统计建模与 R 语言[M]．北京：清华大学出版社，2007.

[10] [澳]ZHAO Y. R 语言与数据挖掘——最佳实践和经典案例[M]．陈健，黄琰，译．北京：机械工业出版社，2015.

[11] CHANG W. R 数据可视化手册[M]．肖楠，邓一硕，魏太云，译．北京：人民邮电出版社，2014.

[12] 程显毅，曲平，李牧．数据分析师养成宝典[M]．北京：机械工业出版社，2018.

[13] ROBERT I K．R 语言实战[M]．高涛，译．北京：人民邮电出版社，2013.

[14] NORMAN M．R 语言编程艺术[M]．陈堰平，译．北京：机械工业出版社，2013.

[15] STEELE J，LLIINSKY N．数据可视化之美[M]．祝洪凯，李妹芳，译．北京：机械工业出版社，2011.

[16] 程显毅，施佺．深度学习与 R 语言[M]．北京：机械工业出版社，2017.

[17] R 语言官网．[EB/OL]．https://www.r-project.org.

[18] GitHub 主页．[EB/OL]．https://gitnub.com，2018.

[19] 统计之都．[EB/OL]．http://cos.name/，2018-07-27.

[20] 狗熊会精品案例．[EB/OL]．https://455817.kuaizhan.com/，2018.

[21] R 语言基本教程．[EB/OL]．http://www.yiibai.com/r/r_web_data.html，2018.

[22] 张冬慧．基于 Rattle 的可视化数据挖掘[M]．北京：清华大学出版社，2017.

附 录

大数据和人工智能实验环境

1. 大数据实验环境

一方面，大数据实验环境安装、配置难度大，高校难以为每个学生提供实验集群，实验环境容易被破坏；另一方面，实用型大数据人才培养面临实验内容不成体系，课程教材缺失，考试系统不客观，缺少实训项目以及专业师资不足等问题，实验开展束手束脚。

大数据实验平台（bd.cstor.cn）可提供便捷实用的在线大数据实验服务。同步提供实验环境、实验课程、教学视频等，帮助轻松开展大数据教学与实验。在大数据实验平台上，用户可以根据学习基础及时间条件，灵活安排 3～90 天的学习计划，进行自主学习。大数据实验平台 1.0 界面如附图 1 所示。

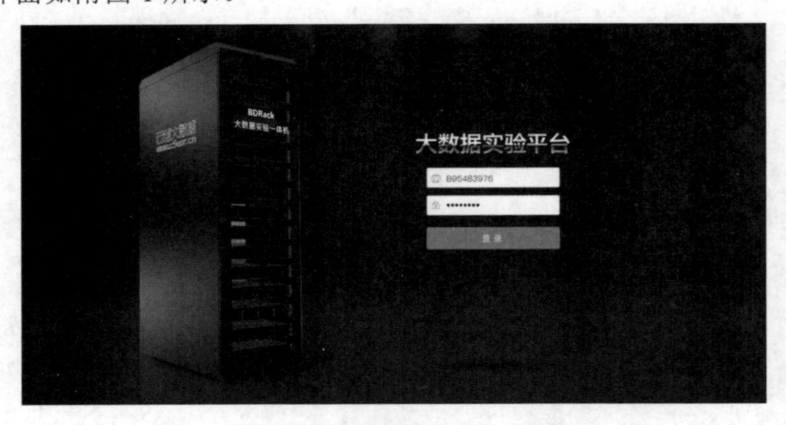

附图 1　大数据实验平台 1.0 界面

作为一站式的大数据综合实训平台，大数据实验平台同步提供实验环境、实验课程、教学视频等，方便轻松开展大数据教学与实验。平台基于 Docker 容器技术，可以瞬间创建随时运行的实验环境，虚拟出大量实验集群，方便上百名用户同时使用。通过采用 Kubernetes 容器编排架构管理集群，用户实验集群隔离、互不干扰，并可按需配置包含 Hadoop、HBase、Hive、Spark、Storm 等组件的集群，或利用平台提供的一键搭建集群功能快速搭建。

实验内容涵盖 Hadoop 生态、大数据实战原理验证、综合应用、自主设计及创新的多层次实验内容等，每个实验呈现详细的实验目的、实验内容、实验原理和实验流程指导。实验课程包括 36 个 Hadoop 生态大数据实验和 6 个真实大数据实战项目。平台内置数据挖掘等教学实验数据，也可导入高校各学科数据进行教学、科研，校外培训机构同样适用。

此外，如果学校需要自己搭建专属的大数据实验环境，BDRack 大数据实验一体机（http://www.cstor.cn/proTextdetail_11007.html）可针对大数据实验需求提供完善的使用环境，帮助高校建设搭建私有的实验环境。其部署规划如附图 2 所示。

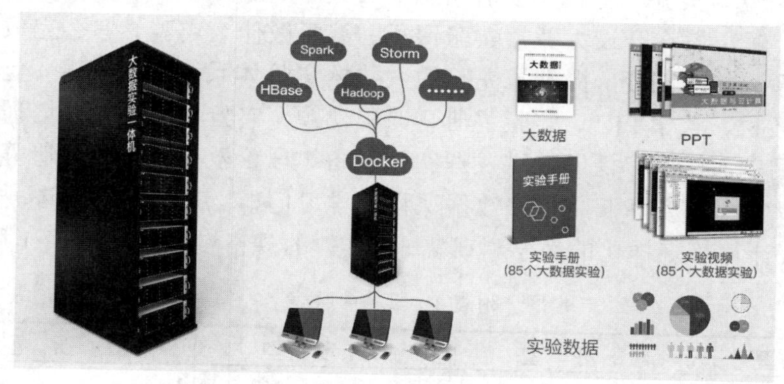

附图 2　BDRack 大数据实验一体机部署规划

基于容器 Docker 技术，大数据实验一体机采用 Mesos+ZooKeeper+Marathon 架构管理 Docker 集群。实验时，系统预先针对大数据实验内容构建好一系列基于 CentOS7 的特定容器镜像，通过 Docker 在集群主机内构建容器，充分利用容器资源高效的特点，为每个使用平台的用户开辟属于自己完全隔离的实验环境。容器内部，用户完全可以像使用 Linux 操作系统一样地使用容器，并且不会对其他用户的集群造成任何影响，只需几台机器，就可能虚拟出能够支持上百个用户同时使用的隔离集群环境。附图 3 为 BDRack 大数据实验一体机系统架构。

硬件方面，采用 eServer 机架式服务器，其英特尔®至强®处理器 E5 产品家族的性能比上一代提升多至 80%，并具备更出色的能源效率。通过英特尔 E5 家族系列 CPU 及英特尔服务器组件，可满足扩展 I/O 灵活度、最大化内存容量、大容量存储和冗余计算等需求；软件方面，搭载 Docker 容器云可实现 Hadoop、HBase、Ambari、HDFS、YARN、MapReduce、ZooKeeper、Spark、Storm、Hive、Pig、Oozie、Mahout、Python、R 语言等绝大部分大数据实验应用。

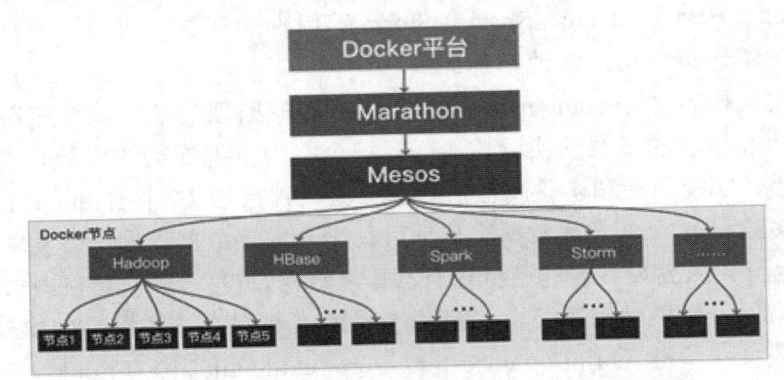

附图 3　BDRack 大数据实验一体机系统架构

大数据实验一体机集实验机器、实验手册、实验数据和实验培训于一体，解决怎么开设大数据实验课程、需要做什么实验、怎么完成实验等一系列根本问题。提供了完整的大数据实验体系及配套资源，包含大数据教材、教学 PPT、实验手册、课程视频、实验环境、师资培训等内容，涵盖面较为广泛。通过发挥实验设备、理论教材、实验手册等资源的合力，大幅度降低高校大数据课程的学习门槛，满足数据存储、挖掘、管理、计算等多样化的教学科研需求。具体的规格参数表如附表 1 所示。

附表 1　规格参数表

配套/型号	经　济　型	标　准　型	增　强　型
管理节点	1 台	3 台	3 台
处理节点	6 台	8 台	15 台
上机人数	30 人	60 人	150 人
实验教材	《大数据导论》50 本 《大数据实践》50 本 《实战手册》PDF 版	《大数据导论》80 本 《大数据实践》80 本 《实战手册》PDF 版	《大数据导论》180 本 《大数据实践》180 本 《实战手册》PDF 版
配套 PPT	有	有	有
配套视频	有	有	有
免费培训	提供现场实施及 3 天技术培训服务	提供现场实施及 5 天技术培训服务	提供现场实施及 7 天技术培训服务

大数据实验一体机在 1.0 版本基础上更新升级到最新的 2.0 版本实验体系，进一步丰富了实验内容，实验课程数量新增至 85 个。同时，

实验平台优化了创建环境、实验操作、提交报告、教师打分的实验流程，新增了具有海量题库、试卷生成、在线考试和辅助评分等应用的考试系统，集成了上传数据、指定列表、选择算法、数据展示的数据挖掘及可视化工具。

在实验指导方面，针对各项实验的需求，大数据实验一体机配套了一系列包括实验目的、实验内容和实验步骤的实验手册及配套高清视频课程。内容涵盖大数据集群环境与大数据核心组件等技术前沿，详尽细致的实验操作流程可帮助用户解决大数据实验门槛所限。具体来说，85个实验课程如下。

- ❑ 36 个 Hadoop 生态大数据实验。
- ❑ 6 个真实大数据实战项目。
- ❑ 21 个基于 Python 的大数据实验。
- ❑ 18 个基于 R 语言的大数据实验。
- ❑ 4 个 Linux 基本操作辅助实验。

整套大数据系列教材的全部实验都可在大数据实验平台上远程开展，也可在高校部署的 BDRack 大数据实验一体机上本地开展。

作为一套完整的大数据实验平台应用，BDRack 大数据实验一体机还配套了实验教材、PPT 以及各种实验数据，提供使用培训和现场服务，中国大数据、中国云计算、中国存储、中国物联网、中国智慧城市等提供全线支持。目前，BDRack 大数据实验一体机已经成功应用于各类院校，国家“211 工程”重点建设高校代表有郑州大学等，民办院校有西京学院等。BDRack 大数据实验一体机的实际部署图如附图 4 所示。

附图 4　BDRack 大数据实验一体机实际部署图

2. 人工智能实验环境

人工智能实验一直难以开展，主要有两方面原因。一方面，实验环境需要提供深度学习计算集群，支持主流深度学习框架，完成实验环境的快速部署，应用于深度学习模型训练等教学实践需求，同时也需要支持多人在线实验。另一方面，人工智能实验面临配置难度大，实验入门难，缺乏实验数据等难题，实验环境、应用教材、实验手册、实验数据、技术支持等多方面急需支持，同时大幅度降低人工智能课程学习门槛，满足课程设计、课程上机实验、实习实训和科研训练等多方面需求，实现教学实验效果的事半功倍。

AIRack 人工智能实验平台（http://www.cstor.cn/proTextdetail_12031.html）基于 Docker 容器技术，在硬件上采用 GPU+CPU 混合架构，可一键创建实验环境，并为人工智能实验学习提供一站式服务。AIRack 人工智能实验体系架构如附图 5 所示。

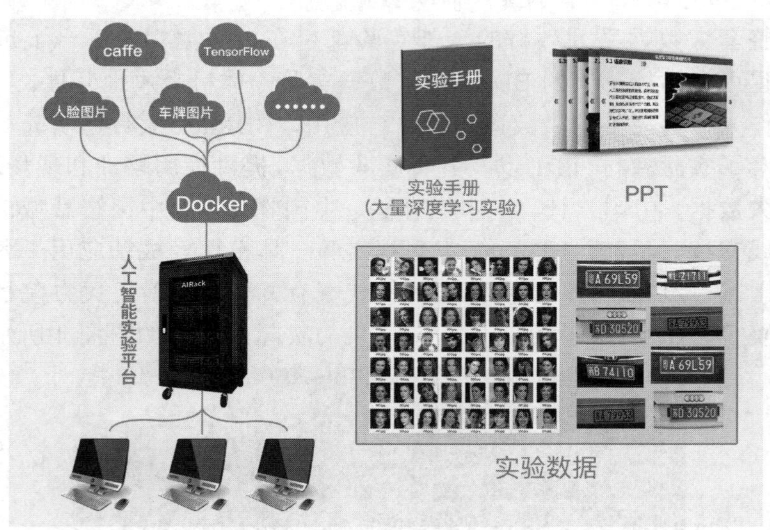

附图 5　AIRack 人工智能实验平台实验体系架构

实验时，系统预先针对人工智能实验内容构建好基于 CentOS7 的特定容器镜像，通过 Docker 在集群主机内构建容器，开辟完全隔离的实验环境，实现使用几台机器即可虚拟出大量实验集群以满足学校实验室的使用需求。平台采用 Google 开源的容器集群管理系统 Kubernetes，能够方便地管理跨机器运行容器化的应用，提供应用部署、维护和扩展机制等功能。其平台架构如附图 6 所示。

配套实验手册包括 20 个人工智能相关实验，实验基于 VGGNet、FCN、ResNet 等图像分类模型，应用 Faster R-CNN、YOLO 等优秀检测框架，实现分类、识别、检测、语义分割和序列预测等人工智能任务。具体的实验手册大纲如附表 2 所示。

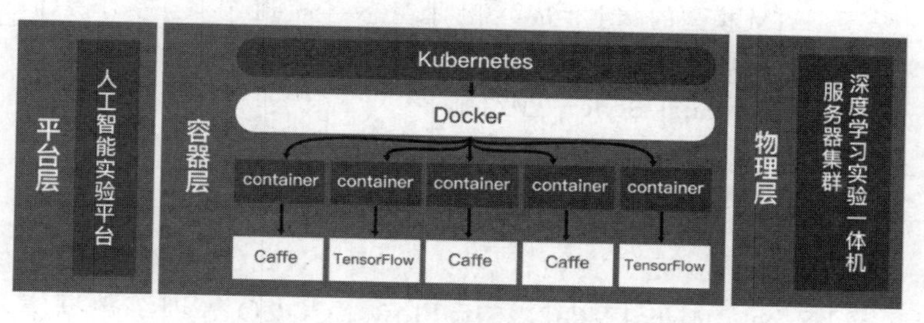

附图 6　AIRack 人工智能实验平台架构

附表 2　实验手册大纲

序号	课程名称	课程内容说明	课时	培训对象
1	基于 LeNet 模型和 MNIST 数据集的手写数字识别	理论+上机训练	1.5	教师、学生
2	基于 AlexNet 模型和 CIFAR-10 数据集图像分类	理论+上机训练	1.5	教师、学生
3	基于 GoogleNet 模型和 ImageNet 数据集的图像分类	理论+上机训练	1.5	教师、学生
4	基于 VGGNet 模型和 CASIA WebFace 数据集的人脸识别	理论+上机训练	1.5	教师、学生
5	基于 ResNet 模型和 ImageNet 数据集的图像分类	理论+上机训练	1.5	教师、学生
6	基于 MobileNet 模型和 ImageNet 数据集的图像分类	理论+上机训练	1.5	教师、学生
7	基于 DeepID 模型和 CASIA WebFace 数据集的人脸验证	理论+上机训练	1.5	教师、学生
8	基于 Faster R-CNN 模型和 Pascal VOC 数据集的目标检测	理论+上机训练	1.5	教师、学生
9	基于 FCN 模型和 Sift Flow 数据集的图像语义分割	理论+上机训练	1.5	教师、学生
10	基于 R-FCN 模型的行人检测	理论+上机训练	1.5	教师、学生
11	基于 YOLO 模型和 COCO 数据集的目标检测	理论+上机训练	1.5	教师、学生
12	基于 SSD 模型和 ImageNet 数据集的目标检测	理论+上机训练	1.5	教师、学生
13	基于 YOLO2 模型和 Pascal VOC 数据集的目标检测	理论+上机训练	1.5	教师、学生
14	基于 linear regression 的房价预测	理论+上机训练	1.5	教师、学生
15	基于 CNN 模型的鸢尾花品种识别	理论+上机训练	1.5	教师、学生
16	基于 RNN 模型的时序预测	理论+上机训练	1.5	教师、学生

续表

序号	课程名称	课程内容说明	课时	培训对象
17	基于 LSTM 模型的文字生成	理论+上机训练	1.5	教师、学生
18	基于 LSTM 模型的英法翻译	理论+上机训练	1.5	教师、学生
19	基于 CNN Neural Style 模型绘画风格迁移	理论+上机训练	1.5	教师、学生
20	基于 CNN 模型灰色图片着色	理论+上机训练	1.5	教师、学生

同时，平台同步提供实验代码以及 MNIST、CIFAR-10、ImageNet、CASIA WebFace、Pascal VOC、Sift Flow、COCO 等训练数据集，实验数据做打包处理，以便开展便捷、可靠的人工智能和深度学习应用。

AIRack 人工智能实验平台硬件配置如附表 3 所示。

附表 3　AIRack 人工智能实验平台硬件配置

产品名称	详细配置	单位	数量
CPU	E5-2650V4	颗	2
内存	32GB DDR4 RECC	根	8
SSD	480GB SSD	块	1
硬盘	4TB SATA	块	4
GPU	1080P（型号可选）	块	8

AIRack 人工智能实验平台集群配置如附表 4 所示。

附表 4　AIRack 人工智能实验平台集群配置

项目	极简型	经济型	标准型	增强型
上机人数	8 人	24 人	48 人	72 人
服务器	1 台	3 台	6 台	9 台
交换机	无	S5720-30C-SI	S5720-30C-SI	S5720-30C-SI
CPU	E5-2650V4	E5-2650V4	E5-2650V4	E5-2650V4
GPU	1080P（型号可选）	1080P（型号可选）	1080P（型号可选）	1080P（型号可选）
内存	8*32GB DDR4 RECC	24*32GB DDR4 RECC	48*32GB DDR4 RECC	72*32GB DDR4 RECC
SSD	1*480GB SSD	3*480GB SSD	6*480GB SSD	9*480GB SSD
硬盘	4*4TB SATA	12*4TB SATA	24*4TB SATA	36*4TB SATA

在人工智能实验平台之外，针对目前全国各大高校相继开启深度学习相关课程，DeepRack 深度学习一体机（http://www.cstor.cn/proTextdetail_10766.html）一举解决了深度学习研究环境搭建耗时、硬件条件要求高等种种问题。

凭借过硬的硬件配置，深度学习一体机能够提供最大每秒 144 万亿次的单精度计算能力，满配时相当于160台服务器的计算能力。考虑到实际使用中长时间大规模的运算需要，一体机内部采用了专业的散热、能耗设计，解决了用户对于机器负荷方面的忧虑。

一体机中部署有TensorFlow、Caffe等主流的深度学习开源框架，并提供大量免费图片数据，可帮助学生学习诸如图像识别、语音识别和语言翻译等任务。利用一体机中的基础训练数据，包括MNIST、CIFAR-10、ImageNet等图像数据集，也可以满足实验与模型塑造过程中的训练数据需求。深度学习一体机外观如附图7所示，服务器内部如附图8所示。

附图7 深度学习一体机外观

附图8 深度学习一体机节点内部

深度学习一体机服务器配置参数如附表5所示。

附表5 服务器配置参数

项目	经济型	标准型	增强型
CPU	Dual E5-2620 V4	Dual E5-2650 V4	Dual E5-2697 V4
GPU	Nvidia Titan X *4	Nvidia Tesla P100*4	Nvidia Tesla P100*4
硬盘	240GB SSD+4T企业盘	480GB SSD+4T企业盘	800GB SSD+4T*7企业盘
内存	64GB	128GB	256GB
计算节点数	2	3	4
单精度浮点计算性能	88万亿次/秒	108万亿次/秒	144万亿次/秒
系统软件	Caffe、TensorFlow深度学习软件、样例程序、大量免费图片数据		
是否支持分布式深度学习系统	是		

此外，对于构建高性价比硬件平台的个性化的AI应用需求，dServer人工智能服务器（http://www.cstor.cn/proTextdetail_12032.html）采用英特尔CPU+英伟达GPU的混合架构，预装CentOS操作系统，集成两套

行业主流开源工具软件——TensorFlow 和 Caffe，同时提供 MNIST、CIFAR-10 等训练测试数据，通过多类型的软硬件备选方案以及高性能、点菜式的解决方案，方便自由选配及定制安全可靠的个性化应用，可广泛用于图像识别、语音识别和语言翻译等 AI 领域。dServer 人工智能服务器如附图 9 所示，配置参数见附表 6。

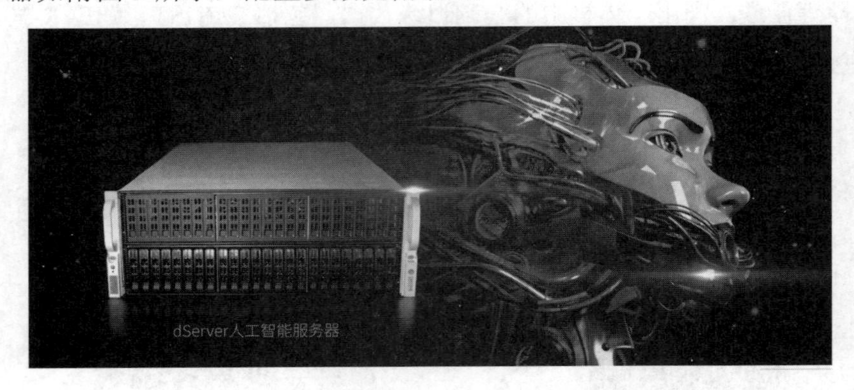

附图 9　dServer 人工智能服务器

附表 6　dServer 人工智能服务器配置参数

GPU（NVIDIA）	Tesla P100，Tesla P4，Tesla P40，Tesla K80，Tesla M40，Tesla M10，Tesla M60，TITAN X，GeForce　GTX 1080
CPU	Dual E5-2620 V4，Dual E5-2650 V4，Dual E5-2697 V4
内　　存	64GB/128GB/256GB
系 统 盘	120GB SSD/180GB SSD/240GB SSD
数 据 盘	2TB/3TB/4TB
准 系 统	7048GR-TR
软　　件	TensorFlow，Caffe
数据（张）	车牌图片（100 万/200 万/500 万），ImageNet（100 万），人脸图片数据（50 万），环保数据

目前，dServer 人工智能服务器已经在清华大学车联网数据云平台、西安科技大学大数据深度学习平台、湖北文理学院大数据处理与分析平台等项目中部署使用。其中，清华大学车联网数据云平台项目配置如附图 10 所示。

综上所述，大数据实验平台 1.0 用于个人自学大数据远程做实验；大数据实验一体机受到各大高校青睐，用于构建各大学自己的大数据实验教学平台，使得大量学生可同时进行大数据实验；AIRack 人工智能实验平台支持众多师生同时在线进行人工智能实验；DeepRack 深度学习一体机能够给高校和科研机构构建一个开箱即用的人工智能科研环境；dServer 人工智能服务器可直接用于小规模 AI 研究，或搭建 AI 科研集群。

清華大學
Tsinghua University

名称	深度学习服务器
生产厂家	南京云创大数据科技股份有限公司
主要规格	cServer C1408G
配置说明	CPU：2*E5-2630v4　GPU：4*NVIDIA TITAN X　内存：4*16G (64G) DDR4,2133MHz，RECC
	硬盘：5* 2.5"300GB 10K SAS（企业级）　网口：4个10/100/1000Mb自适应以太网口
	电源：2000W 1+1冗余电源　计算性能：单个节点单精度浮点计算性能为44万亿次/秒
	预装Caffe、TensorFlow深度学习软件、样例程序；提供MNIST、CIFAR-10等训练测试数据，提供交通卡口图片数据不少于400万张，环境在线数据不少于6亿条

附图 10　清华大学车联网数据云平台项目配置